浙江省高职院校“十四五”重点立项建设教材

智能制造专业群系列教材

机器人视觉技术及应用

主　编　王志明　白东明　周　璇
副主编　高婷婷　吴　俊
主　审　马　广

科学出版社
北　京

内 容 简 介

本书是浙江省高职院校“十四五”首批重点教材建设立项项目和国家“双高”A档职业院校高水平专业群建设成果教材。

本书是在行业、企业专家和课程开发专家的指导下，由“校企”双元联合开发的新形态融媒体教材、新型工作手册式教材。采用“项目引领、任务驱动”“基于工作过程”的编写理念，以企业典型生产项目、工作任务、案例为载体组织教学内容，共设计8个项目18个任务，内容涵盖机器视觉系统搭建、视觉标定与定位、视觉图像识别、视觉图像预处理、视觉图像检测、3D视觉技术应用、C#视觉程序开发、机器视觉综合应用，体现“岗课赛证”融通，注重思政融合和信息化资源配套。

本书可作为应用型本科、高职院校工业机器人技术专业的教学用书，也可供相关领域从业者参考。

图书在版编目（CIP）数据

机器人视觉技术及应用/王志明，白东明，周璇主编．—北京：科学出版社，2024.2

浙江省高职院校“十四五”重点立项建设教材 智能制造专业群系列教材

ISBN 978-7-03-077130-8

Ⅰ．①机… Ⅱ．①王… ②白… ③周… Ⅲ．①机器人视觉-高等职业教育-教材 Ⅳ．①TP242.6

中国国家版本馆CIP数据核字（2023）第221774号

责任编辑：张振华 / 责任校对：马英菊

责任印制：吕春珉 / 封面设计：东方人华平面设计部

科学出版社出版

北京东黄城根北街16号

邮政编码：100717

http://www.sciencep.com

三河市骏杰印刷有限公司印刷

科学出版社发行 各地新华书店经销

*

2024年2月第 一 版 开本：787×1092 1/16

2024年2月第一次印刷 印张：14 1/4

字数：330 000

定价：59.00元

（如有印装质量问题，我社负责调换）

销售部电话 010-62136230 编辑部电话 010-62135120-2005

前　　言

教育是国之大计、党之大计。教育、科技、人才是全面建设社会主义现代化国家的基础性、战略性支撑。党的二十大报告指出：“加快建设国家战略人才力量，努力培养造就更多大师、战略科学家、一流科技领军人才和创新团队、青年科技人才、卓越工程师、大国工匠、高技能人才。”随着国家对职业教育的重视和投入的不断增加，我国职业教育得到了快速发展，为社会输送了大批工作在一线的技术技能人才。但我们应该看到，工业机器人技术领域的从业人员的数量和质量都远远落后于产业快速发展的需求。随着企业间竞争的日趋残酷和白热化，现代企业对具有良好的职业道德、必要的文化知识、熟练的职业技能等综合职业能力的高素质劳动者和技能型人才的需求越来越广泛。这些急需职业院校创新教育理念、改革教学模式、优化专业教材，尽快培养出真正适合产业需求的高素质劳动者和技能型人才。

当前，机器人视觉技术发展日新月异，新理论、新工艺不断出现。为了适应产业发展和教学改革的需要，编者根据党的二十大报告精神和《职业院校教材管理办法》《高等学校课程思政建设指导纲要》《“十四五”职业教育规划教材建设实施方案》等相关文件精神，在行业、企业专家和课程开发专家的精心指导下编写了本书。本书的编写紧紧围绕“培养什么人、怎样培养人、为谁培养人”这一教育的根本问题，以落实立德树人为根本任务，以学生综合职业能力培养为中心，以培养卓越工程师、大国工匠、高技能人才为目标，以“科学、实用、新颖”为编写原则。

相比以往同类教材，本书具有许多特点和亮点，主要体现在以下方面。

1）校企“双元”联合编写，行业特色鲜明。编者均来自教学或企业一线，具有多年的教学或实践经验。在编写过程中，编者能紧扣工业机器人技术专业的培养目标，遵循教育教学规律和技术技能人才培养规律，将新理论、新标准、新规范融入教材，符合当前企业对人才综合素质的要求。

2）项目引领，任务驱动，强调“工学结合”。本书基于“项目化”教学的编写理念，以智能制造领域的真实生产项目、典型工作任务、案例等为载体组织教学，能够满足项目化学习、模块化学习等不同教学方式的要求。每个任务以“任务描述”“任务目标”“任务分析”“知识准备”“任务实施”“考核评价”等模块展开，环环相扣，层层递进，理论与实践并重。

3）体现“岗课赛证”融通。本书的编写以工业机器人技术专业面向工业视觉系统运维员岗位（群）为导向，以机器人视觉技术及应用课程为中心，对接全国职业院校技能大赛“机器视觉系统应用”赛项、工业视觉系统运维 1+X 证书，将岗位、课程、竞赛、职业资格证书或职业技能等级证书进行有机融合。

4）融入思政元素，落实课程思政。为落实立德树人根本任务，充分发挥教材承载的思政教育功能，本书凝练思政要素，融入精益化生产管理理念，将安全意识、质量意识、职业素养、工匠精神的培养与教材的内容相结合，潜移默化地提升学生的思想政治素养。

5）立体化资源配套，便于实施信息化教学。为了方便教师教学和学生自主学习，本书配套有免费的立体化教学资源包，包括多媒体课件、微课、视频、实训手册等。此外，本书中穿插有丰富的二维码资源链接，通过扫描二维码可以观看相关的微课视频。

本书由金华职业技术大学、之江实验室等校企合作完成编写。金华职业技术大学王志明教授（浙江省“万人计划”教学名师）、白东明副教授、周璇副教授担任主编，高婷婷、吴俊担任副主编。具体编写分工如下：项目 1 和项目 2 由王志明编写，项目 3 和项目 4 由白东明编写，项目 5 和项目 6 由周璇编写，项目 7 由高婷婷编写，项目 8 由吴俊编写。义乌工商职业技术学院马广教授对全书内容进行审定。

编者在编写本书时，查阅和参考了众多文献资料，在此对相关作者致以诚挚的谢意。

由于编者水平有限，书中难免存在不妥之处，恳请读者提出宝贵意见，以便今后修订和完善。

目　　录

项目 1

机器视觉系统搭建

项目导读

目前，我国是世界机器视觉技术应用和发展最活跃的地区之一。机器视觉系统安装、调试、编程、维护等岗位急需大量的高素质技术技能人才。为了适应产业发展需要，教育部于 2021 年 4 月将“机器视觉系统应用”列为全国职业院校技能大赛高职组比赛项目。机器视觉技术的特点是测量精确、稳定、快速，可大幅度提高生产的柔性及自动化程度以提高生产效率，且易于实现信息集成，是实现计算机集成制造的核心技术之一。

微课：机器视觉定义

微课：机器视觉发展史

学习目标

知识目标

1. 了解机器视觉系统的组成、成像原理及各部件的接口类型。
2. 掌握工业相机、镜头的选型计算方法及连接安装方式。

能力目标

1. 能够进行工业相机、镜头、光源的选型。
2. 能够完成工业相机、镜头、光源的调试。

思政目标

1. 坚定技能报国、民族复兴的信念，立志成为行业拔尖人才。
2. 树立正确的学习观，培养职业认同感、责任感和荣誉感。

任务1.1 视觉系统关键部件选型

任务描述

小张是某职业学校工业机器人技术专业三年级学生，依据《职业学校学生实习管理规定》(教职成〔2021〕4 号)，到某机器视觉应用公司进行工业视觉系统运维员跟岗实习。当前，公司要完成利用机器视觉测量机械零件尺寸的项目，其中关键视觉部件选型是机器视觉系统应用的首要环节。小张需要按照视觉工程师的安排，根据机器视觉系统中工业相机、镜头、光源的成像原理和参数要求，针对机器视觉任务，完成相机、镜头、光源的选型。

任务目标

1. 了解机器视觉系统的成像原理。
2. 掌握工业相机、镜头的选型计算方法。
3. 能够根据任务需求完成工业相机、镜头、光源的选型。

任务分析

进行机器视觉系统关键部件选型，首先需要认识机器视觉系统包括哪些关键部件，知道各个部件的重要参数是什么，掌握选型步骤及计算方法。本任务的测量目标如图 1.1.1 所示，要求像素精度小于 0.06mm，工作距离为 350～385mm，为满足拍摄被测物的需要，视野范围至少应为 120mm×100mm。

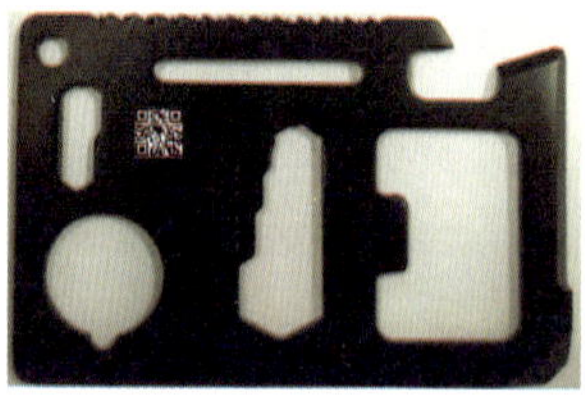

图 1.1.1 待测机械零件

知识准备

机器视觉系统由一系列核心器件组成，其中主要器件有工业相机、镜头及光源。机器视觉系统工作时，通过光源突出被测物的表面特征、削弱环境光影响；在光源的作用下，被测物经由镜头在工业相机的感光芯片上成像；工业相机通过传输协议把拍摄到的数字图像传输到处理器，由图像处理软件完成图像处理与信息提取，最后将处理结果以信号形式输出。这就是机器视觉系统工作的核心流程。

1. 工业相机

工业相机是一种用于机器视觉的成像装置，该装置包括传感器芯片及各种功能电子器件。工业相机内部的功能模块包括镜头接口、图像传感器、参数控制模块、板载处理器、数据传输接口及供电、I/O 信号接口六大部分，如图 1.1.2 所示。

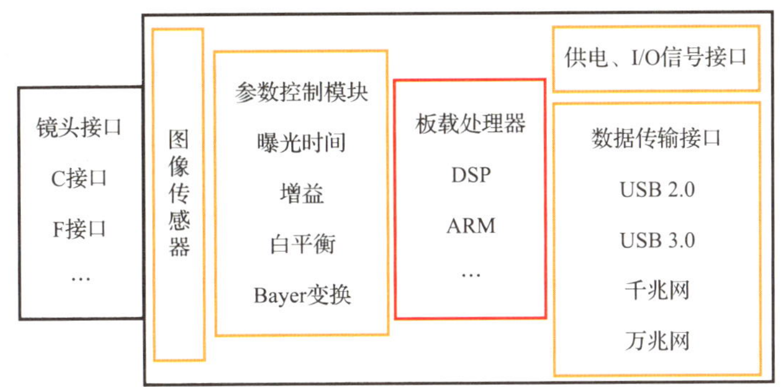

微课：相机主要参数

图 1.1.2　工业相机的内部功能模块

镜头接口的作用是接入镜头。不同的镜头接口，其物理结构也不同。随着工业相机分辨率的不断提升，镜头接口也在不断更新。在进行工业相机及镜头选型时，要注意接口适配的问题。图像传感器是工业相机的核心器件，决定了工业相机的核心参数，如分辨率、像元尺寸、帧率、彩色/黑白模式等。

衡量工业相机性能的主要参数如下：

1）分辨率：由横向分辨率和纵向分辨率两个参数构成，表示图像传感器上横向与纵向的像素点数量。

2）快门：分为全局快门与卷帘快门，主要区别在于：当拍摄快速运动的物体时，采用卷帘快门的工业相机输出的图像会有运动形变，如图 1.1.3 所示。

（a）全局快门　　（b）卷帘快门

图 1.1.3　全局快门与卷帘快门

3）帧率：工业相机每秒采集图像的最大张数。相机帧率越高，每秒可采集的图像数量越多。

4）位深：在将传感器像素感应到的电流信号转换为模拟信号时，需要进行 A/D 转换，所采用的二进制位数就是位深。位深越高，包含的信息细节越丰富，但同时需要处理的数据量也越大。一般工业相机采用 8bit/10bit 位深。

5）像元：指图像传感器上每一个像素点的尺寸。像元尺寸越大，单个像素点感光能力越强。

6）信噪比：英文缩写为 SNR（signal-to-noise ratio），指图像中有用信号与噪声的比例，

计算方法为 $10\lg(P_s/P_n)$，其中 P_s 和 P_n 分别代表有用信号与噪声的像素灰度值。信噪比越高，意味着噪声抑制效果越好。

7）动态范围：以 8bit 位深的图像为例，动态范围指图像中灰度值为 255 的像元与灰度值为 1 的像元之间电子数的比例。动态范围越大，意味着像元之间的采样差异越大，也表明暗度的细节更加丰富。对于如自动驾驶等户外成像应用，通常相机的动态范围越大越好。

8）图像格式：指图片的存储格式，按类别可分为彩色和黑白，8 位和 10 位。目前常用的图像格式为 Mono8，即 8 位的黑白图像。此外，BayerGB8 格式（8 位彩色照片）也常用于工业领域。

2. 镜头

微课：镜头主要参数

在机器视觉系统中，要用镜头将物体发出或反射的光折射并汇聚到 CCD（charge coupled device，电荷耦合器件）/CMOS（complementary metal oxide semiconductor，互补金属氧化物半导体器件）上成像。在工业应用中，专门为工业相机成像匹配的镜头称为工业镜头。工业中常用的镜头可以分为普通镜头与远心镜头两种。

（1）普通镜头的选型计算

普通镜头的成像原理如下：假定物体成的像长度为 y'，物体的实际长度为 y，镜头的焦距为 f，镜头前端与物体之间的距离（工作距离）为 WD，则

$$\frac{y'}{y}=\frac{f}{\mathrm{WD}} \tag{1.1.1}$$

像长实际上等于传感器的长度，因此式（1.1.1）可记为

$$\frac{\text{传感器的长度}}{\text{物体长度}}=\frac{\text{焦距}}{\text{工作距离}}$$

传感器的长度可以通过分辨率乘以像元尺寸得到。

【例 1】 假设要拍摄一个尺寸为 100mm×100mm 的正方形物体，相机的分辨率为 1920×1200 像素，像元尺寸为 4.8μm，图像传感器的大小为 9.2mm×5.8mm。由于相机芯片为长方形，而物体为正方形，因此为了能够完整成像，相机的短边必须大于物体投影的像的边长。假设工作距离为 500mm，根据计算公式 $f=\frac{\mathrm{WD}y'}{y}$，代入实际值，可以算出焦距 f=29mm。如果选择 25mm 镜头，相机芯片上能够完整地显示物体的像，如图 1.1.4（a）所示。如果选择 35mm 镜头，成像效果如图 1.1.4（b）所示，物体的像有一部分落在了相机芯片之外，即物体拍不全。这是由于 $\frac{y'}{y}=\frac{f}{\mathrm{WD}}$，在工作距离和物体大小恒定时，焦距越大，成的像越大，而相机芯片尺寸是固定的，过大的像会超出相机芯片范围，出现成像不全的现象。

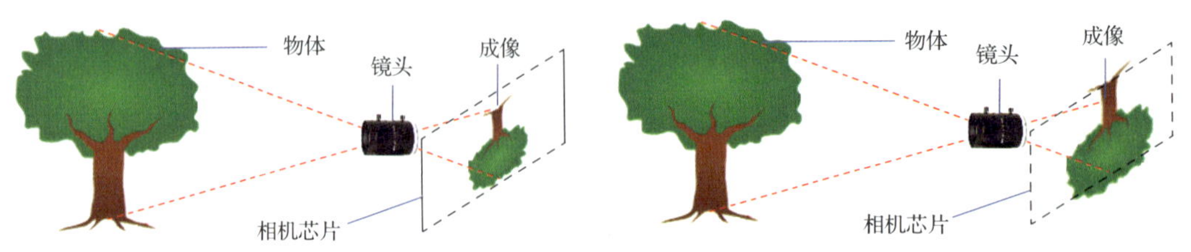

（a）25mm焦距成像效果　　（b）35mm焦距成像效果

图 1.1.4　不同焦距的成像效果

（2）远心镜头的选型计算

远心镜头与普通镜头的根本区别在于它可以消除透视误差。如图 1.1.5 所示，普通镜头的成像规律是“近大远小”[图 1.1.5（a）]；远心镜头的成像规律是无论物体远近，成像大小都保持一致 [图 1.1.5（b）]。远心镜头的工作距离是恒定的，镜头前端到物体的距离不可改变，常见的远心镜头的工作距离为 65mm 和 110mm。

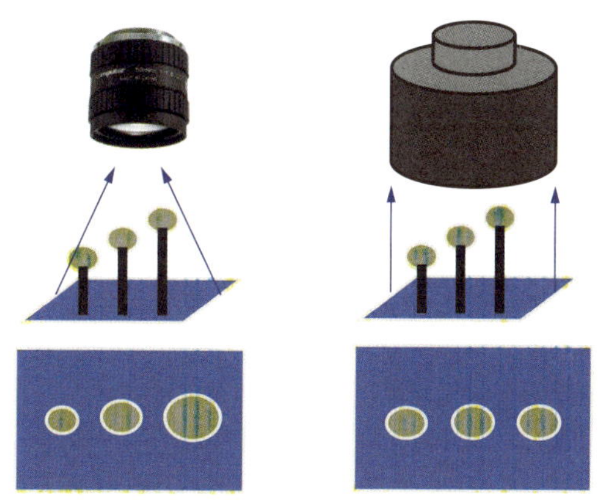

（a）普通镜头的成像效果　　（b）远心镜头的成像效果

图 1.1.5　普通镜头和远心镜头的成像效果

远心镜头没有焦距，其主要参数为工作距离、靶面、分辨率、放大倍率、畸变率等。其中，放大倍率决定镜头的视野范围。若图像传感器长度为 Y'，物体长度为 Y，则镜头的放大倍率=Y'/Y。

【例 2】 已知相机的分辨率为 1920×1200 像素，像元尺寸为 4.8μm，选用 0.5 倍的镜头，计算可拍摄的视野范围大小。

1）计算出相机芯片的大小为 9.2mm×5.8mm。

2）将放大倍率 0.5 代入公式 $Y=Y'/$放大倍率，即可求得拍摄的视野范围是 18.4mm×11.6mm。

小贴士

进行镜头选型时，还需考虑镜头的靶面尺寸是否与相机匹配。镜头成像的本质是将物方的圆形视野聚焦，并在像方成一个圆形像，像圆的直径称为靶面尺寸。如果镜头的靶面尺寸与图像传感器尺寸相匹配，即像圆可以将图像传感器完全包围，如图 1.1.6 所示，则成像为正常图像；否则，成像画面的 4 个角将出现黑边。

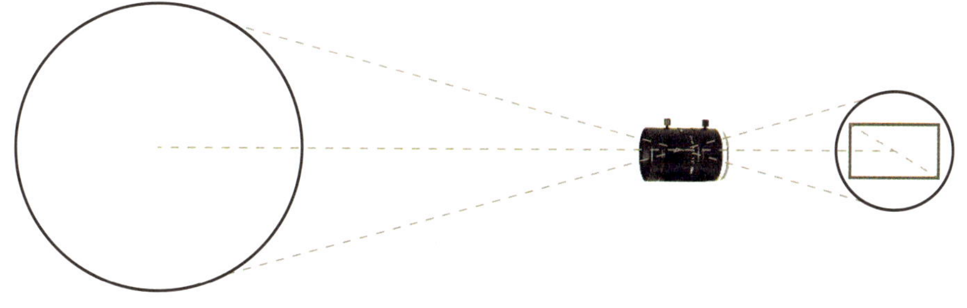

图 1.1.6　镜头靶面尺寸与图像传感器尺寸相匹配

3. 光源

发光二极管（light emitting diode，LED）光源具有形状装配灵活、光谱范围宽、使用寿命长等优点。

在机器视觉系统中，LED 光源使用最为广泛。根据 LED 光源颗粒的排列方式，LED 光源可分为环形光源、背光源、同轴光源、自动光学检测（automated optical inspection，AOI）光源等。

1）环形光源：外观呈环状结构的 LED 光源，成本低廉，维护简单。根据照明的角度的不同，环形光源可分为高角度环形光源和低角度环形光源。

微课：光源分类

2）背光源：又称面光源，其 LED 颗粒装在水平基板上，均匀地向上发光。其特点是发出的光线形成一个面，对于透明物体，背光可以穿透；对于不透明物体，光线无法穿透，物体的形状轮廓与背光形成对比，从而极易测量或检测。

3）同轴光源：主要由半透镜、LED、散热材料组成。其中，半透镜起到分光作用，让一半的光通过，另一半反射。直接通过的光照射在黑色的基板上，无法进入相机视野内。而反射光则垂直向下照射到物体表面，再同轴反射入相机。因为光线入射与反射是同轴，所以称为同轴照明。

4）AOI 光源：其成像原理与其他光源不同。它根据物体表面的立体特征高度、形状的差异对反射光线的颜色和光路产生影响，将不同颜色的光以不同角度照射到物体表面，使反射光线的颜色和光路产生明显差异，从而实现相机的差异化成像，获得可检测的图像信息。

4. 待选部件参数

工业相机参数如表 1.1.1 所示。

表 1.1.1 工业相机参数

类别	编号	分辨率	帧率/（帧/s）	曝光模式	颜色	芯片大小	接口
2D 相机	相机 A	1280×960 像素	>90	全局	黑白	>1/3″	USB 3.0
2D 相机	相机 B	2448×2048 像素	>20	全局	黑白	2/3″	GigE
2D 相机	相机 C	2592×1944 像素	>10	滚动	彩色	1/2.5″	GigE
3D 相机	3D 相机	1920×1080 像素×2	>10	滚动	—	2/3″	USB 3.0

工业镜头参数如表 1.1.2 所示。

表 1.1.2 工业镜头参数

类别	编号	支持分辨率（优于）	焦距/倍率	最大光圈	工作距离	支持芯片大小
工业镜头	12mm 镜头	500 万像素	12mm	F2.0	>100mm	2/3″
工业镜头	25mm 镜头	500 万像素	25mm	F2.0	>200mm	2/3″
工业镜头	35mm 镜头	500 万像素	35mm	F2.0	>200mm	2/3″
远心镜头	远心镜头	500 万像素	0.3X	F5.4	110m	2/3″
镜头接圈	包括 0.5mm、1mm、2mm、5mm、10mm、20mm、40mm 一组					

LED 光源参数如表 1.1.3 所示。

表 1.1.3　LED 光源参数

类别	编号	主要参数	颜色	备注
环形光源	小号环形光源	直射环形，发光面外径为 80mm，内径为 40mm	RGB	三者可以合并成 AOI 光源
	中号环形光源	45°环形，发光面外径为 120mm，内径为 80mm	G	
	大号环形光源	低角度环形，发光面外径 155mm，内径 120mm	B	
同轴光源	同轴光源	发光面积 60mm×60mm	RGB	
背光源	背光源	发光面积 169mm×145mm	W	

注：R 表示红色，G 表示绿色，B 表示蓝色，W 表示白色。

任务实施

1. 工业相机选型

微课：工业相机选型方法

工业相机选型探索操作步骤、图示及记录如表 1.1.4 所示。

表 1.1.4　工业相机选型探索操作步骤、图示及记录

操作步骤	图示
对于指定的视野范围，应先计算出其长宽比，再将其与将采用的工业相机的长宽比进行比较，并最终决定采用长边还是宽边来计算焦距及像素精度。 1）计算视野长宽比 2）计算相机 A 芯片长宽比 3）计算相机 B 芯片长宽比 4）计算相机 C 芯片长宽比 5）确定相机 A 以长边还是宽边计算 6）确定相机 B 以长边还是宽边计算 7）确定相机 C 以长边还是宽边计算 8）计算相机 A 像素精度 9）计算相机 B 像素精度 10）计算相机 C 像素精度 11）确定型号	（a）视野长宽比大于芯片长宽比 （b）视野长宽比小于芯片长宽比 图中外框为工业相机成像视野，内框为需求视野
探索记录	**质量标准**
视野长宽比为________	1.2
相机 A 长宽比为________	1.3
相机 B 长宽比为________	1.195
相机 C 长宽比为________	1.3
相机 A 应以哪边计算？ □长边　□宽边	宽边
相机 B 应以哪边计算？ □长边　□宽边	长边
相机 C 应以哪边计算？ □长边　□宽边	宽边

续表

探索记录	质量标准
相机 A 像素精度为________	0.1
相机 B 像素精度为________	0.049
相机 C 像素精度为________	0.051
相机型号应选择 □相机 A　□相机 B　□相机 C	相机 C

注：彩色相机采用的是 Bayer 彩色阵列结构，输出的彩色图像的灰度值是不完全精确的，因此在不需要采集被测样品色彩信息的项目中，应优先选择同等像素的黑白相机。

2. 镜头选型

镜头选型探索操作步骤、图示及记录如表 1.1.5 所示。

微课：镜头选型方法

表 1.1.5　镜头选型探索操作步骤、图示及记录

操作步骤	图示
1）确定相机芯片长度 2）根据焦距/工作距离=相机芯片长度/视野长度计算焦距 3）确定焦距大小 4）确定工作距离	焦距f　B　A　$2F$　F　O　F　A'　$2F$　B'　物距u　像距v　像平面 镜头成像原理，通常像距=焦距
探索记录	**质量标准**
相机芯片长度为________	7.956mm
最小焦距为________	23.23mm
最大焦距为________	25.55mm
确定焦距为________	25mm
工作距离为________	377mm

3. 光源选型

光源选型探索操作步骤、图示及记录如表 1.1.6 所示。

微课：光源选型要素

表 1.1.6　光源选型探索操作步骤、图示及记录

操作步骤	图示
1）安装环形光源，观察相机成像效果 2）安装同轴光源，观察相机成像效果 3）安装背光源，观察相机成像效果 4）确定光源型号	高对比度图像

续表

探索记录	质量标准
环形光成像是否有反光 □是 □否	成像有反光
环形光成像对比度 □高 □低	对比度低
同轴光源成像是否有反光 □是 □否	有反光
同轴光源成像完整度 □高 □低	完整度低
背光源成像是否有反光 □是 □否	成像无反光
背光源成像对比度 □高 □低	对比度高
光源型号为________	背光源

工程经验

1. 相机选型经验

彩色相机采用的是 Bayer 彩色阵列结构，输出的彩色图像灰度值可能不完全精确。在不需要采集被测样品的色彩信息的情况，通常优先选择同等像素的黑白相机。

2. 镜头选型经验

镜头接口形式应与相机接口形式保持一致，确保可以准确安装。

计算得到的焦距通常不是整数，需要对其进行取整，分别向上、向下取整并验证视野是否满足要求。

确定焦距后，还需要验算工作距离，确定其在要求范围内。

3. 光源选型经验

通常机器视觉项目不会仅采用一种光源和打光方式。如果任务需要提取图案正面信息，则需要正面打光；如果需要测量轮廓，则需要背面打光（此时需要同时选择环形光源与背光源，并控制其开关时间与顺序）。

实战演练

1. 实战任务

实战任务如表 1.1.7 所示。

表 1.1.7 实战任务

任务描述	图示
进行 IC 芯片测量任务关键部件选型，IC 芯片规格：大小 18mm×10mm，数量 6 个。料盘总尺寸：长 200mm，宽 120mm。要求使用远心镜头，遵循测量精度最高原则进行硬件选型	

2. 实战操作

实战操作步骤与结果记录如表 1.1.8 所示。

表 1.1.8　实战操作步骤与结果记录

操作步骤	结果

考核评价

对本任务的考核评价如表 1.1.9 所示。

表 1.1.9　考核评价

考核内容		考核评分		
项目	内容	配分	得分	批注
工作准备（10%）	能够正确理解工作任务内容、范围及工作指令	2		
	能够查阅和理解参数表，确认要求	2		
	个人防护用品使用得当，衣着适宜	2		
	确认设备及工量具，检查其是否安全及正常工作	2		
	准备工作场地与器材，能够识别安全隐患	2		
任务实施（80%）	能够正确计算视野与相机芯片长宽比	10		
	能够正确选择相机长边/宽边计算	10		
	能够正确计算相机像素精度	10		
	能够选择正确的相机	10		
	能够正确计算镜头焦距	10		
	能够正确选择镜头	10		
	能够正确选择光源	10		
	安全、无事故并在规定时间内完成任务	10		
完工清理（10%）	收集和存储未使用的原材料	2		
	整理和清洁工作区域	2		
	对工具、设备进行清洁	2		
	按照工作程序完成选型报告	4		
考核成绩		考评员签字：________________ 日期：__________年_____月_____日		
综合评价：				

大国智造

机器视觉技术助力我国制造业转型

中国制造业正经历从“制造”到“创造”的转型，中国速度将向中国质量转变，中国产品将向中国品牌转变。这一进程的目标是推动中国到 2025 年基本实现工业化，并跻身制造业强国的行列。制造业的智能化、绿色化、数字化、融合化转型离不开机器视觉技术的赋能。机器视觉技术为工业机器人赋予了智能的眼睛，让机器人可以像人一样感知环境，基于产品的位置、亮度、颜色、表面特征等信息进行精准操作。这不仅进一步解放了生产力，还实现了更智能、更绿色、更灵活的制造，所有这一切的前提都依赖于机器视觉技术。

任务 1.2　视觉系统的安装与调试

任务描述

小张是某职业学校工业机器人技术专业三年级学生，依据《职业学校学生实习管理规定》(教职成〔2021〕4 号)，到某机器视觉应用公司进行工业视觉系统运维员跟岗实习。当前，公司要完成利用机器视觉测量机械零件尺寸的项目，完成关键部件选型后，小张需要根据视觉工程师的指导，认真、仔细地完成机器视觉系统的安装与调试。

任务目标

1. 了解机器视觉系统各部件的接口类型。
2. 掌握机器视觉系统各部件的连接方式。
3. 能够根据任务需求完成工业相机、镜头、光源的调试。

任务分析

进行机器视觉系统的安装工作，需要先了解机器视觉系统各部件的接口方式，掌握各个部件采用何种线缆连接，并掌握工业相机、镜头和光源的调试方法。

知识准备

1. 工业相机与镜头的连接

工业相机的镜头接口位于相机前端，如图 1.2.1 所示。相机的镜头接口有多种类型，其尺寸受传感器芯片尺寸的影响。传感器芯片越大，镜头接口越大。镜头接口与相机必须互相匹配，这样镜头才安装到相机上并清晰成像。

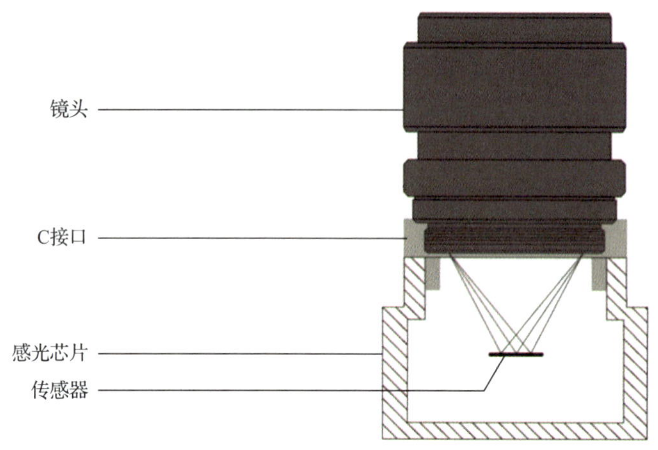

图 1.2.1　工业相机与镜头连接示意图

表 1.2.1 列出了常见的 4 种镜头的接口参数。C 接口和 CS 接口是工业相机中较常见的国际标准接口，为 1 英寸［1 英寸（in）≈2.54cm］-32UN 英制螺纹连接口。C 接口和 CS 接口的区别在于，C 接口的法兰后截距为 17.5mm，而 CS 接口的法兰后截距为 12.5mm。F 接口镜头采用的是尼康镜头的接口标准，所以又称尼康口，也是工业相机中常用的类型，常用于靶面尺寸大于 1in 的工业相机。随着工业相机的靶面尺寸越来越大，M72 接口应运而生，这种接口具有更大的卡环直径与法兰后截距，可以匹配大靶面像素相机。

表 1.2.1　常见镜头接口参数

序号	接口类型	螺距/mm	法兰后截距/mm	卡环直径/mm
1	C 接口	0.75	17.5	25.4
2	CS 接口	0.75	12.5	25.4
3	F 接口	—	46.5	47
4	M72 接口	0.75	31.8	72

小贴士

镜头的相机接口需确保与相机的镜头接口一致。

2. 工业相机与工控机的连接

工业相机的数据传输接口、供电接口及 I/O 接口位于工业相机后端。工业相机通常具备外部 I/O 信号触发采图的功能，用于抓拍图像。如果工业相机采用的传输协议不支持供电功能，则需要通过外接电源供电。USB 3.0 传输协议具备供电功能，因此采用 USB 3.0 协议的工业相机不需要外接供电电源。

图 1.2.2（a）所示是一个千兆网相机的背部结构，分为 6pin 电源及 I/O 接口、网络接口和指示灯 3 个部分。使用千兆网相机前需要对相机进行供电接线，如图 1.2.2（b）所示，将引脚序号 1 接入 12V 直流电源，将引脚序号 6 接入 GND。如果需要对相机进行外触发，则要将触发正信号输入接入引脚序号 2，将 IO GND 接入引脚序号 5。

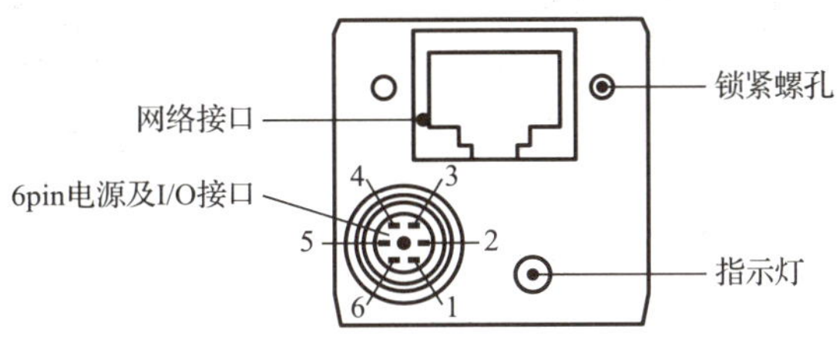

（a）相机背部结构

引脚	信号	说明
1	Power	+6～26V直流电源
2	Line1	光耦隔离输入
3	Line2	可配置I/O接口
4	Line0	光耦隔离输出
5	IO GND	光耦隔离地
6	GND	直流电源地

（b）6pin相机及I/O接口定义

图 1.2.2　相机背部结构及 I/O 接口定义

由于工业相机通常不具备图像处理功能，因此需要将采集到的图像数据通过相机传输协议传输到工控机等处理平台。不同图像数据传输协议采用的物理接口样式和结构不同。

常见的相机传输协议包括 USB 2.0、USB 3.0、千兆网、CameraLink、CoaXPress 等，其特性如表 1.2.2 所示。

表 1.2.2　相机传输协议的特性

接口类型	带宽	距离/m	特点
USB 3.0	4.8Gb/s	5	常见，低成本，多相机扩展容易，传输速率高
GigE	1000Mb/s	100	常见，低成本，多相机组网，传输距离远
Cameralink Link Base/Medium/Full/Full+	2.0/4.8/5.4/6.8Gb/s	10	抗干扰能力强，传输带宽高，需配专用采集卡，配件成本高
CoaXPress	N • 6.25Gb/s	40	传输速率高，传输距离长，需配专用采集卡，配件成本高

3. 待安装部件结构

机器视觉平台主要由机台、电控柜、*XYZ* 三轴运动模组、外置 *R* 轴、按钮盒、视觉安装夹具、产品托盘、光幕保护传感器、工控机、显示器、机器视觉器件等部件组成。其中需安装的部件包括相机、镜头、光源及外置 *R* 轴。设备外观如图 1.2.3 所示，平台尺寸为 600mm（宽）×650mm（深）×1450mm（高）。

微课：实训设备介绍

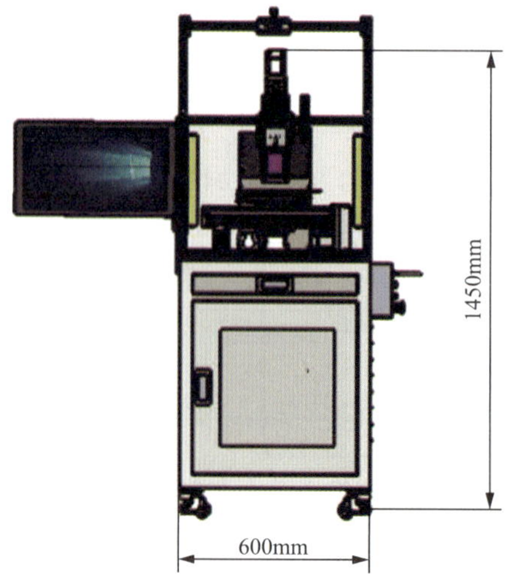

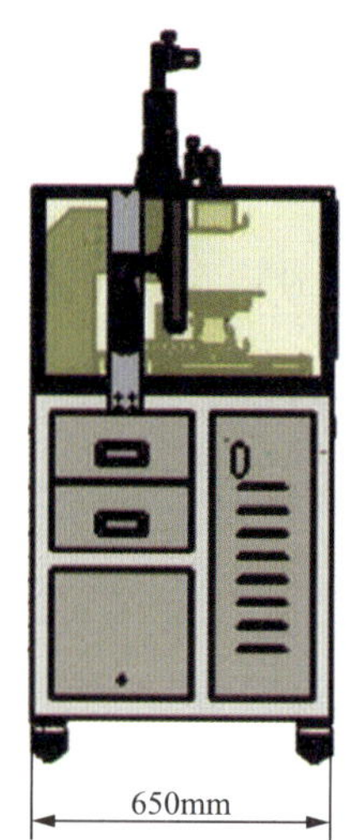

图 1.2.3　机器视觉平台

各部件的安装位置与安装方式如表 1.2.3 所示。

表 1.2.3　各部件的安装位置与安装方式

部件	安装位置	安装方式
镜头	与相机连接	镜头接口螺纹连接
相机	平台顶部横梁	内六角螺栓固定
	Z 轴平台	内六角螺栓固定
背光源	*XY* 运动平台	治具装夹
环形光源	与镜头连接	螺纹连接
	Z 轴平台	通过支架固定
同轴光源	*Z* 轴平台	通过支架固定

任务实施

1. 机器视觉系统安装

机器视觉系统安装步骤、图示及记录如表 1.2.4 所示。

视频：实训设备安装方法

表 1.2.4　机器视觉系统安装步骤、图示及记录

安装步骤		图示
安装相机与镜头	根据应用需要，选取合适的 1 台 2D 工业相机和 1 只工业镜头	
	将相机和镜头上的保护盖取下并放置到原位置，以防丢失	

续表

安装步骤		图示
安装相机与镜头	将工业镜头顺时针拧到相机上即可完成安装。3D 相机无须安装镜头	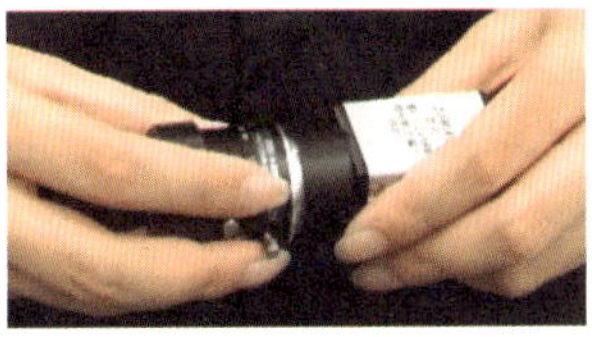
安装相机到快换板	取出相机的快换板，注意快换板上有一个转接件，其中有 3 个孔的为 2D 相机连接件，有 4 个孔的为 3D 相机连接件。 取出 M3×6 的螺钉和对应的六角扳手，将相机固定到快换板上	
安装光源	取出 LED 环形光源或同轴光源，根据光源的安装孔位，找到对应的连接件（不锈钢材质），用 M4×6 平头螺钉固定上去	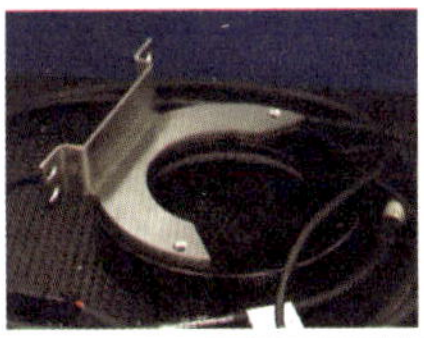
将相机光源固定至 *Z* 轴	上述器件安装完成后，将其安装到平台 *Z* 轴的面板上，并用 M5×10 的螺钉固定。注意：安装过程中保持力度适中，防止磕碰	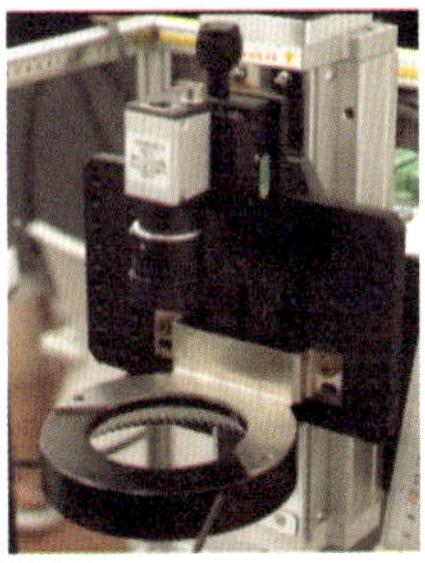
连接相机与工控机	GigE 接口的相机需要一根 2D 相机电源线和一根千兆网线，其中网线直接连接到面板上的网口，电源线按照线标接到 12V 供电接口。注意：正负极不要接反	
连接光源与工控机	将光源的插头直接插到面板上的光源控制器接口上，共有 1、2、3、4 四个通道，根据需求选择通道	

续表

安装步骤		图示
安装 *R* 轴	*R* 轴通过内六角螺栓固定在 *Z* 轴面板上	
连接 *R* 轴与工控机	*R* 轴上有 4 根连接线，分别为 A+、A−、B+、B−，将对应的接线端子接入控制面板上的 A+、A−、B+、B−即可	
连接 *R* 轴与气路	*R* 轴上有个吸盘，需要通过气管将其连接至面板的气管接头上	

探索记录	质量标准
相机 C 采用何种线缆连接？ ________________	GigE 网线与 12V 电源线
相机与镜头螺纹连接是否牢固？ □是　□否	应牢固、无松动
相机与快换板安装是否牢固？ □是　□否	应牢固、无松动
光源安装是否牢固？ □是　□否	应牢固、无松动
R 轴连接是否牢固？ □是　□否	应牢固、无松动
R 轴端子是否正确连接？ □是　□否	按照 A+、A−、B+、B−顺序
R 轴气路是否连接？ □是　□否	应牢固、无松动

2. 设备调试

设备调试操作步骤、图示及记录如表 1.2.5 所示。

表 1.2.5　设备调试操作步骤、图示及记录

操作步骤	图示
在计算机桌面上双击 MV Viewer 软件图标，进入相机驱动软件	
在“设备列表”中显示有设备通过 GigE 接口连接，单击该设备，在“设备信息”栏中可以看到图示界面，分为“接口信息”和“设备信息”，其中“接口信息”是指连接在计算机上的网口的信息，而“设备信息”是指相机信息	
相机与计算机通过网线连接，需要将相机 IP 地址和计算机网口 IP 地址设置在同一网段。首先修改相机 IP 地址。单击该设备，在“设备信息”栏中可以看到设备的“接口信息”和“设备信息”，根据“接口信息”中的 IP 地址修改设备信息中的相机 IP 地址，图中接口 IP 地址为“192.168.100.10”，需要将相机 IP 地址改为“192.168.100.X”	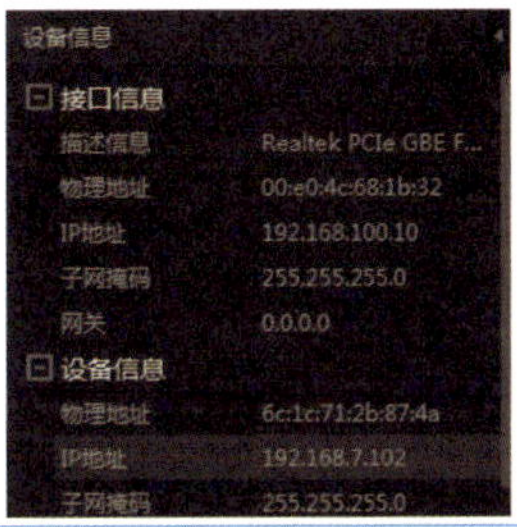
右击未连接设备名称，在弹出的快捷菜单中选择“设置 IP”选项	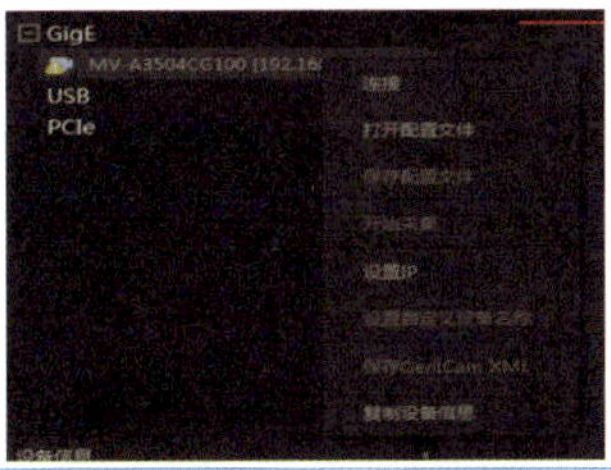
打开“IP 地址设置”界面，修改“设备信息”栏中的 IP 地址，使其与“接口信息”栏中的 IP 地址处于同一网段，也就是前 3 位相同，最后 1 位不一致	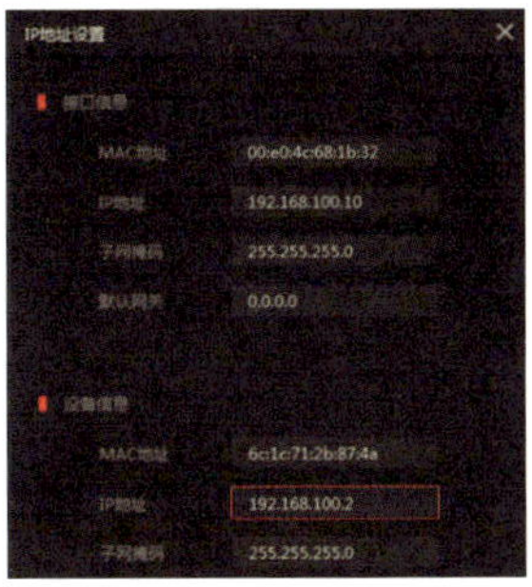
修改相机的 IP 地址后，还应修改计算机网口的 IP 地址，令计算机网口的 IP 地址与“设备信息”栏中的 IP 地址一致。右击网络图标，在弹出的快捷菜单中选择“打开‘网络和 Internet’设置”选项	
在打开的“网络和共享中心”窗口中，选择“更改适配器设置”选项，进入适配器设置界面	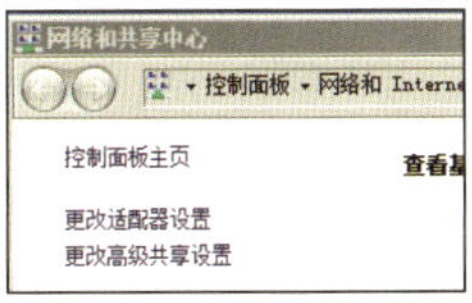

续表

操作步骤	图示
根据实际接入的网口，双击打开属性设置对话框	
在网口属性设置对话框中，双击“Internet 协议版本 4（TCP/IPv4）”选项，打开其属性设置对话框	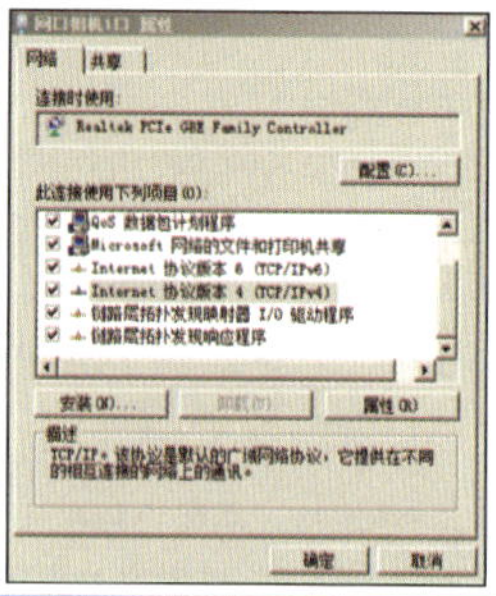
选中“使用下面的 IP 地址”单选按钮，输入与相机 IP 地址在同一网段的 IP 地址（最后一位不能相同，否则 IP 地址会冲突），然后单击“确定”按钮	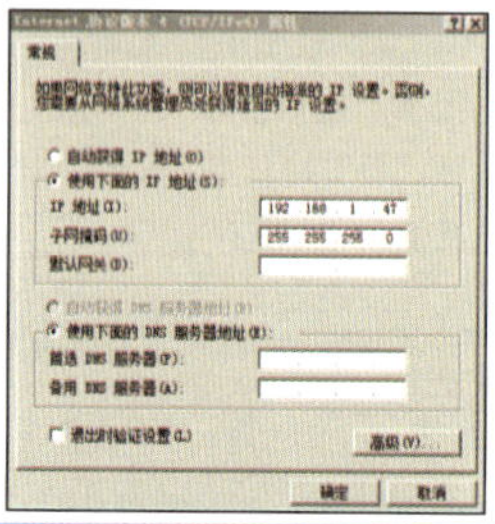
IP 地址修改完成后，驱动软件中警告标识消失，单击“连接”按钮	
单击“开始采集”按钮，即可开始使用相机采集图像	
单击“开始采集”按钮后，如果图像亮度过低，则需要调高曝光参数，单击“常用属性”选项进入设置界面	
调整相机的“曝光时间”，将曝光时间拉高，提高图像亮度	
本项目所选镜头为 25mm 焦距镜头，在相机驱动软件的输出窗口观察成像效果，完成调整后拧紧紧固螺钉，防止焦距环与光圈环因振动而发生变化	

探索记录	质量标准
相机 IP 地址设置是否正确？ □是　□否	接口信息、设备信息与网口地址中的 IP 应在同一网段
相机图像是否清晰？ □是　□否	相机图像不应过亮或过暗
镜头焦距与光圈是否固定？ □是　□否	镜头焦距环和光圈环螺钉应拧紧

工程经验

1. 系统安装经验

相机分为 USB 接口相机和 GigE 接口相机。USB 接口的 2D 和 3D 相机直接将其 USB 接口插入上面板上的 USB 口即可，无须接额外电源。接入电源可能会烧毁相机，需要谨慎操作。

2. 设备调试经验

在设备调试时，需要将相机设置中的 trigger mode（触发模式）改为 Off，否则相机将无法正常成像。此外，如果发现相机成像颜色不正，则需要调整白平衡。可以尝试自动调整，如果自动调整仍无法调正颜色时，则需手动调节相关参数。

实战演练

1. 实战任务

进行 IC 芯片测量任务部件安装。IC 芯片尺寸 18mm×10mm，数量 6 个；料盘总尺寸长 200mm，宽 120mm；部件选用远心镜头、2D 黑白相机、背光源；相机安装在 Z 轴位置，选择合适连接件进行安装。

2. 实战操作

实战操作步骤与结果记录如表 1.2.6 所示。

表 1.2.6　实战操作步骤与结果记录

操作步骤	结果

考核评价

对本任务的考核评价如表 1.2.7 所示。

表 1.2.7　考核评价

考核内容		考核评分		
项目	内容	配分	得分	批注
工作准备（10%）	能够正确理解工作任务内容、范围及工作指令	2		
	能够查阅和理解参数表，确认要求	2		
	个人防护用品使用得当，衣着适宜	2		
	确认设备及工量具，检查是否安全及正常工作	2		
	准备工作场地与器材，能够识别安全隐患	2		

续表

考核内容		考核评分		
项目	内容	配分	得分	批注
任务实施（80%）	能够正确安装相机	10		
	能够正确安装镜头	10		
	能够正确安装光源	10		
	能够正确安装 *R* 轴	10		
	能够正确设置相机 IP 地址	10		
	能够正确设置相机参数	10		
	能够正确调节镜头焦距、光圈	10		
	安全、无事故并在规定时间内完成任务	10		
完工清理（10%）	收集和存储未使用的原材料	2		
	整理和清洁工作区域	2		
	对工具、设备进行清洁	2		
	按照工作程序，完成选型报告	4		
考核成绩		考评员签字：______________ 日期：__________年_____月_____日		

综合评价：

大国精技

我国机器视觉的启蒙与发展

国内机器视觉起步晚，目前处于快速成长期。国内机器视觉源于 20 世纪 80 年代的第一批技术引进。自 1998 年众多电子和半导体工厂落户广东和上海开始，机器视觉生产线和高级设备逐渐被引入我国，催生了国际机器视觉厂商的代理商和系统集成商。我国机器视觉的发展主要经历了以下 3 个阶段。

第一个阶段是 1999—2003 年的启蒙阶段。在这一阶段，我国企业主要通过代理业务为客户提供服务，并在服务过程中引导客户对机器视觉的理解和认知，开启了我国机器视觉的发展历程。同时，国内涌现的跨专业机器视觉人才逐步掌握了国外简单的机器视觉软硬件产品，并搭建了机器视觉初级应用系统。特种印刷行业、烟叶异物剔除行业等率先引入了机器视觉技术，有效推动了国内机器视觉领域的发展。

第二个阶段是 2004—2007 年的发展阶段。在这一阶段，本土机器视觉企业开始探索自主核心技术，并进行机器视觉软硬件器件的研发，取得了多个应用领域的关键突破。国内厂商陆续推出的全系列模拟接口和 USB 2.0 的相机、采集卡，以及印制电路板（printed circuit board，PCB）检测设备、表面安装技术（surface mount technology，SMT）检测设备、液晶显示（liquid crystal display，LCD）前道检测设备等，逐渐开始占据入门级市场。

第三个阶段是 2008 年以后的高速发展阶段。在这一阶段，众多机器视觉核心器件研发厂商不断涌现，培养了一大批系统级工程师，推动了国内机器视觉行业的高速和高质量发展。随着全球制造中心向我国转移，我国已成为继美国、日本之后的第三大机器视觉应用市场。

项目2 视觉标定与定位

项目导读

在机器视觉系统中，定位技术主要是指获取目标物体的坐标和角度信息，自动判断物体位置，并通过一定的通信协议输出位置信息，引导执行机构（如机械臂）进行打磨、抓取等操作。机器视觉测量技术主要是指对物件的长度、角度、孔径、直径、弧度等典型物件几何参数进行测量。在视觉系统中，相机拍摄获取的图像基于像素坐标系，而机械手操作基于空间坐标系。因此，*N* 点标定的关键在于确定像素坐标系和空间坐标系之间的相对位置关系。在视觉系统中，每一个像素相当于一个刻度，通过 *XY* 标定，可以得到每个像素所代表被标定平面中每一格的真实物理尺寸。因此，可以通过图像算法测量像素间的距离来计算物体的真实物理尺寸。相机标定实现了机器视觉系统的高精度、稳定性和快速性，从而提升了现代化生产中的生产柔性、自动化程度和效率。

学习目标

知识目标

1. 了解视觉系统的坐标系类型及区别。
2. 理解 *XY* 标定原理。
3. 了解像素精度原理。
4. 理解手眼标定原理。

能力目标

1. 通过“*XY* 标定”工具实现图像坐标系与世界坐标系之间的转换。
2. 通过标定与测量工具完成零件尺寸的测量。

思政目标

1. 培养解决问题、勇于探究的工匠精神。
2. 树立质量意识、效率意识，精益求精，讲求实效。

任务 2.1 相机二维标定

任务描述

小张是某职业学校工业机器人技术专业三年级学生，依据《职业学校学生实习管理规定》(教职成〔2021〕4 号)，到某机器视觉应用公司进行工业视觉系统运维员跟岗实习。公司要求利用相机二维标定工具消除机器视觉系统中的成像畸变。小张需要根据视觉工程师的安排，认真、仔细地完成相机的标定工作。

任务目标

1. 了解视觉系统的坐标系类型及区别。
2. 理解 *XY* 标定原理。
3. 掌握“*XY* 标定”工具的使用方法。
4. 了解像素精度原理。
5. 掌握手眼标定方法及用法。
6. 理解手眼标定原理。

任务分析

使用“*XY* 标定”工具将已获得的图像坐标点与世界坐标点进行关联，生成图像坐标系与世界坐标系之间的转换关系。使用 PLC 工具获取感兴趣区（region of interest，ROI）内所有的 mark 点（标定板上黑白相间的圆）位置。使用定位工具、匹配工具等对图像进行定位，实现图像坐标系与世界坐标系之间输出位姿的转换，并将图像中的距离与实际物理距离进行关联，从而计算像素点对应真实物理空间的尺寸。

知识准备

1. 工业相机成像原理

微课：相机工作原理

根据图像感光传感器参数和特性的不同，工业相机可分为多种类别，如表 2.1.1 所示。

表 2.1.1 工业相机的分类

分类依据	类别	
传感器类型	CCD 相机	CMOS 相机
传感器结构	面阵相机	线阵相机
传感器色彩输出	黑白相机	彩色相机

工业相机中负责感光及成像的核心器件为图像传感器，主要有 CCD 和 CMOS 两种类型。这两种图像传感器的结构虽然不同，但是工作原理类似。当光照射在感光芯片的每个像素上时，激发电子并产生模拟电流信号。经过 A/D 转换器，模拟信号转换为二进制的数字信号，从而生成灰度图像（黑白图像），如图 2.1.1 所示。

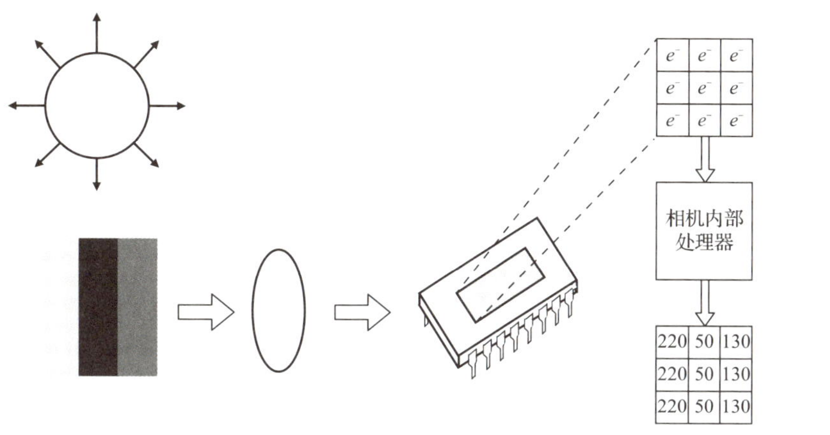

微课：镜头成像原理

图 2.1.1　相机成像芯片的工作原理

被检物品的反射光线经过工业镜头折射到图像传感器（CCD 或 CMOS）上，产生模拟电流信号，此信号经 A/D 转换器转换至数字信号，然后传递给图像处理器，得到图像，最后通过通信接口传输到计算机，进行后续的图像处理和分析。

2. 标定方法

相机标定方法包括传统相机标定法、相机自标定法和主动视觉相机标定法。其中，传统相机标定法需要使用尺寸已知的标定物，通过建立标定物上坐标已知的点与其图像点之间的对应关系，利用一定的算法获得相机模型的内外参数。

相机自标定法主要是利用相机运动的约束进行标定。相机运动的约束条件太强，因此该方法在实际中并不实用。相机自标定法灵活性强，可进行在线标定，但它是基于绝对二次曲线或曲面的方法，算法健壮性差。

主动视觉相机标定法是通过已知相机的某些运动信息对相机进行标定。该方法不需要标定物，但需要控制相机做某些特殊运动，利用这种运动的特殊性可以计算出相机的内部参数。主动视觉相机标定法的优点是算法简单，能够获得线性解，健壮性较好；缺点是系统的成本高、实验设备价格昂贵、实验条件要求严格。主动视觉相机标定法不适用于运动参数未知或无法控制的场合。

3. 相机成像原理、成像模型与畸变

（1）凸透镜成像原理

微课：透视成像原理

从物体的顶端作两条直线：一条平行于主光轴，经过凸透镜后偏折为会聚光线，并经过主焦点；另一条通过透镜的光学中心点，这两条直线相交于一点，此为物体的像，如图 2.1.2 所示。

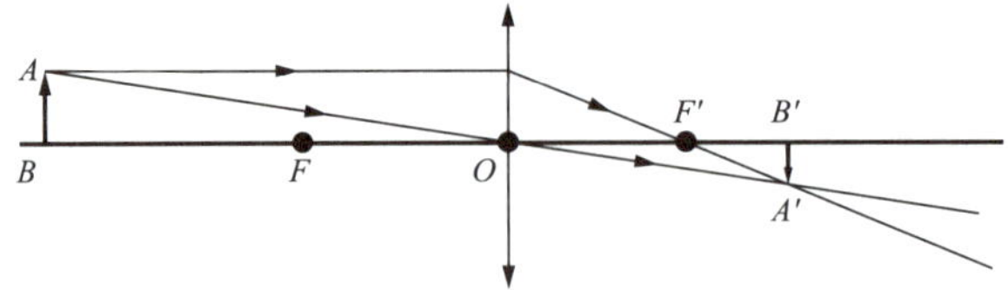

图 2.1.2　凸透镜成像原理

（2）针孔成像模型

在该模型中，物体表面的反射光都经过一个针孔而投影到像平面上，即遵循光的直线传播原理。针孔成像模型主要由光心（投影中心）、成像平面和光轴组成，如图 2.1.3 所示。针孔成像模型与透镜成像模型的成像原理相同，即像点是物点和光心的连线与成像平面的交点。图 2.1.3 中 P 为物体，p 为 P 成的像，f 为焦距，s 为物距。

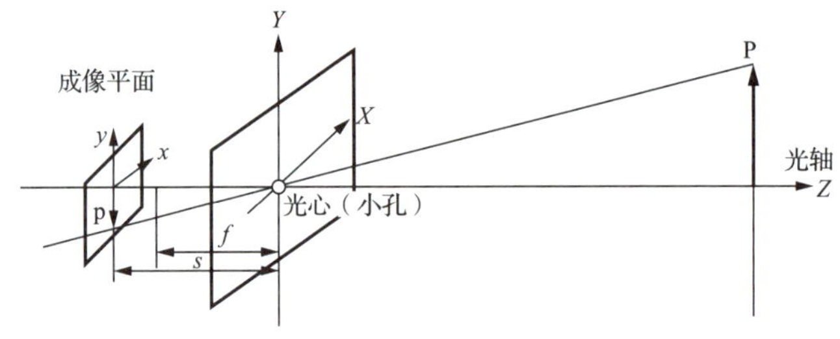

图 2.1.3　针孔成像模型

（3）小孔成像模型

小孔成像模型如图 2.1.4 所示，其中世界坐标系是客观三维世界的绝对坐标系，也称客观坐标系。因为相机被安放在三维空间中，所以我们需要用世界坐标系这个基准坐标系来描述数字照相机的位置，并用它来描述安放在此三维环境中的其他任何物体的位置，用(X_w, Y_w, Z_w)表示其坐标值。首先将成像平面坐标系(X_c,Y_c,Z_c)设置为相机坐标系，保持不动；再将成像平面沿着光轴向右移动 s 距离，直到与光心重合，此时以光心为原点，在成像平面上建立图像坐标系，其 x 轴、y 轴分别与相机坐标系平行。此时在相机坐标系下，物体 m(X_c,Y_c, Z_c)在图像坐标系的坐标为(x,y,z)。这样所构建的成像模型称为小孔成像模型。

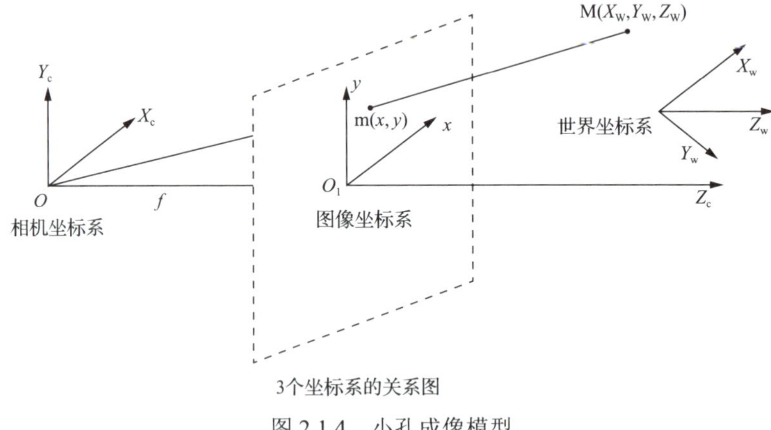

图 2.1.4　小孔成像模型

（4）几何畸变

1）几何畸变的定义。由于摄像机制造和镜头中透镜镜片加工工艺等多种原因，入射光线通过各个透镜时会出现折射误差。这些误差会影响到 CCD 成像芯片上像素的排列位置，导致摄像机的实际光学成像系统与理论模型之间存在一定的差异。这种差异导致相机拍摄出的二维图像存在不同程度的非线性变形，通常人们把这种变形称为几何畸变，如图 2.1.5 所示。

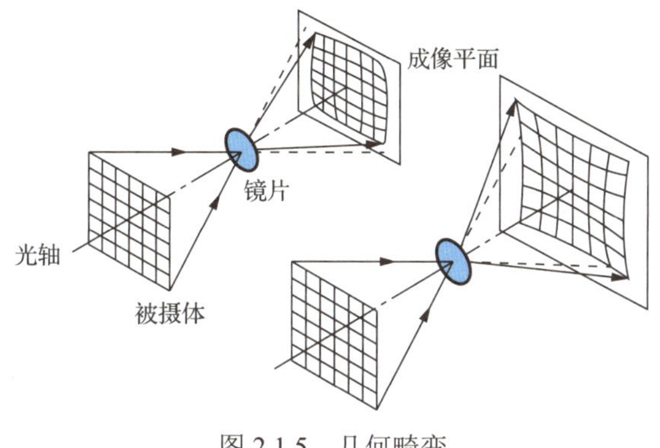

微课：畸变模型

图 2.1.5　几何畸变

2）几何畸变的分类。几何畸变可分为径向畸变、偏心畸变和薄棱镜畸变 3 种。

径向畸变：主要是由镜头缺陷造成的，图像的变形关于摄像机镜头的主光轴对称。

偏心畸变：主要是由光学系统与几何中心不一致造成的，即透镜的光轴中心不能严格共线。

薄棱镜畸变：主要是由镜头设计、制造缺陷和加工安装误差所造成的，如镜头与摄像机面有很小的倾角等。

3）消除几何畸变的方法。对相机和镜头进行标定，通过标定对畸变进行补偿，使拍出的二维图像能够精确复原三维空间场景。通常可以采用棋盘格作为标定对象，在各个不同的角度上拍摄标定图片，提取各图片的角点信息，再提取亚像素角点信息，绘制棋盘格内角点。由于棋盘格距离已知，因此可以根据该距离对相机进行标定，用标定过的相机再次拍照，对标定结果进行评价。如果标定结果令人满意，就可以根据这一标定结果对图像进行矫正。

4. 标定板特征

标定板（calibration target）在机器视觉、图像测量、摄影测量、三维重建等应用中起着至关重要的作用。标定板的主要作用包括校正镜头畸变、确定物理尺寸和像素间的换算关系、确定空间物体表面某点的三维几何位置与其在图像中对应点之间的相互关系、建立相机成像的几何模型。利用相机拍摄标定板，经过标定算法的计算，可以得出相机的几何模型，从而得到高精度的测量和重建结果。标定板通常带有固定间距图案阵列的平板。

常见的标定板采用的图案阵列有等间距实心圆阵列图案（图 2.1.6）和国际象棋盘图案（图 2.1.7）。

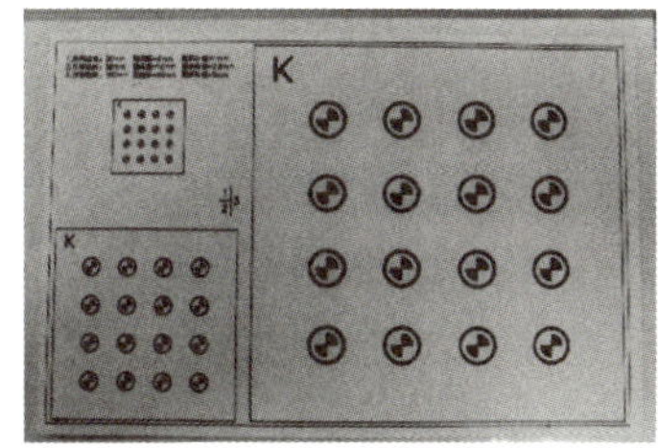

图 2.1.6　等间距实心圆阵列图案

图 2.1.7　国际象棋盘图案

任务实施

1. *XY* 标定

机器视觉系统*XY*标定操作步骤及图示如表2.1.2所示。

视频：系统与图像获取工具

视频：PCB板拼接与测量实训操作——相机标定

表 2.1.2　*XY* 标定操作步骤及图示

操作步骤	图示
采集图像： 进入工具组，添加“相机”工具，在“相机选择”下拉列表中选择要使用的相机，选择“图像设置”选项卡，在“图像参数”选项组中调整“曝光”与“增益”参数，以使采集到的图像在合适的亮度范围，单击“执行”按钮进行图像采集	相机 参数 参数 基础参数 图像设置 图像参数 相机选择 KiDaHuaCam.SerialNo:7C07F72PAK00112.Index:0 启动模式 初始化时打开所有相机 相机 参数 参数 基础参数 图像设置 图像参数 曝光 0 88085.9 增益 0 5 1.0 dB
添加“找圆”工具，双击“找圆”工具，打开“找圆”参数设置界面，设置“搜索方向”为“由外到圆心”，“搜索极性”为“从白到黑”，单击“注册图像”按钮，在显示窗口中使用ROI将目标圆框起来，单击“执行”按钮	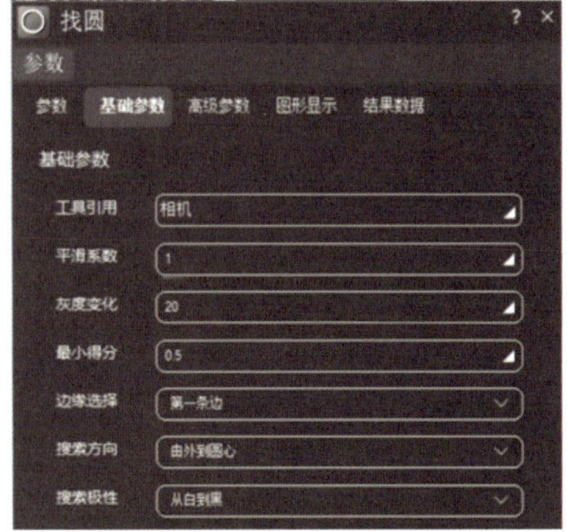 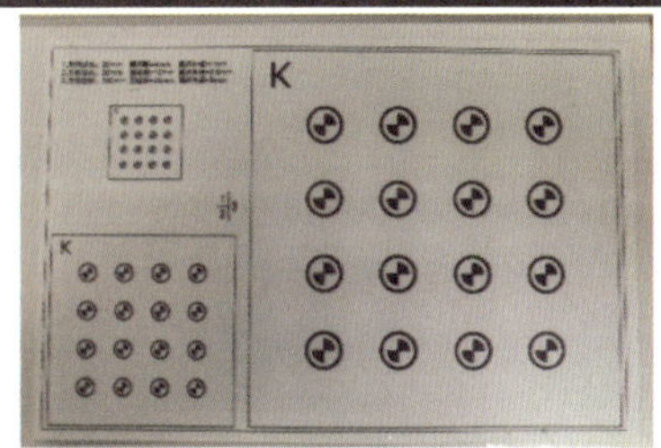

续表

操作步骤	图示
标定板上的编号 1、2、3 分别指 3 个区域，每个区域都给定了 3 个实际尺寸，如图所示，分别为方形边长、圆间距、圆环外径。例如，区域 3 的圆环外径实际尺寸为 5mm	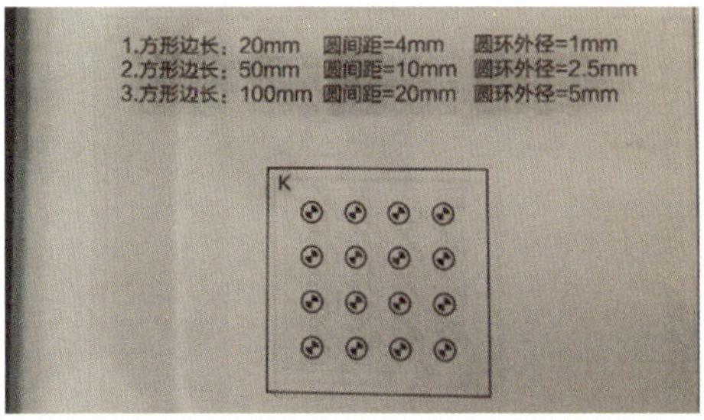
添加“XY 标定”工具，双击“XY 标定”工具打开“XY 标定”对话框，如图所示，在“像素距离（像素）”选项组中输入“找圆”工具中圆的半径数据，在“实际距离（毫米）”选项组中输入圆的半径的实际尺寸	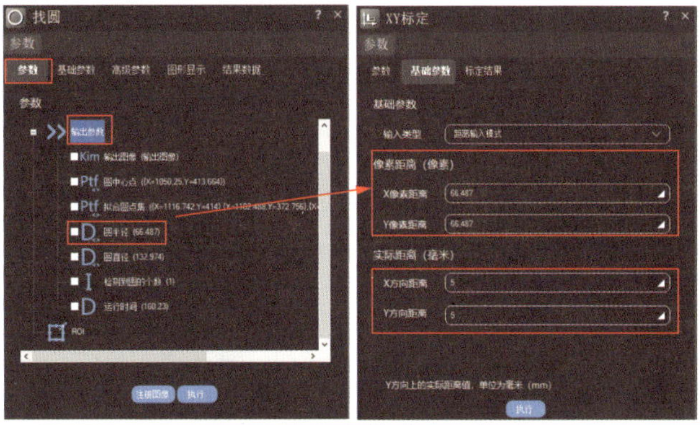
“XY 标定”程序如图所示	

2.　手眼标定

视频：七巧板拼图实训——相机手眼标定

机器视觉系统手眼标定操作步骤及图示如表 2.1.3 所示。

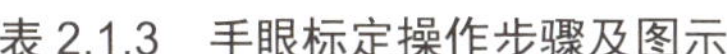

表 2.1.3　手眼标定操作步骤及图示

操作步骤	图示
与 PLC 建立通信： 单击①处图标，打开“设备”列表，双击②处“欧姆龙 PLC”，打开 PLC 通信设置窗口	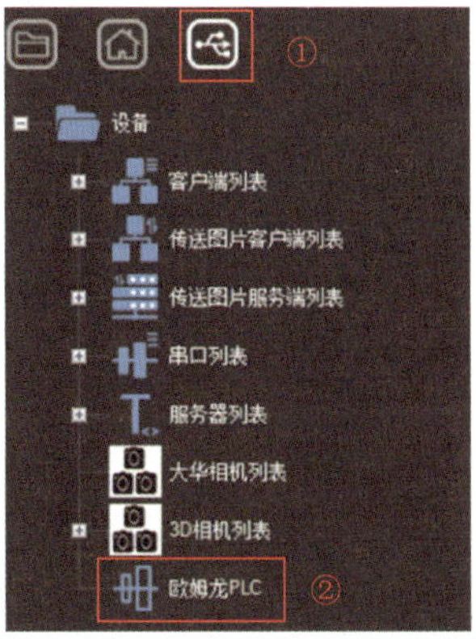

续表

操作步骤	图示
“端口号”以实际插入计算机的端口（工控机上黑色串口线插入的端口）为准进行选择，“波特率”选择“9600”，“极性”选择“Even”，在“数据位”文本框中输入“8”，“停止位”选择“One”，“数据格式”选择“Hex”	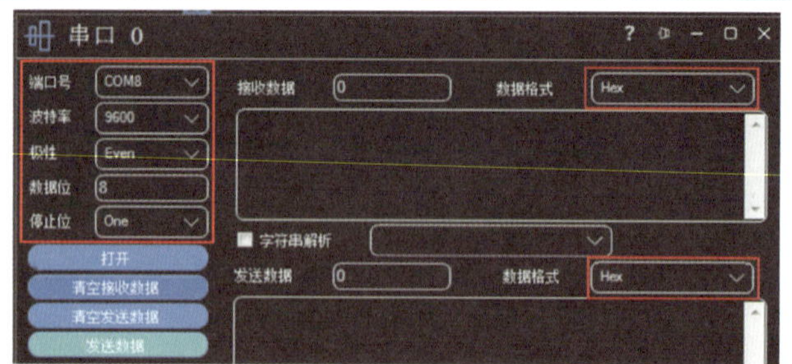
与光源控制板建立连接： 单击①处图标，打开“串口”列表，双击②处“串口”，打开串口设置窗口	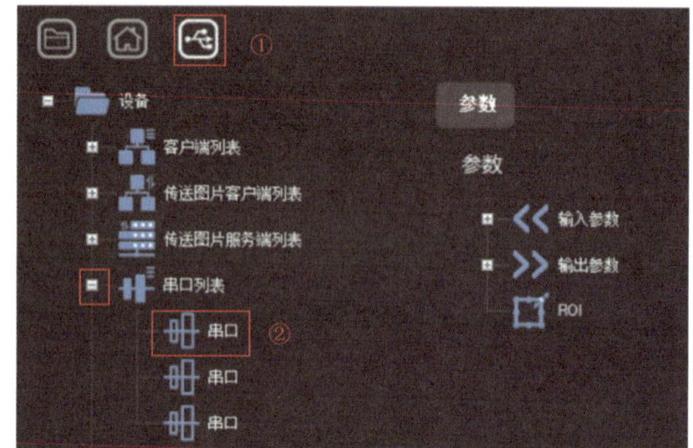
“端口号”以实际插入计算机的端口（工控机上白色串口线插入的端口）为准进行选择，“波特率”选择“9600”，“极性”选择“None”，在“数据位”文本框中输入“8”，“停止位”选择“One”，“数据格式”选择“ASCII”	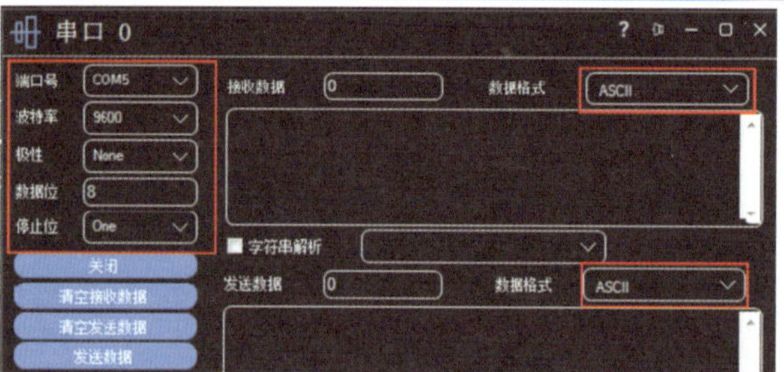
新建项目： 新建配置，单击①处图标，进入配置界面，在②处“产品名称”文本框中输入“N点标定”，单击③处的“新建”按钮，完成项目新建	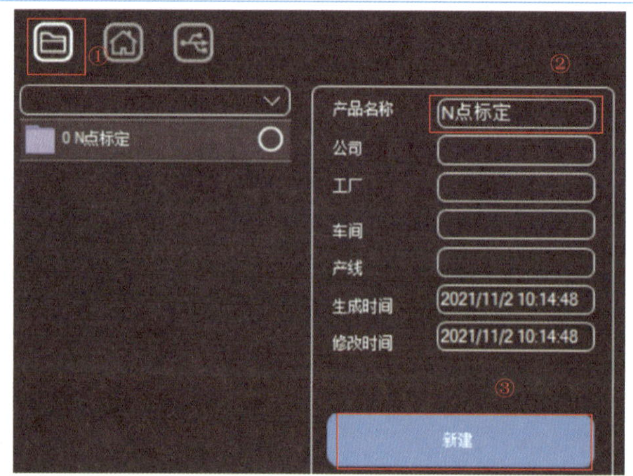

续表

操作步骤	图示
将①处的“工具组”拖至流程图空白处，即可在流程图中新建工具组，单击②处的“工具组”图标，打开工具组设置窗口，重命名为“N 点标定”，设置完成后关闭设置窗口	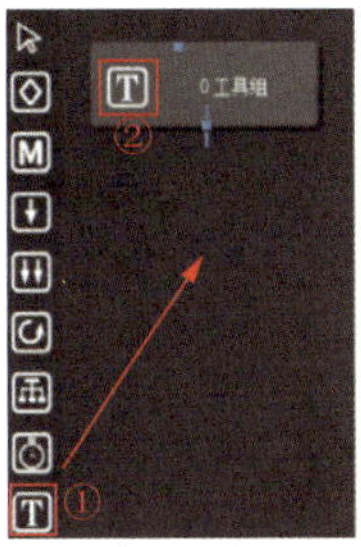 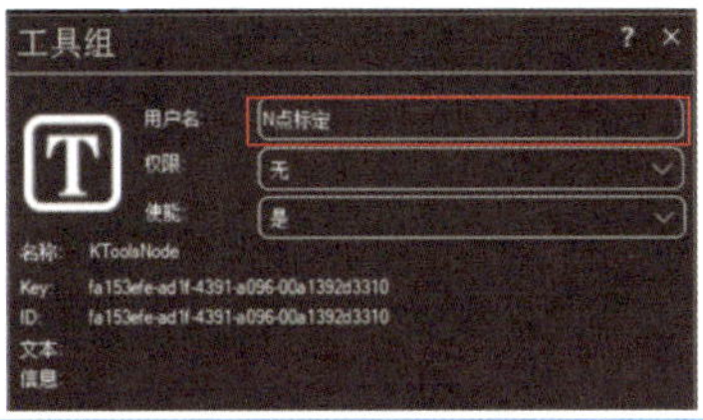
设置拍照位： 双击进入“N 点标定”工具组，添加 PLC 工具，手动控制运动平台到拍照位（自定义），双击 PLC 工具，打开“PLC 控制”对话框，选择①处的“控制设置”选项组，选中②处的“获取位置”单选按钮，单击“执行”按钮便可获取 PLC 的当前位置	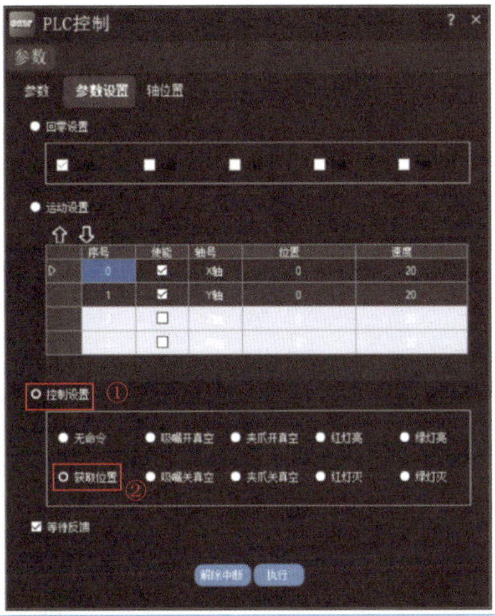
选择图中①处的“轴位置”选项卡，在图中②处可看到当前位置的坐标	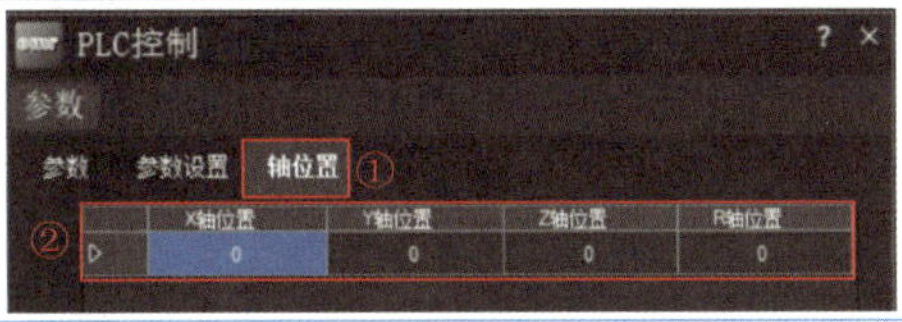
选择图中①处的“运动设置”选项组，将 X、Y 轴的位置分别输入图中②处的“位置”文本框中	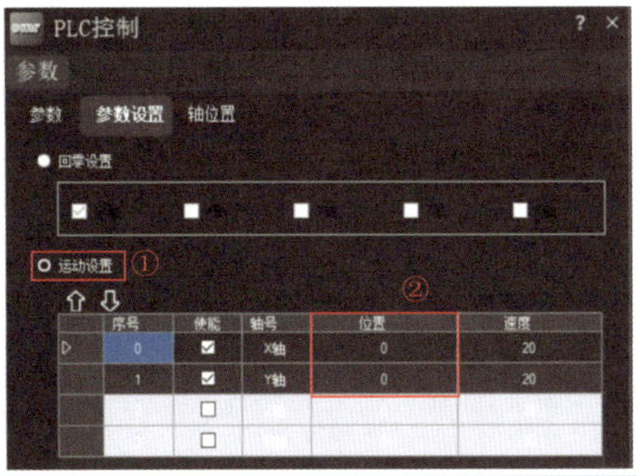

续表

操作步骤	图示
采集图像： 进入工具组，添加“相机”工具，在“相机选择”下拉列表中选择要使用的相机，选择“图像设置”选项卡，在“图像参数”选项组中调整“曝光”与“增益”参数，以使采集到的图像在合适的亮度范围，单击“执行”按钮进行图像采集	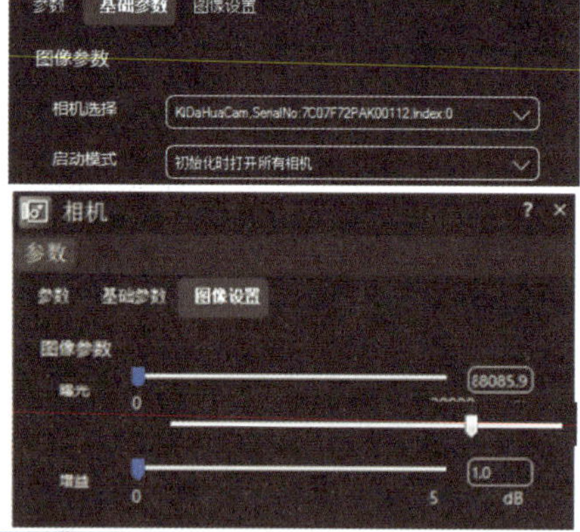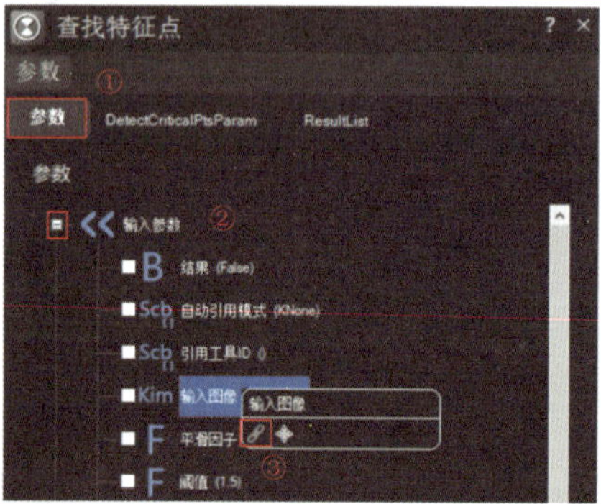
获得像素坐标： 添加“查找特征点”工具，双击进入“查找特征点”参数设置界面，选择图中①处的“参数”选项卡，在“参数”选项组中，展开图中②处的“输入参数”，单击“输入图像”参数后的括号，打开“输入图像”参数的设置界面，单击图中③处的图标，进入“添加引用”界面	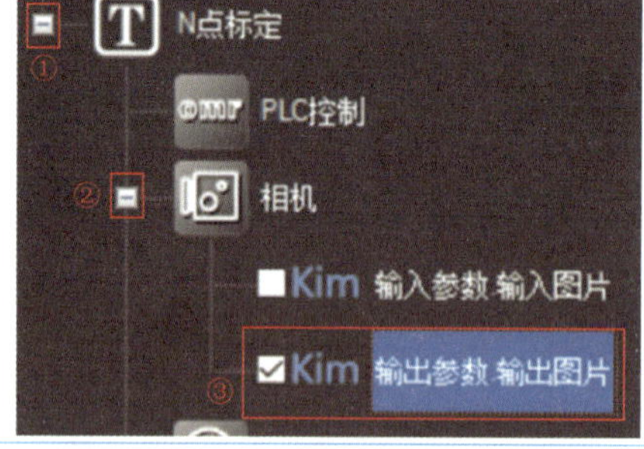
在“添加引用”界面中，单击图中①处的图标，展开“N 点标定”工具组，单击图中②处的图标，打开“相机”工具参数设置界面，选择图中③处的“输出参数.输出图片”选项	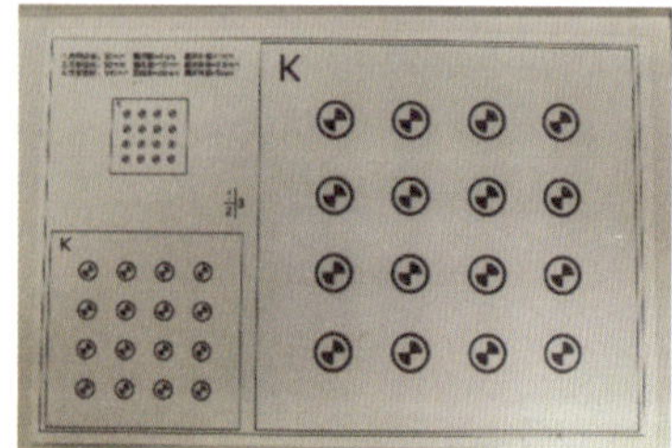
设置查找特征点 ROI（蓝色方框，默认在图像左上角），单击“执行”按钮，特征点识别结果会在显示窗口显示，记下特征点顺序。需要注意的是，“N 点标定”工具参数设置界面中输入的世界坐标需与特征点识别到的图像坐标一一对应	

续表

操作步骤	图示
添加“N 点标定”工具，双击进入“N 点标定”参数设置界面，如图所示，单击图中①处，打开“像素坐标”参数设置界面，单击图中②处进行添加引用，选择“查找特征点”工具的“输出参数.关键点”选项	
选择“参数”选项卡，单击图中①处的“多点更新”按钮，即可获得 9 个特征点的像素坐标	
标定： 手动控制吸盘到标定板 mark 点正上方，添加 PLC 工具，打开“PLC 控制”对话框，选择“控制设置”选项组，选择“获取位置”选项，单击“执行”按钮即可在“轴位置”选项卡中查看到当前位置的 *X*、*Y* 轴坐标，该点位为当前 mark 点的世界坐标点 依次获得各个点位的世界坐标，并将该坐标输入“世界坐标”列（注意：像素坐标与世界坐标一一对应），单击“执行“按钮即可生成“N 点标定”的仿射矩阵	

工程经验

1. *XY* 标定经验

进行 *XY* 标定时，需要注意图像方向。像素坐标系的原点位于图像左上角，*X* 方向竖直向下，*Y* 方向水平向右。在输入坐标时，需注意坐标值之间的大小关系。

2. 手眼标定经验

进行手眼标定时，标定板放置在平台上时会存在一定的位置误差，这会导致各特征点之间的连线与坐标轴不平行。因此，在通过 PLC 读取各标志点的位置时，需要微调 *X* 轴与 *Y* 轴摇杆，避免直接平移取点，以确保坐标值的准确性。

实战演练

1. 实战任务

实战任务如表 2.1.4 所示。

表 2.1.4　实战任务

任务描述	图示
进行 IC 芯片测量任务关键部件选型，IC 芯片尺寸 18mm×10mm，数量 6 个。料盘总尺寸 200mm×120mm。要求根据选型结果，选择合适的标定特征点区域进行 *XY* 标定与手眼标定	

2. 实战操作

实战操作步骤与结果记录如表 2.1.5 所示。

表 2.1.5　实战操作步骤与结果记录

操作步骤	结果

考核评价

对本任务的考核评价如表 2.1.6 所示。

表 2.1.6　考核评价

考核内容		考核评分		
项目	内容	配分	得分	批注
工作准备（10%）	能够正确理解工作任务内容、范围及工作指令	2		
	能够查阅和理解参数表，确认要求	2		
	个人防护用品使用得当，衣着适宜	2		
	确认设备及工量具，检查是否安全及正常工作	2		
	准备工作场地与器材，能够识别安全隐患	2		

续表

考核内容		考核评分		
项目	内容	配分	得分	批注
任务实施（80%）	能够准确划分 *XY* 标定视野范围	10		
	能够准确规定 *XY* 标定点	10		
	能够正确规定 *XY* 标定点坐标	10		
	能够准确得到 *XY* 标定数据	10		
	能够准确划分手眼标定视野范围	10		
	能够准确规定手眼标定点	10		
	能够正确规定手眼标定点坐标	10		
	能够准确得到手眼标定数据	10		
完工清理（10%）	收集和储存未使用的原材料	2		
	整理和清洁工作区域	2		
	对工具、设备进行清洁	2		
	按照工作程序完成选型报告	4		
考核成绩		考评员签字：________________ 日期：__________年_____月_____日		

综合评价：

科学先锋

朱松纯：三十功名逐一统 八万里路怀家国

朱松纯教授被公认为全球计算机视觉、统计与应用数学、人工智能领域的顶尖专家之一。他筹建了全球最早的大数据标注团队，并发布了精细化程度最高、语义信息最丰富的大规模数据库 LHI Dataset。他还创办了暗物智能公司，填补了目前主流市场上强认知 AI 和商业需求之间的空白，使得普罗大众可以更广泛地接触和使用 AI。

在信息交流不便、没有电邮和互联网的 20 世纪 80 年代，朱松纯通过查阅资料和与留学美国时的老师交流，初次接触到神经科学、心理学、认知科学、神经网络等领域的知识，同时也开始涉足计算机视觉领域。1989 年冬天，寒假回家之前，他从认知科学实验室的一位老师那里借阅了 David Marr 撰写的一本白皮书。David Marr 是英国 MIT 认知科学和神经科学家，被公认为计算机视觉的创始人。

美国大约在 1980 年开始创立计算机视觉这门学科，当时我国计算机视觉尚未起步。由于缺乏背景知识，朱松纯当时几乎无法理解这本书，但这也成为朱松纯计算机视觉学术生涯的起点。

后来，朱松纯率先将概率统计建模与随机计算方法引入计算机视觉研究。在导师的建议下，他采用归纳思想将复杂问题分解成小的、具体的问题进行研究。他为 David Marr

提出的视觉概念，如纹理、图像基元和原始简约图等，建立了一个统一的数理模型，使得从理论和计算角度研究计算机视觉成为可能。2020 年 9 月，朱松纯以国家战略科学家的身份受邀回国，筹建北京通用人工智能研究院并担任院长，同时兼任清华大学和北京大学的讲席教授，以及北京大学人工智能研究院院长。

朱松纯曾在访谈中提到，30 年前在中国科学技术大学学习时，就有了追求人工智能大一统理论的梦想，赴美求学正是为了追寻与探究这一梦想。30 年后，选择回国也是基于同样的初心——在中国实现人工智能大一统理论框架的梦想。

任务 2.2 齿轮尺寸测量

任务描述

齿轮及齿轮产品是机械装备的重要基础件，绝大部分机械成套设备的主要传动部件是齿轮。近年来，我国航天航空、造船、汽车制造等行业高速发展，对齿轮品质和精度的要求也越来越高。

小张所实习的公司于近日接到齿轮厂家的订单，该厂家生产一款外圆半径为 22mm 的齿轮，之前所采用的检测方式是测量仪器加人工研判，不仅检测效率低下，而且经常出现主观误差，影响产品品质。公司要求小张采用机器视觉技术，依据齿轮尺寸测量值来直接判断齿轮是否符合标准。

任务目标

1. 能够根据任务需求完成相机、镜头、光源的选型。
2. 掌握形状匹配、放射矩阵的原理。
3. 掌握“形状匹配”工具、“找圆”工具、“找点”工具、“点间距”工具、“用户变量”工具的使用方法。
4. 理解“形状匹配”工具、“找圆”工具、“找点”工具、“点间距”工具、“用户变量”工具的参数含义。
5. 掌握判断测量结果的方法。

任务分析

要完成齿轮尺寸的测量，首先需要根据单个像素精度、视野范围、工作距离等要求完成相机、镜头和光源的选型，之后对硬件进行安装和调试，然后在 KImage 系统中建立齿轮尺寸检测项目，使用“形状匹配”“找圆”“找点”“点间距”“用户变量”等工具测量出齿轮的尺寸参数，并判断齿轮是否符合标准。

微课：测量

本任务要求：拍摄图片单个像素精度小于 0.03mm，视野范围为 78mm×65mm（视野范围允许一定的正向偏差，最大不得超过 10mm），工作距离为 210mm。若齿轮齿数、齿顶圆半径、齿根圆半径、中心圆直径 4 个数据均符合标准，则系统判定该齿轮为优品。

 知识准备

1. 形状匹配仿射矩阵

微课：图像处理算法——模板匹配

（1）仿射矩阵原理

在图像处理领域，ROI 是从图像中选择的一个图像区域，这个区域是图像分析所关注的重点。圈定 ROI 或者使用 ROI 圈定需要处理的目标，可以减少处理时间，提高精度。

在具体的视觉应用中，当工件来料位置固定不变时，常量 ROI 可以覆盖工件来料。但是当来料位置存在较大波动时，就无法通过固定的 ROI 来实现视觉应用。这时可以通过粗定位对产品进行定位，根据定位位置、长宽、角度等数据，使用生成 ROI 工具来满足视觉应用的要求；或者根据粗定位数据，使用 ROI 校正工具对固定的 ROI 进行仿射变换，使变换后的 ROI 跟随产品位置，以此来满足视觉应用的要求。

（2）ROI 生成的应用场合

1）目标物体周边存在干扰点时，可以通过限定 ROI 来规避。

2）当图片数据量大而 ROI 小时，可以通过划定 ROI，使检测时间缩短。在实际应用中，每一个待检测工件在图像中的位置都发生偏移时，ROI 也需要移动，否则会导致检测不到所需要的特征。此时可以创建定位基准，使 ROI 跟随基准移动。

KImage 中的“形状匹配”工具会输出一个仿射矩阵参数，这个参数就是 ROI 跟随的基准。形状匹配仿射矩阵如图 2.2.1 所示。

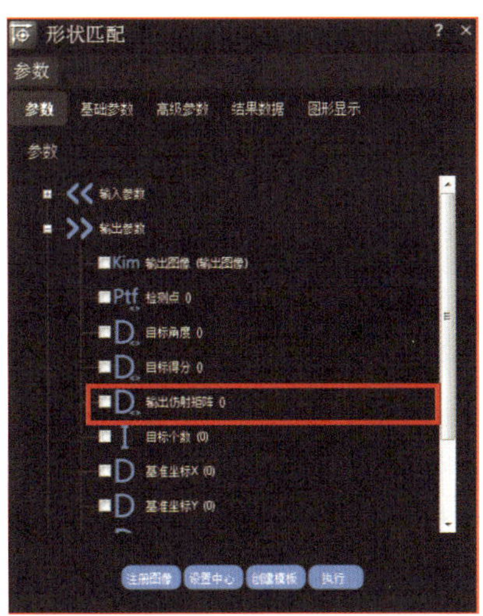

图 2.2.1　形状匹配仿射矩阵

2. “形状匹配”工具的使用

“形状匹配”工具正常运行后，会输出仿射矩阵。“形状匹配”工具运行后直接创建定位工具时，该定位工具会直接引用形状匹配仿射矩阵。例如，在如图 2.2.2 所示程序中，打

开“找点”工具“参数”界面，可在“参数”列表中看到“找点”程序已引用形状匹配仿射矩阵，如图 2.2.3 所示。

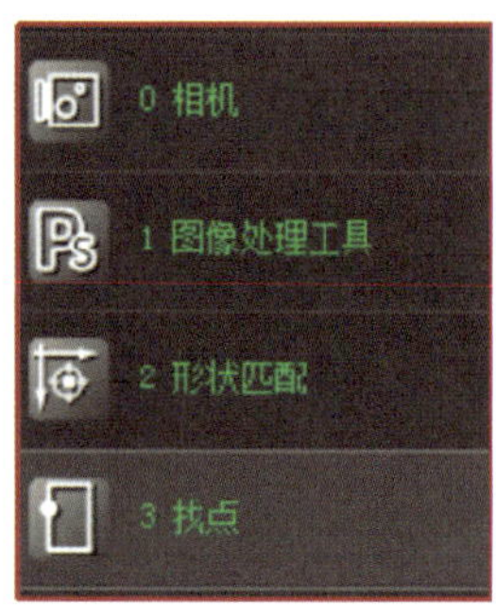

图 2.2.2 “找点”程序

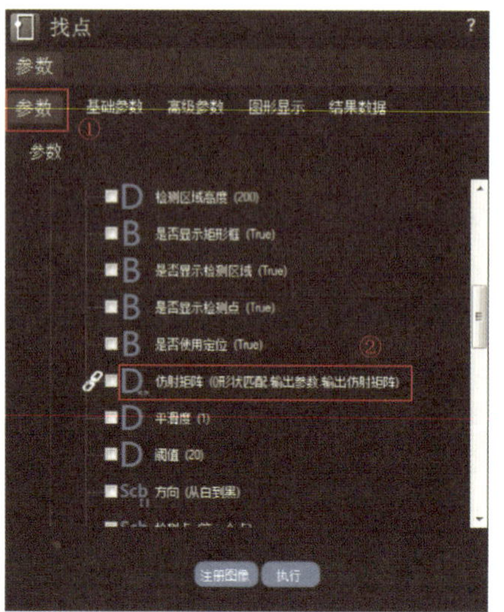

图 2.2.3 找点输出参数

当定位工具没有引用仿射矩阵时，可采用下述方法解决：

1）编程。如图 2.2.2 所示，“找点”是“形状匹配”的下一个程序，右击“找点”工具，在弹出的快捷菜单中选择“自动引用”选项，即可引用上一个形状匹配仿射矩阵。

2）其他程序的“形状匹配”与“找点”程序相同，这里仍以“找点”工具为例，打开“找点”工具“参数”界面，单击“参数”→“参数”→“仿射矩阵”栏后括号，如图 2.2.4 中②所示，单击“添加引用”按钮，如图 2.2.4 中③所示，打开“引用”界面，如图 2.2.5 所示，选中“流程图”→“齿轮检测”→“形状匹配”→“输出参数.输出仿射矩阵”复选框，如图 2.2.5 中⑤所示，退出“引用”界面，这时就已经引用了形状匹配仿射矩阵。

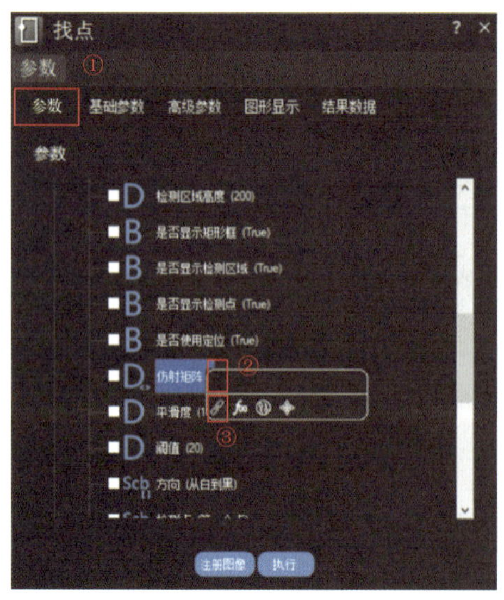

图 2.2.4 “找点”工具“参数”界面

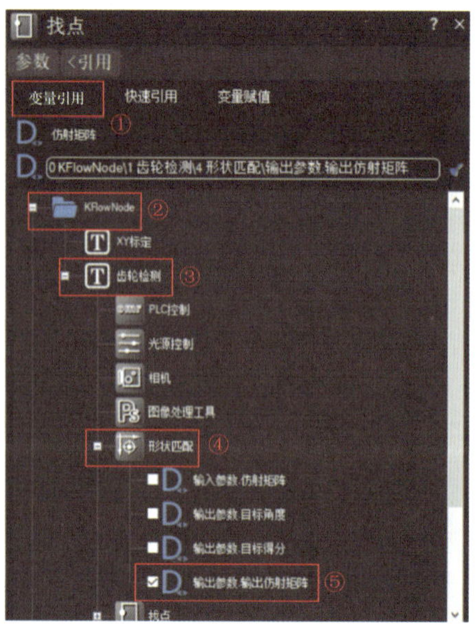

图 2.2.5 “找点”工具参数“引用”界面

在使用仿射矩阵时：若“形状匹配”工具匹配一个模板，则 ROI 会跟随仿射矩阵移动；若“形状匹配”工具匹配多个模板，则“形状匹配”工具会输出与匹配数量相同的仿射矩阵，并有序排列。使用仿射矩阵会创建出与形状匹配个数相同的 ROI，这些 ROI 会分别跟随各个仿射矩阵同时进行查找。

例如，使用“形状匹配”工具匹配到了 4 个齿，如图 2.2.6 所示；为找到齿顶点，使用“找点”工具设置 ROI，如图 2.2.7 所示；使用“找点”工具可以同时找到这 4 个齿的齿顶点，如图 2.2.8 所示。

图 2.2.6　形状匹配执行后

图 2.2.7　找点 ROI 设置

图 2.2.8　找点执行后

任务实施

齿轮尺寸测量的操作步骤及说明如下。

1. 设置拍照位

设置拍照位的操作步骤及图示如表 2.2.1 所示。

表 2.2.1　设置拍照位的操作步骤及图示

步骤名称	操作步骤	图示
新建齿轮检测项目	打开 KImage 软件，单击“登录”按钮进入 KImage 主界面。新建配置，单击左上角的“配置”按钮，在“产品名称”文本框中输入“齿轮尺寸测量”，单击“新建”按钮	
XY 标定	在流程图中创建工具组，重命名为“XY 标定”，完成 *XY* 标定，操作过程参考任务 2.1	

续表

步骤名称	操作步骤	图示
设置拍照位	新建工具组，重命名为“齿轮检测”，双击进入工具组。添加“PLC”控制工具，将 XY 标定时拍照位的 X 轴和 Y 轴点位输入该工具中	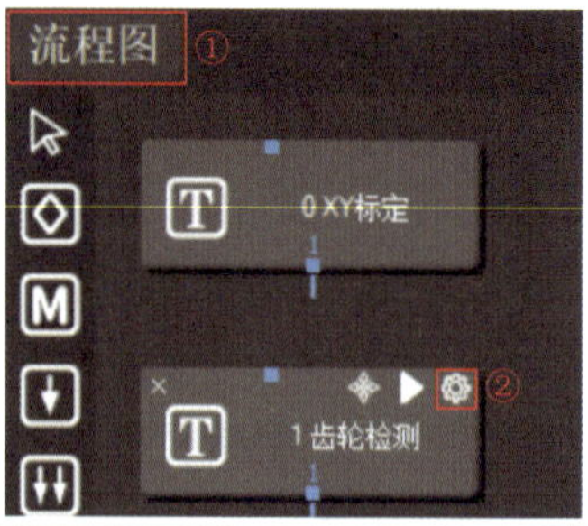

2. 特征匹配

特征匹配操作步骤及图示如表 2.2.2 所示。

表 2.2.2　特征匹配操作步骤及图示

步骤名称	操作步骤	图示
采图及标定数据使用	在齿轮检测工具组添加“光源控制”工具，设置光源亮度（以光源实际插入通道接口为准）	
	添加“相机”工具，选择对应的相机，选择“图像设置”选项卡，设置好相机曝光时间及增益参数以获得最好的采图效果；选择“基础参数”选项卡，在“标定数据”下拉列表中选择“XY 标定”选项。单击“执行”按钮进行采图，获得齿轮灰度图像	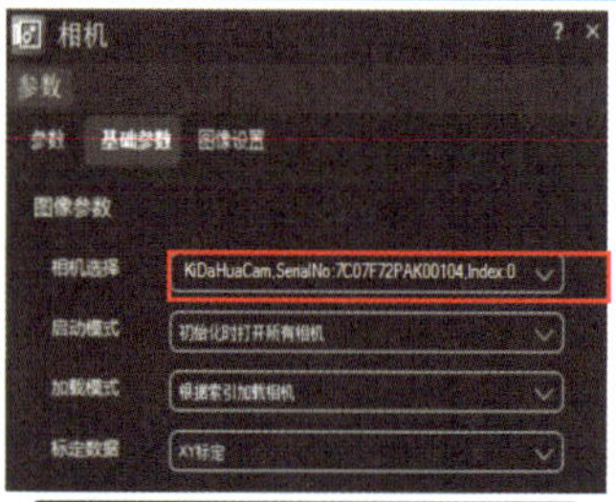 
图像预处理	添加“图像处理”工具，“识别模式”选择“全局阈值”，按照图片灰度值设置灰度上限和灰度下限。单击“执行”按钮，获得齿轮的二值图像	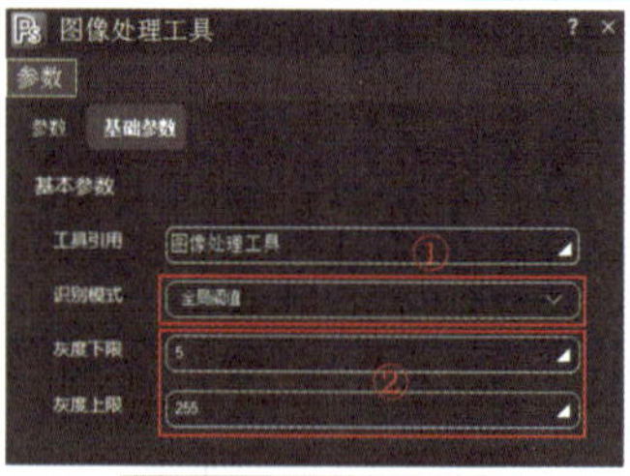 

续表

步骤名称	操作步骤	图示
形状匹配（检测齿数）	添加“形状匹配”工具，双击打开“形状匹配”的“参数”界面，在①处单击“注册图像”按钮，将二值图中的一个齿作为模板	
	单击“设置中心”按钮，再单击“创建模板”按钮。因该齿轮有 46 个齿，所以在“模板个数”文本框中输入大于等于 46 的数值即可。单击“执行”按钮，显示窗口显示匹配到 46 个齿模板	

3. 尺寸测量

尺寸测量操作步骤及图示如表 2.2.3 所示。

视频：测量工具

表 2.2.3　尺寸测量操作步骤及图示

步骤名称	操作步骤	图示
找点 （齿顶点）	添加“找点”工具，打开“找点”对话框，单击“注册图像”按钮，设置找点 ROI，以一个齿顶为搜索范围即可，单击“执行”按钮，即显示找到 46 个齿顶点	
找点 （齿根点）	继续添加“找点”工具，打开“找点”对话框，单击“注册图像”按钮，设置找点 ROI，以一个齿根为搜索范围即可，单击“执行”按钮，即显示找到 46 个齿根点	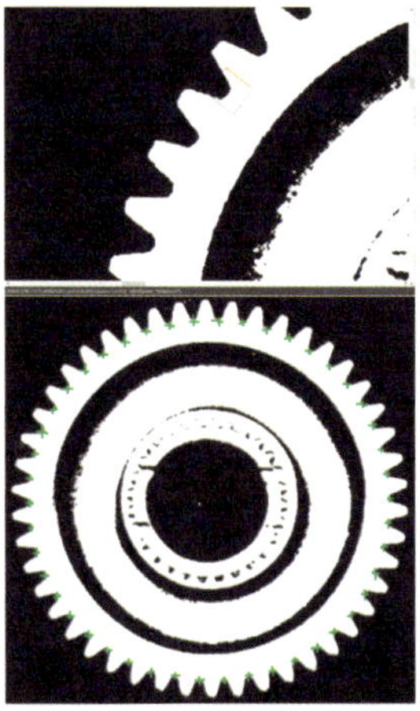
圆拟合 （拟合齿顶圆）	添加“圆拟合”工具，打开“圆拟合”对话框，“输入模式”选择“点集”，将齿顶点集拖动到“输入点集”栏完成引用，单击“执行”按钮	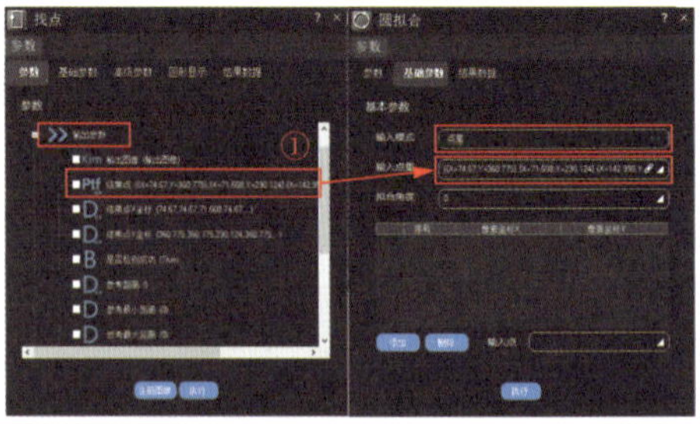
圆拟合 （拟合齿根圆）	添加“圆拟合”工具，打开“圆拟合”对话框，“输入模式”选择“点集”，将齿根点集拖动到“输入点集”栏完成引用，单击“执行”按钮	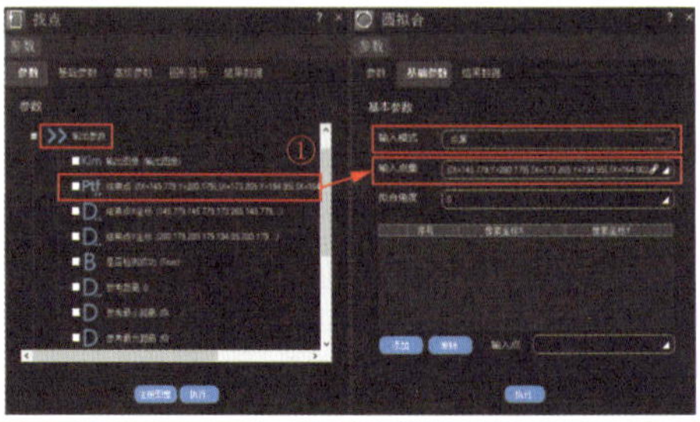

续表

步骤名称	操作步骤	图示
形状匹配（ROI 定位跟随）	添加“形状匹配”工具，双击打开“形状匹配”对话框，单击“注册图像”按钮，将其中一个齿作为模板，单击“设置中心”按钮，再单击“创建模板”按钮，因此次只为下一步圆查找工具提供定位功能，所以模板个数设为 1 即可，单击“执行”按钮	
找圆工具（找中心圆）	创建“找圆”工具，打开“找圆”对话框，设置找圆 ROI 区域，如图所示，“搜索方向”选择“由外到圆心”。因圆外区域为白色，圆内为黑色，所以“搜索极性”选择“从白到黑”，单击“执行”按钮	 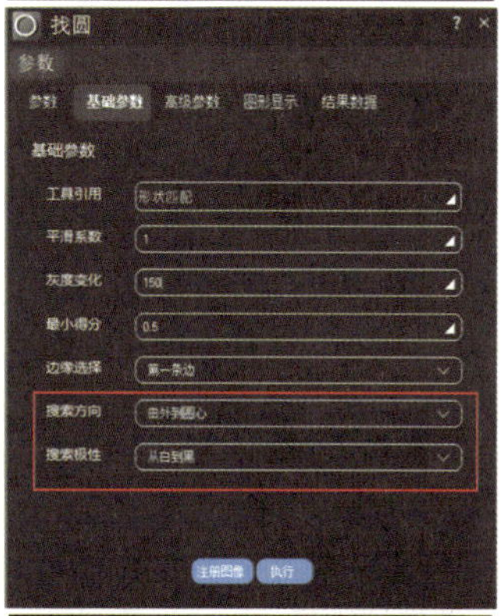 

因为以单个齿为模板，所以形状匹配的模板个数即为齿个数。由于圆拟合分别以齿顶点与齿根点为标准，因此两个圆拟合输出的半径分别为齿顶圆半径和齿根圆半径。又由于利用“找圆”工具找到中心圆，因此“找圆”工具输出的直径就是中心圆直径。

接下来对上述测量结果进行判断，检验该齿轮是否达到标准，操作步骤与图示如表 2.2.4 所示。

表 2.2.4　检验操作步骤与图示

步骤名称	操作步骤	图示
齿个数检测	打开第一个“形状匹配”对话框，查看“参数”→“输出参数”→“目标个数”，单击“目标个数”中的括号位置，如图中③所示	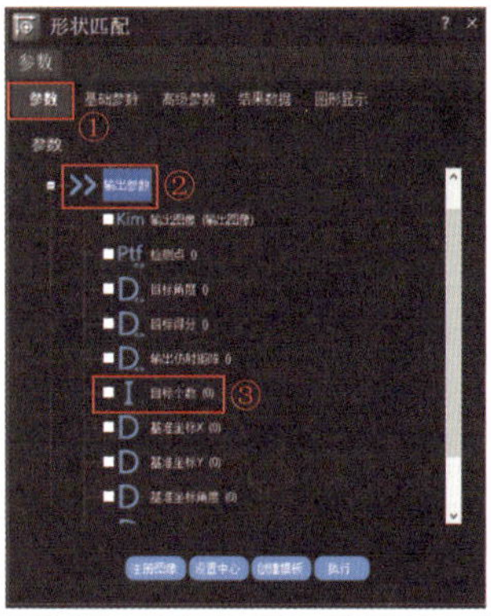
	单击“变量设置”按钮，如图中①所示，打开“形状匹配”对话框中的“判断”选项卡	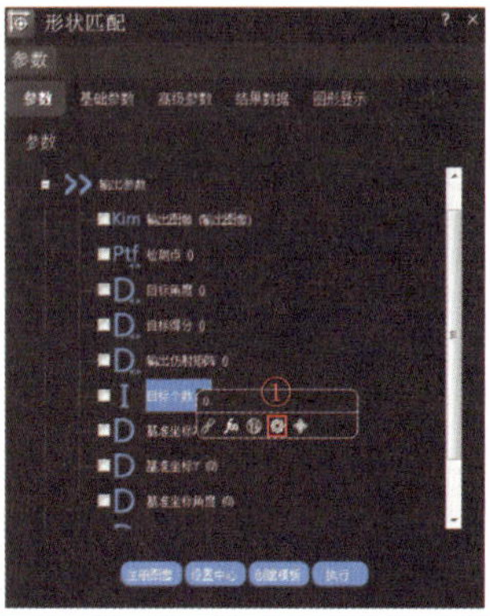
	因需要判断匹配到的齿个数是否等于标准个数 46，故而“类型”选择“等于”，等于值输入“46”，如图中①所示	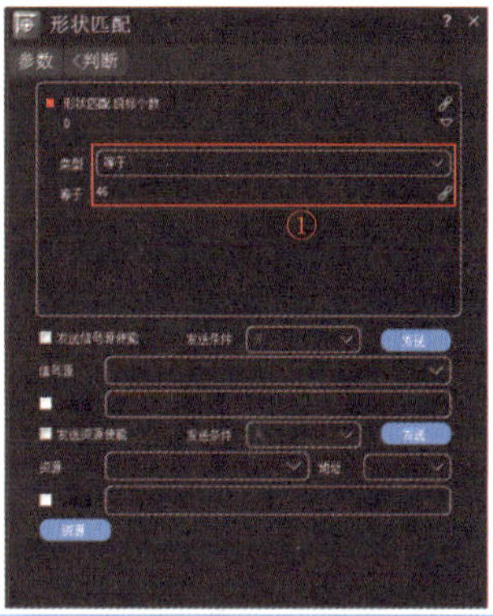
齿顶圆尺寸检测	打开齿顶“圆拟合”对话框，选择“参数”→“输出参数”→“半径”选项，如图中③所示，单击“半径”后面的括号，打开数据处理选择界面	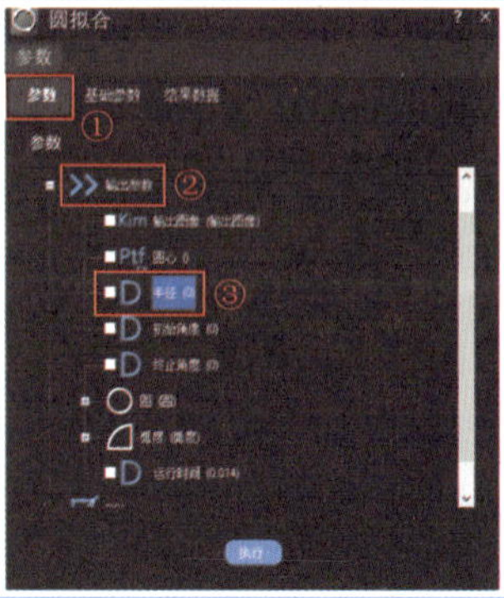

续表

步骤名称	操作步骤	图示
齿顶圆尺寸检测	单击“变量设置”按钮	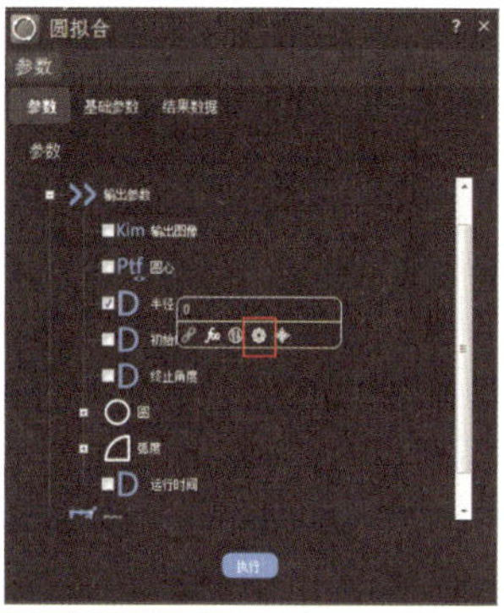
	因半径存在公差，即测量出的尺寸在标准区间即为合格，所以类型选择“区间”，“最小值”文本框中输入标准值下限，“最大值”文本框中输入标准值上限，该齿轮标准值为 22.2mm，公差为±0.2mm，故这里最小值文本框中输入“22.0”，最大值文本框中输入“22.4”	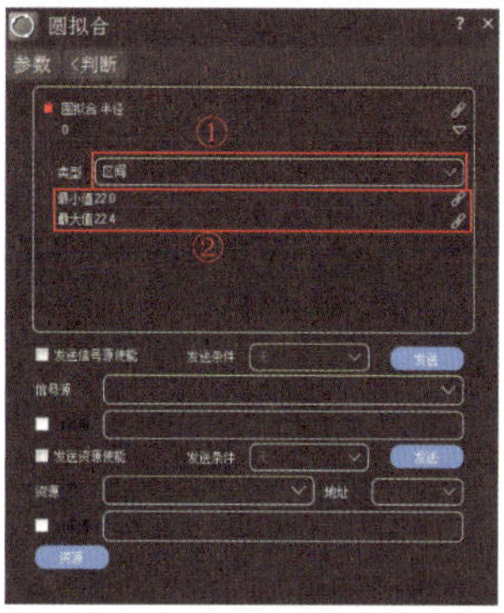
齿根圆尺寸检测	打开齿根“圆拟合”对话框，查看“参数”→“输出参数”→“半径”	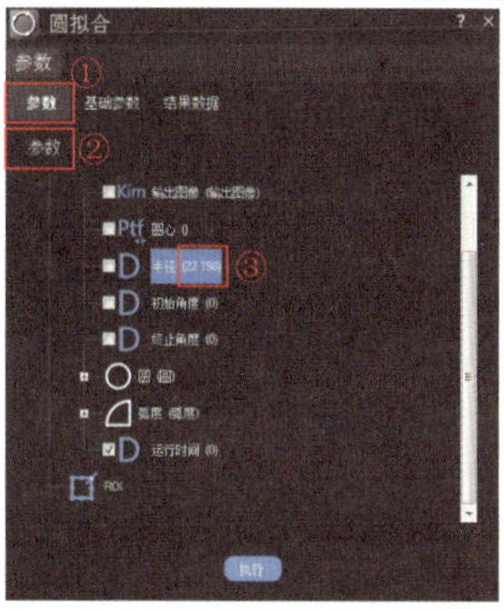
	单击“半径”后面的括号，打开数据处理选择界面，单击“变量设置”按钮	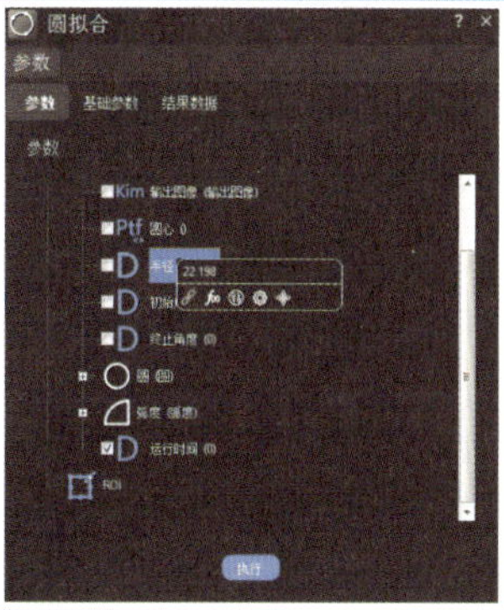

续表

步骤名称	操作步骤	图示
齿根圆尺寸检测	因齿根圆半径存在公差，即测量出的尺寸在标准区间即为合格，所以“类型”选择“区间”，“最小值”文本框中输入标准值下限，“最大值”文本框中输入标准值上限，该齿轮标准值为20.2mm，公差为±0.2mm，故这里最小值文本框中输入“20.0”，最大值文本框中输入“20.4”	
中心圆尺寸检测	打开“找圆”对话框，查看“参数”→“输出参数”→“直径”，单击“圆直径”后面的括号，打开数据处理选择界面，单击“变量设置”按钮	
	因中心圆直径存在公差，即测量出的尺寸在标准区间即为合格，所以“类型”选择“区间”，“最小值”文本框中输入标准值下限，“最大值”文本框中输入标准值上限，该齿轮标准值为13.7mm，公差为±0.2mm，故这里最小值文本框中输入“13.5”，最大值文本框中输入“13.9”	
检测结果显示	单击图中①处“流程图”，返回流程图界面，单击工具组，显示图中②处“变量设置”按钮	

续表

步骤名称	操作步骤	图示
检测结果显示	单击“变量设置”按钮，打开“变量设置”界面，单击“齿轮检测 结果”栏，显示如图中①处的倒三角标识，拖动图中②处按钮至显示窗口中	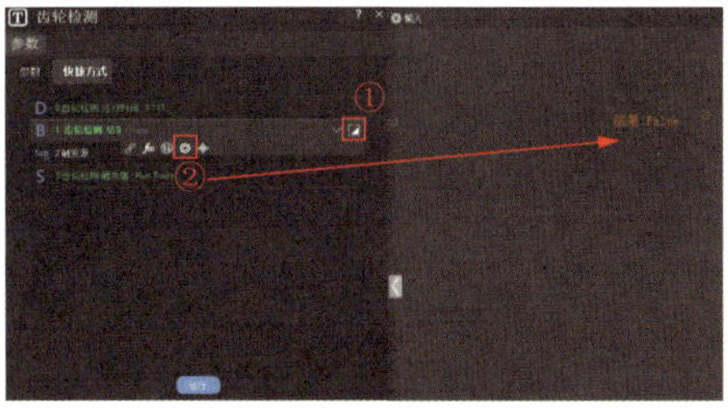
	双击“结果:False”，打开“结果”对话框，在“格式化”栏中的 0 后面添加“:OK”（英文输入法），然后关闭对话框	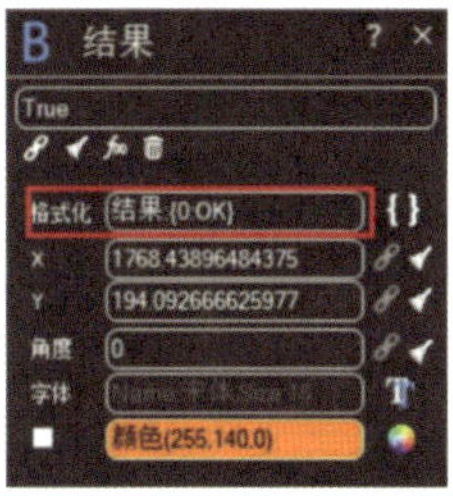
	运行工具组即可显示该齿轮是否合格。若各项参数均达到标准值，则结果显示“OK”（合格），否则显示“NG”（不合格）。例如，齿轮齿数少于 46 个，则检测结果显示“NG”（不合格）	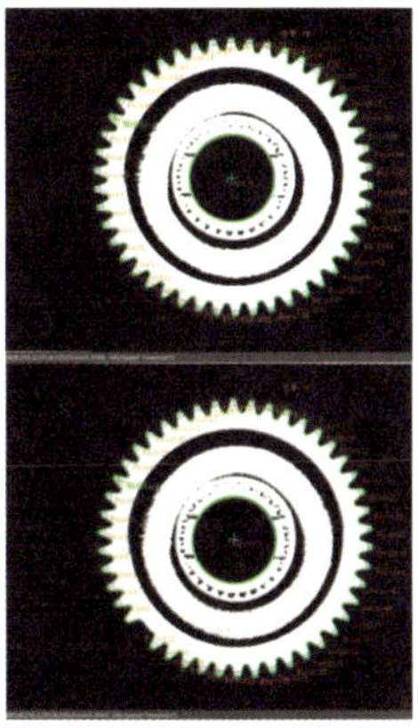
齿轮检测工具组参考程序	齿轮检测工具组参考程序如图所示	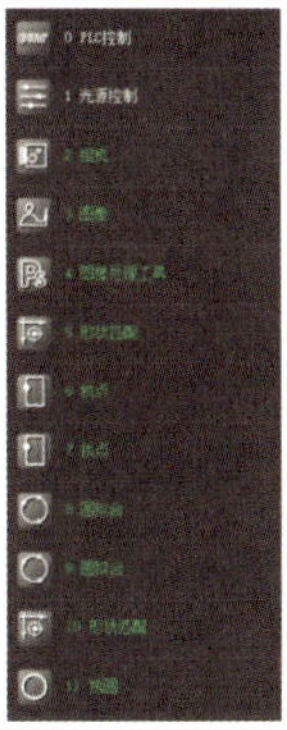

探索记录		测量值
	找线	
	找点	
	线拟合	
	点点间距测量	
	线线间距测量	

工程经验

1. 拍照位设置经验

设置拍照位，先创建一个新的 PLC 控制工具，再将 *XY* 标定或 *N* 点标定时拍照位的 *XY* 轴点位输入该工具中，确保产品拍照位与标定时的拍照位一致。如果同一个镜头需要在多个拍照位进行拍摄，则每个拍照位均需要进行标定。

2. 特征匹配经验

“形状匹配”工具模板个数的默认值为 1，可通过修改这个数值匹配多个模板。例如，本任务中在检测齿轮齿数时，可以使用“形状匹配”工具一次匹配多个模板。定位工具引用该形状匹配的仿射矩阵可实现一个定位工具找到与匹配模板个数相同的点位，且定位工具的 ROI 与匹配模板的位置关系不变。因此，这里“找点”工具可以一次性找出所有的齿顶点或齿根点。

通过修改“形状匹配”工具模板得分的数值，可调整模板的匹配精度，数值越大，匹配精度要求越高，越不容易匹配到模板；数值越小，匹配精度要求越低，越容易匹配到模板。

3. 尺寸测量经验

齿轮检测任务需要检测齿数、齿顶圆半径、齿根圆半径和中心圆半径。使用“圆拟合”工具可根据所有的齿顶点或齿根点拟合出齿顶圆或齿根圆。在“圆拟合”对话框中可查看该圆半径。中心圆的半径可使用“圆查找”工具进行检测。

实战演练

1. 实战任务

实战任务如表 2.2.5 所示。

表 2.2.5 实战任务

任务描述	图示
在完成相机标定的基础上，进行 IC 芯片尺寸测量及品质判别。SOP28IC 芯片的标准引脚数量为 28 个，它的标准尺寸规格如图所示，公差为±0.1mm。请通过检测芯片的引脚数量、外长和外宽的尺寸判断其是否为合格品，将结果用 OK 或 NG 显示出来。也可以铝塑包装药片为例	10.3mm #1 #28 SOP28 17.9mm #14 #15 7.6mm

2. 实战操作

实战操作步骤与结果记录如表 2.2.6 所示。

表 2.2.6　实战操作步骤与结果记录

操作步骤	结果

考核评价

对本任务的考核评价如表 2.2.7 所示。

表 2.2.7　考核评价

考核内容		考核评分		
项目	内容	配分	得分	批注
工作准备（10%）	能够正确理解工作任务内容、范围及工作指令	2		
	能够查阅和理解参数表，确认要求	2		
	个人防护用品使用得当，衣着适宜	2		
	确认设备及工量具，检查是否安全及正常工作	2		
	准备工作场地与器材，能够识别安全隐患	2		
任务实施（80%）	能获取清晰图像	6		
	能对图像进行二值化处理	6		
	能够创建轮齿模板并匹配所有轮齿	6		
	能找到全部齿顶点	6		
	能找到全部齿根点	6		
	能拟合并测量齿顶圆半径	10		
	能拟合并测量齿根圆半径	10		
	能检测齿轮是否残次品	10		
	能在显示界面显示检测结果	10		
	安全、无事故并在规定时间内完成任务	10		
完工清理（10%）	完成项目后整理和清洁工作区域	2		
	爱惜设备和器材，无损坏损毁	4		
	完成选型报告	4		
考核成绩		考评员签字：＿＿＿＿＿＿＿＿ 日期：＿＿＿＿年＿＿月＿＿日		

续表

综合评价：

劳动模范

胡双钱：精益求精 匠心筑梦

“学技术是其次，学做人是首位，干活要凭良心。”这句话常挂在胡双钱的嘴边，也是他技工生涯的座右铭。

胡双钱是上海飞机制造有限公司的高级技师，他坚守航空事业已经 35 年，加工数十万飞机零件从未出过差错。他对质量的坚守已经深深融入了工作习惯中。他深知，一次差错可能导致无可估量的损失甚至可能危及人的生命。他依靠自己总结的“对比复查法”和“反向验证法”在飞机零件制造岗位上创造了 35 年零差错的纪录，连续 12 年被公司评为“质量信得过岗位”，并获得产品免检荣誉证书。

他不仅在工作中保持零差错，还擅长攻坚。在 ARJ21 新支线飞机项目和大型客机项目的研制和试飞阶段，由于设计定型及各项试验的需要，会用到大量特制件，这些零件无法进行大批量、规模化生产，因此钳工成为最直接加工的手段。胡双钱凭借几十年的积累和经验，攻坚克难，创新工作方法，圆满完成了 ARJ21-700 飞机起落架合金作动筒接头特制件制孔、C919 大型客机项目平尾零件制孔等一系列特制件的加工工作。胡双钱先后荣获全国五一劳动奖章、全国劳动模范、全国道德模范称号。

一定要把我们自己的装备制造业搞上去，一定要把大飞机搞上去。已经 55 岁的胡双钱现在最大的愿望是“最好再干 10 年、20 年，为中国大飞机多做一点贡献”。

视觉图像识别

项目导读

在机器视觉系统中，图像识别主要是指利用计算机对图像进行处理、分析和理解，以识别各种不同模式的目标和对象的技术。图像识别的发展经历了3个阶段：文字识别、数字图像处理与识别、物体识别。文字识别的研究始于1950年，主要涉及字母、数字和符号的识别，包括印刷文字识别和手写文字识别。文字识别广泛应用于自动驾驶、产品检测等领域。数字图像处理与识别的研究始于1965年。与模拟图像相比，数字图像在存储、传输等方面具有明显优势，不易失真，数据处理也更加方便，这为图像识别技术的发展提供了强有力的支持。物体识别主要指对三维世界中对象及环境的感知和认识，属于高级计算机视觉的范畴。它以数字图像处理与识别为基础，并结合了人工智能、系统学等学科的研究方向。其研究成果被广泛应用在各种工业及探测机器人上。当前图像识别技术的主要不足是自适应性能差，一旦目标图像被较强的噪声污染或存在较大残缺时，识别效果往往不理想。但是在同样情况下，人类仍然可以识别过去见过的图像。随着神经网络架构和深度学习算法的发展，图像识别技术自适应性差的问题将得到不断改善，未来有望接近甚至超过人类的识别水平。在本项目中，将通过两个任务实现颜色识别、条码与二维码识别。

微课：识别

学习目标

知识目标

1. 认识颜色模型。
2. 了解一维码、二维码的码制。

能力目标

1. 能通过“颜色提取”工具实现图像中不同颜色目标的识别。
2. 能通过“条码识别”与“二维码识别”工具完成图像中条码与二维码的识别。

思政目标

1. 培养一丝不苟的工作态度和善于分析问题、解决问题的能力。
2. 发扬吃苦耐劳、专注执着的工匠精神，提升职业素养和信息素养。

任务 3.1 彩色手机壳识别分拣

任务描述

手机壳在生活中随处可见，我国是手机壳品种和产量最多的国家。在手机壳的生产过程中，一般会使用同一条包装线来进行包装，不同颜色的手机壳就需要被分拣出来，为了提高效率，可以使用机器视觉来代替人工检测。

小张正在实习的公司接到手机壳生产厂商的订单，该厂商的生产线生产 3 种颜色的同一型号手机壳，分别是粉色、蓝色和黄色，之前需要多名工人才能完成分拣任务，现在生产线已升级改造完毕，小张需要利用机器视觉技术完成识别和分拣任务。

任务目标

1. 认识颜色模型的种类和特点。
2. 掌握调用本地图像的方法。
3. 掌握 KImage 平台“颜色提取”工具的使用方法。

任务分析

打开 KImage 软件，利用“图像”工具添加本地的手机壳图像，利用“颜色提取”工具分别提取出粉色、蓝色和黄色的手机壳二值图像，为后续的分拣工序做好准备。

本任务测量目标如图 3.1.1 所示，要求工作距离为 350～385mm，为满足拍摄被测物的需求，视野范围至少应为 148mm×72mm。

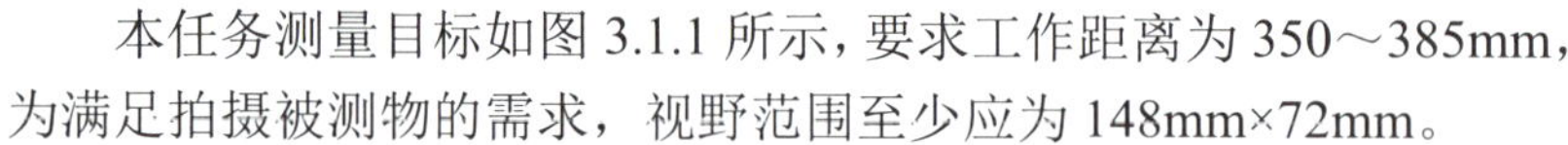

图 3.1.1 待分拣手机壳

知识准备

颜色提取属于图像分割的一种方式，在进行颜色提取之前，首先要了解颜色模型（颜色空间）。颜色模型是用一组数值来描述颜色的数学模型。常见的颜色模型有 RGB、HSV、HLS 等。下面对 RGB 和 HSV 这两种典型的颜色模型进行介绍。

微课：数字图像的颜色模型

1. RGB 颜色模型

RGB 颜色模型是工业界的一种颜色标准，如图 3.1.2 所示。这种颜色模型是基于红（red，简写为 R）、绿（green，简写为 G）、蓝（blue，简写为 B）3 个颜色通道及它们相互之间的叠加来得到各式各样的颜色的。这个模型几乎包括了人类视力所能感知的所有颜色，是目前应用较广的颜色模型之一。RGB 颜色模型通常用于彩色图形显示设备中，如彩色阴极射线管、彩色显示器等。在图 3.1.2 所示正方体的主对角线上，各原色的强度相等，均等的 RGB 三通道值混色得到的即是不同的灰度值，其中（0，0，0）为黑色，（1，1，1）为白色。正方体的其他 6 个角点分别为红、黄、绿、青、蓝和紫。

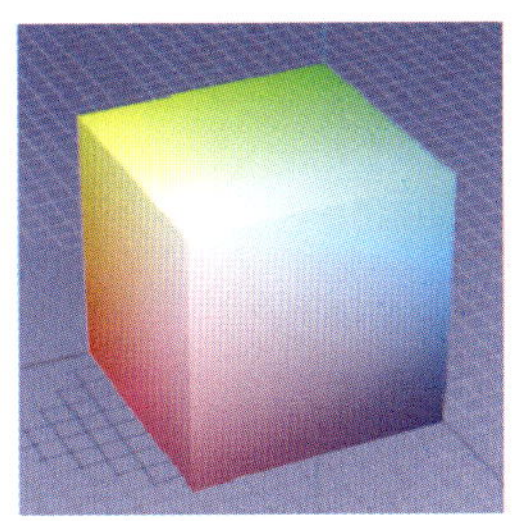

图 3.1.2 RGB 模型

2. HSV 颜色模型

HSV 颜色模型如图 3.1.3 所示。这种模型模拟了人类视觉细胞对颜色的感受。在 HSV 颜色模型中，每种颜色都是由色相（hue，简写为 H）、饱和度（saturation，简写为 S）和色明度（value，简写为 V）所表示的。HSV 颜色模型对应圆柱坐标系中的一个圆锥形子集，圆锥的顶面对应色明度值 V=1，所代表的颜色最亮，它包含 RGB 模型中的 R=1、G=1、B=1 三个面。色相 H 由绕色明度 V 轴的旋转角给定。红色对应于角度 0°，绿色对应于角度 120°，蓝色对应于角度 240°。在 HSV 颜色模型中，每一种颜色与其补色相差 180°。饱和度 S 取值从 0 到 1，所以圆锥顶面的半径为 1。

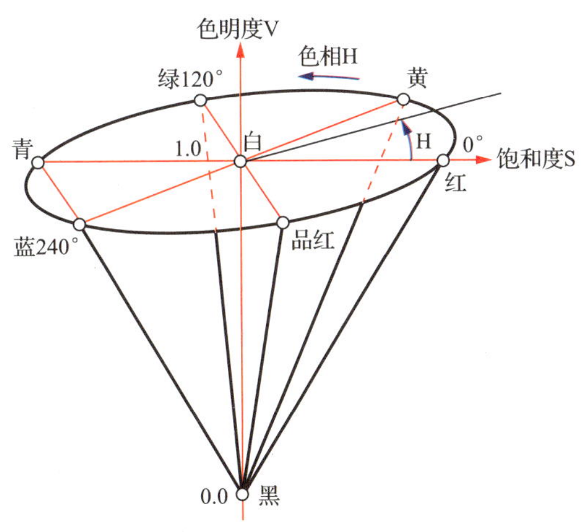

图 3.1.3 HSV 模型

HSV 颜色模型的三维表示从 RGB 立方体演化而来，设想从 RGB 沿立方体对角线的白色顶点向黑色顶点观察，可以看到立方体的六边形外形。六边形边界表示色相，水平轴表示饱和度，色明度沿垂直轴测量。

任务实施

1. 视觉系统的选型安装

根据本任务的要求，在表 3.1.1 中为本机器视觉系统选择型号合适的硬件。

表 3.1.1　机器视觉系统主要硬件的选择

项目	探索记录	质量标准
相机选型	相机型号应选择 □相机 A　□相机 B　□相机 C　□3D 相机	相机 C
镜头选型	焦距/倍率应选择 □12mm　□25mm　□35mm　□远心镜头	25mm
LED 光源选型	LED 光源应选择 □小号环形光源　□中号环形光源 □大号环形光源　□同轴光源 □背光源	小号环形光源

2. 构建项目流程图

构建项目流程图的操作步骤及图示如表 3.1.2 所示。

表 3.1.2　构建项目流程图的操作步骤及图示

步骤名称	操作步骤	图示
新建项目	单击图中①处的图标，进入文件配置界面，在图中②处输入项目名称，单击图中③处的“新建”按钮，生成新文件	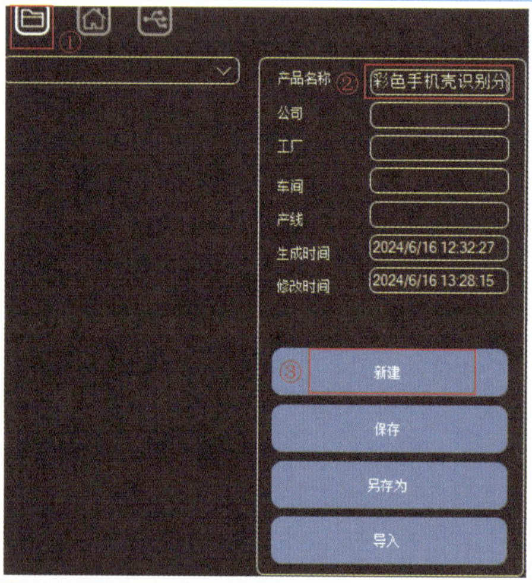
添加工具组	单击图中①处的图标，进入编程主界面，所有工具都只能在工具组中进行添加，因此首先在流程图中添加一个工具组。单击图中②处的工具组图标并按住鼠标左键不放，将其拖动到图③处绘制流程图区域，松开鼠标左键完成工具组的添加	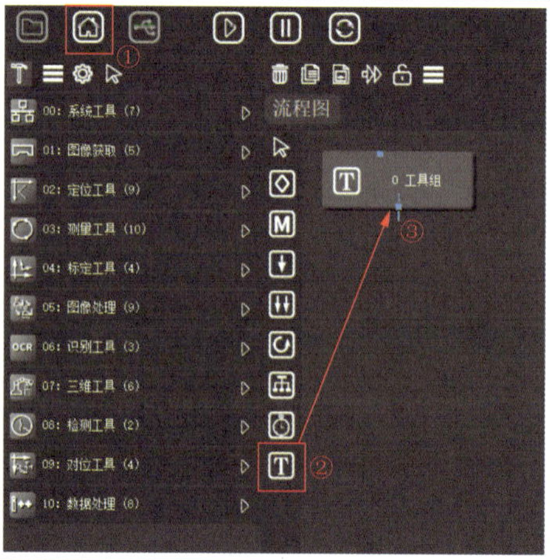

续表

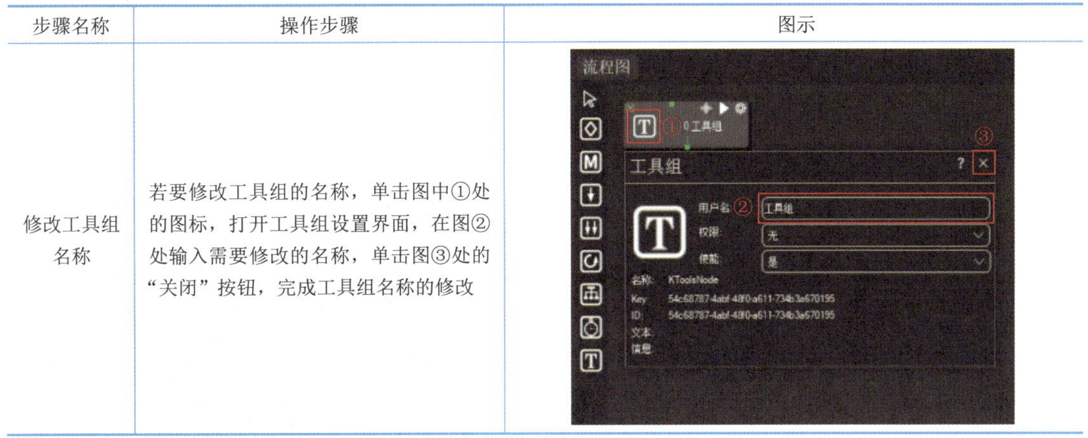

步骤名称	操作步骤	图示
修改工具组名称	若要修改工具组的名称，单击图中①处的图标，打开工具组设置界面，在图②处输入需要修改的名称，单击图③处的“关闭”按钮，完成工具组名称的修改	

3. 导入彩色手机壳图片

导入彩色手机壳图片的操作步骤及图示如表 3.1.3 所示。

表 3.1.3　导入彩色手机壳图片的操作步骤及图示

步骤名称	操作步骤	图示
添加“图像”工具	单击图①处的“图像”工具，将光标移动至工具组中空白区域，在图②处再次单击，即可在工具组中添加“图像”工具。双击添加好的“图像”工具打开图像参数设置界面，单击图③处的“添加图像”按钮，从本地文件夹中选择自己需要的图像	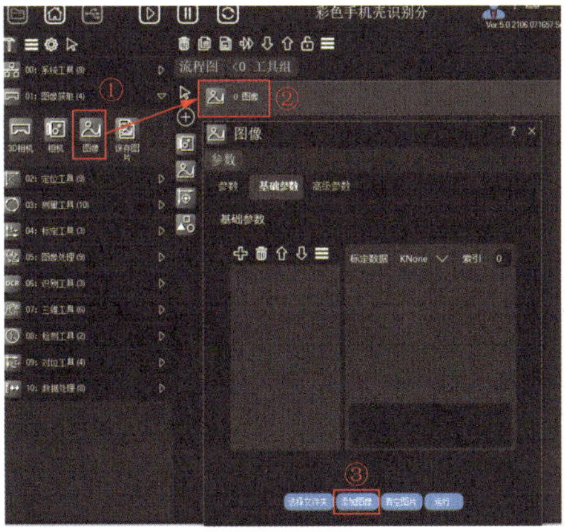
运行“图像”工具	单击“运行”按钮后，添加的图像会在界面右侧的输出窗口中显示	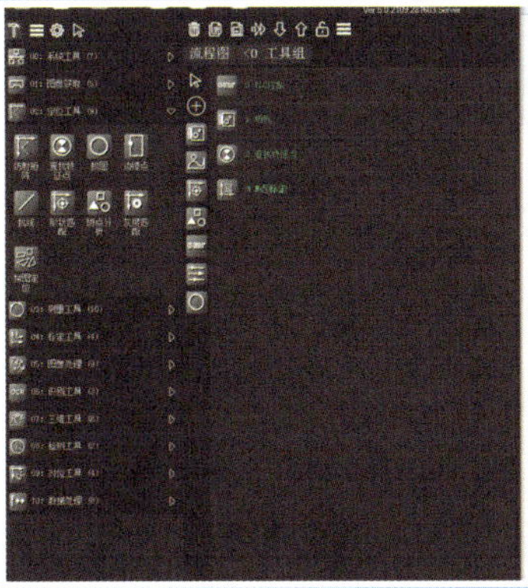

4. 提取图片颜色

1）提取粉色手机壳颜色的操作步骤及图示如表 3.1.4 所示。

视频：图像处理工具

表 3.1.4　提取粉色手机壳颜色的操作步骤及图示

步骤名称	操作步骤	图示
添加“颜色提取”工具组	将图①处的“颜色提取”工具添加至图②处的工具组中，单击图③处的“颜色提取”工具图标，打开工具设置界面，在图④处输入“粉色提取”，单击“关闭”按钮关闭工具设置界面	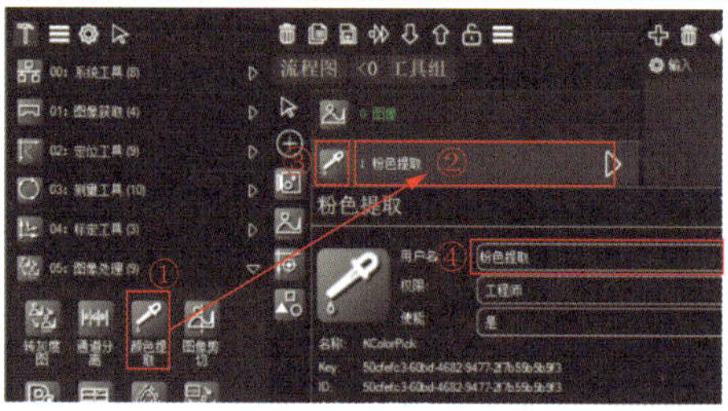
设置“颜色提取”工具参数	图所示为“颜色提取”工具的“基础”参数设置界面。在图①处引用要进行处理的图像，在图②处选择要使用的颜色空间，在图③处选择处理完成后的输出模式，图④处为 RGB 三通道的名称，图⑤处为进行提取时 RGB 值的最小值，图⑥处为进行提取时 RGB 值的最大值，在执行“颜色提取”时，会从图像中提取出同时满足 R、G、B 三个通道范围的区域	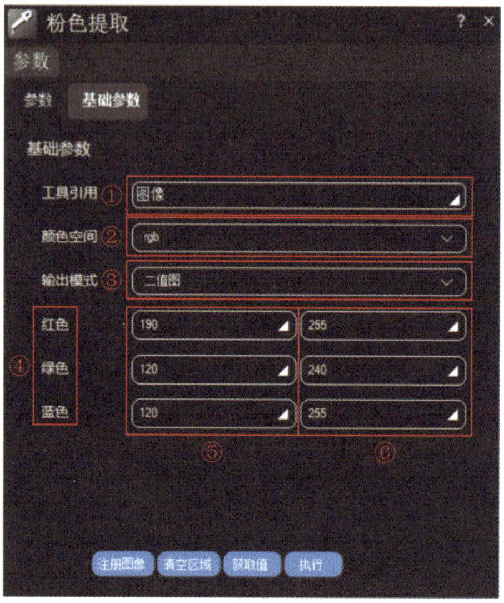

“颜色提取”工具的参数及其说明如表 3.1.5 所示。

表 3.1.5　“颜色提取”工具的参数及其说明

参数	说明
工具引用	用于选择要输入的图像、模板图像，以及要使用的仿射矩阵
颜色空间	用于选择要使用的颜色空间，如 RGB、HSV、HIS 等
输出模式	用于选择图像处理完成后的输出模式，有 3 种模式可供选择：彩色图、灰度图、二值图
红色	图像中要提取部分的 R 值范围
绿色	图像中要提取部分的 G 值范围
蓝色	图像中要提取部分的 B 值范围

“颜色提取”工具参数的设置如表 3.1.6 所示。

表 3.1.6　“颜色提取”工具参数的设置

<table>
<tr><th>步骤名称</th><th>操作步骤</th><th>图示</th></tr>
<tr><td rowspan="2">“工具引用”参数设置</td><td>双击图中①处，打开“粉色提取”工具参数设置界面，单击图中②处，打开“工具引用”下拉列表，选择图中③处的“输入图像”选项进行图像引用</td><td>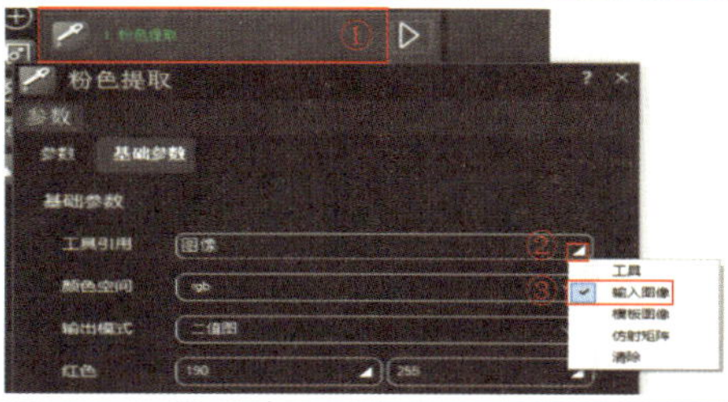
</td></tr>
<tr><td>按照如图所示步骤，将“粉色提取”工具的“输入图像”引用“图像”工具的“输出参数.输出图片”</td><td>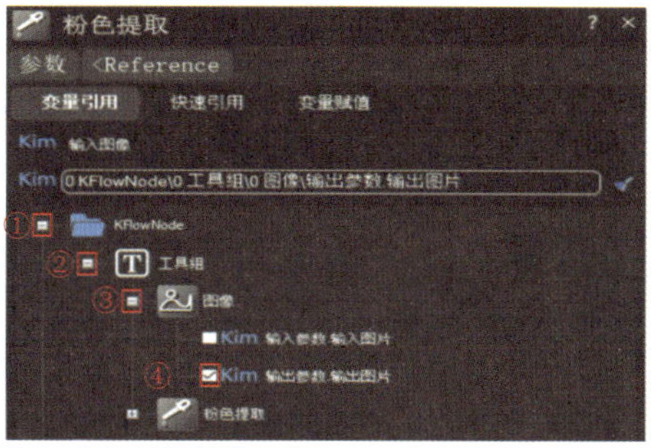
</td></tr>
<tr><td>“颜色空间”参数选择</td><td>在图①处选择要使用的“颜色空间”为“rgb”，在图②处输入要提取的RGB 范围。
在图片显示窗口左下角，可观察到图像中鼠标光标（红色箭头）所在位置的 RGB 值</td><td>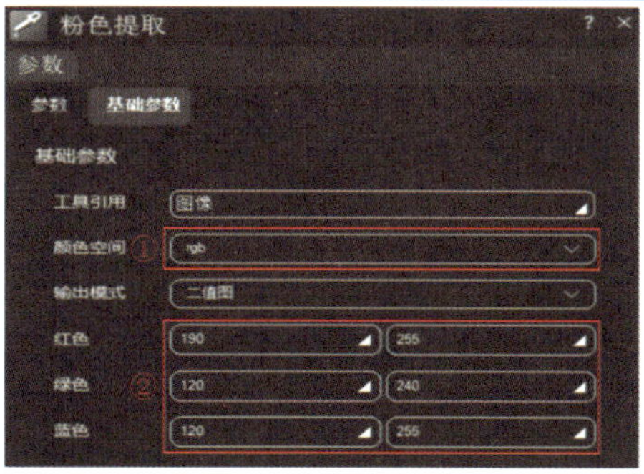

</td></tr>
</table>

续表

步骤名称	操作步骤	图示
“输出模式”参数选择	“输出模式”有彩色图输出、灰度图输出和二值图输出 3 种。从右图可以看到二值图的对比度最强，最易于观察效果，因此选择二值图输出模式	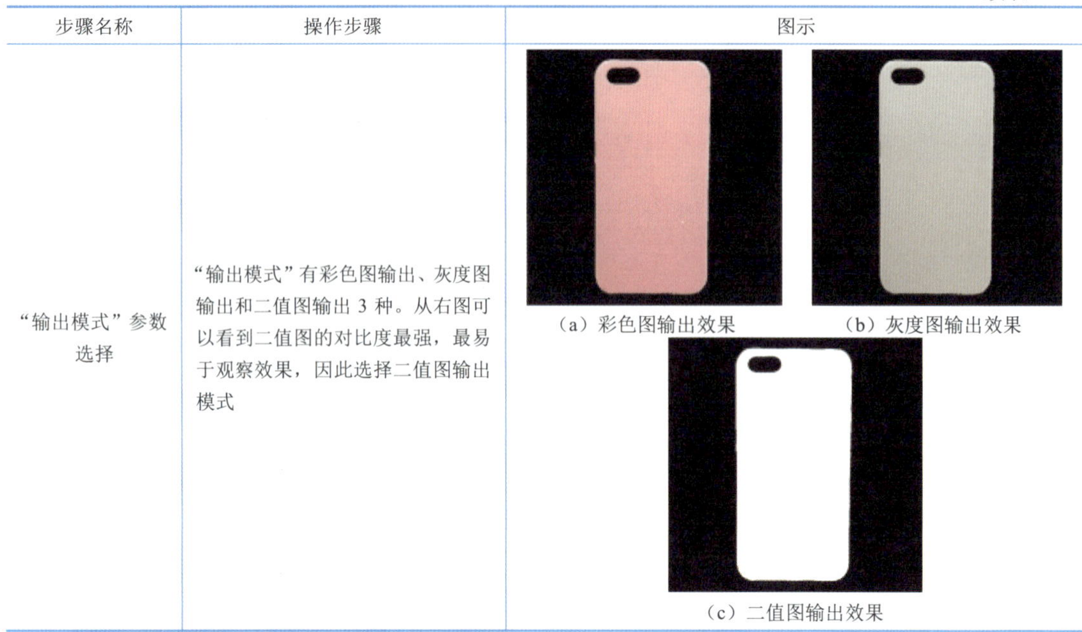 （a）彩色图输出效果　（b）灰度图输出效果 （c）二值图输出效果

2）提取蓝色手机壳颜色的操作步骤及图示如表 3.1.7 所示。

表 3.1.7　提取蓝色手机壳颜色的操作步骤及图示

步骤名称	操作步骤	图示
“图像”工具的添加及图片引用	将图中①处的“图像”工具添加至图②处的工具组中，修改名称为“蓝色手机壳”。单击图中③处的“添加图像”按钮调用本地图像——“蓝色壳”	

续表

步骤名称	操作步骤	图示
“颜色提取”工具的添加及参数设置	将图①处的“颜色提取”工具添加至图②处的工具组中，修改名称为“蓝色提取”。 设置图③处的“工具引用”参数引用图像工具“蓝色手机壳”的“输出图像”。 “颜色空间”默认为“rgb”，无须更改。 在图④处将“输出模式”设置为“二值图”，在图⑤处输入提取对象的 RGB 值范围，单击“执行”按钮	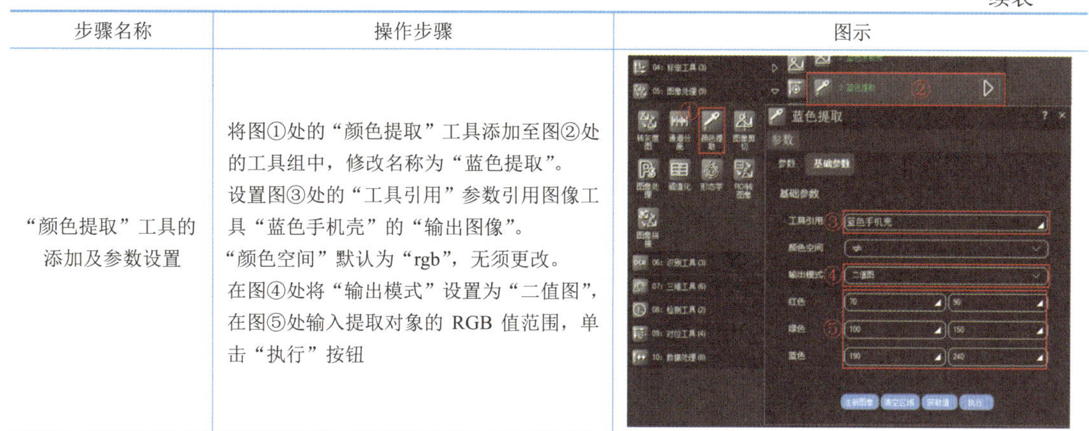

3）提取黄色手机壳颜色的操作步骤及图示如表 3.1.8 所示。

表 3.1.8　提取黄色手机壳颜色的操作步骤及图示

步骤名称	操作步骤	图示
“图像”工具的添加及图片引用	将图①处的“图像”工具添加至图②处的工具组中，修改名称为“黄色手机壳”，单击图③处的“添加图像”按钮调用本地图像——“黄色壳”	
“颜色提取”工具的添加及参数设置	将图①处的“颜色提取”工具添加至图②处的工具组中，修改名称为“黄色提取”。设置图③处的“工具引用”参数引用图像工具“黄色手机壳”的“输出图像”。在图④处将“输出模式”设置为“二值图”，在图⑤处输入提取对象的 RGB 值范围	

5. 结果图像输出

3 款手机壳图片使用“颜色提取”工具后的执行结果如表 3.1.9 所示。

表 3.1.9　3 款手机壳图片使用“颜色提取”工具后的执行结果

颜色	执行前	执行结果
粉色		
蓝色		
黄色		

工程经验

1. “颜色提取”工具使用经验

在复杂多变的工业环境当中，环境光变化会导致拍摄到的物体颜色出现显著差异，这就需要使用者在软件中灵活设置颜色提取的变量参数，并合理设置范围值，以便有效地进行颜色提取。

2. 图像输出模式选择经验

“颜色提取”工具输出模式的特点如表 3.1.10 所示。

表 3.1.10　3 种输出模式的特点

输出模式	特点
彩色图	一般用于区分不同颜色的物体或图案，可以非常直观地显示提取目标的颜色和轮廓
灰度图	能显示提取目标的灰度和轮廓图像，但在灰度图上无法使用找圆、边缘点、找线等定位工具
二值图	二值图的对比度最强，目标轮廓明显、易于观察，在二值图上可以使用找圆、边缘点、找线等定位工具

彩色图模式主要用于在不同颜色的物体中寻找特定颜色，要求原图为彩色图片。该模式不适用于点、线等元素的提取与识别。

二值图模式主要用于识别物体形状，特别是在提取、识别与测量点、线等元素时，二值图显示效果清晰，易于识别。

灰度图模式主要用于在黑白相机拍摄的图片中区分不同颜色，也可用于识别点、线等元素。

实战演练

1. 实战任务

实战任务如表 3.1.11 所示。

表 3.1.11　实战任务

任务描述	图示
在相机视野范围内有若干绿色和黄色颗粒，请应用本任务所学的视觉工具，分别对绿色颗粒和黄色颗粒进行筛选	

2. 实战操作

实战操作步骤与结果记录如表 3.1.12 所示。

表 3.1.12　实战操作步骤与结果记录

操作步骤	结果

考核评价

对本任务的考核评价如表 3.1.13 所示。

表 3.1.13　考核评价

考核内容		考核评分		
项目	内容	配分	得分	批注
工作准备（10%）	能够正确理解工作任务内容、范围及工作指令	2		
	能够查阅和理解参数表，确认要求	2		
	个人防护用品使用得当，衣着适宜	2		
	确认设备及工量具，检查是否安全及正常工作	2		
	准备工作场地与器材，能够识别安全隐患	2		
任务实施（80%）	能获取清晰图像	10		
	能选择正确的光源类型并安装接线	10		
	能完成粉色手机壳提取	10		
	能完成蓝色手机壳提取	10		
	能完成黄色手机壳提取	10		
	能完成图像二值化显示	10		
	能在显示界面显示提取结果	10		
	安全、无事故并在规定时间内完成任务	10		

续表

考核内容		考核评分		
项目	内容	配分	得分	批注
完工清理（10%）	完成项目后整理和清洁工作区域	2		
	爱惜设备和器材，无损坏损毁	4		
	完成选型报告	4		
考核成绩		考评员签字：______________ 日期：__________年_____月_____日		
综合评价：				

行业先锋

征图新视：用机器视觉提升制造业智能化水平

如果把一个智慧工厂比喻成人，那么机器视觉检测就相当于人的一双眼睛。征图新视（江苏）科技股份有限公司（简称征图新视）总裁和江镇常说："把繁重的检测交给机器，把思想留给自己。"

2009 年，和江镇和两个合伙人在北京创办了征图新视。2014 年，征图新视入驻西太湖科技产业园。多年来，征图新视在智能制造领域不断深耕，从最初的设备供应商发展到方案解决商，再到系统开发商。现在征图新视已成为华东地区最大的机器人视觉团队，整体技术实力位居国内行业首位，为全国数以万计的设备装上了"眼睛"和"大脑"，帮助企业提高产品检测的质量与效率，推动制造业从自动化迈向智能化。

在公司成立初期，征图新视主要生产烟草包装和药品包装的检测设备。2017 年前后，公司进军 3C 领域，并与以色列企业在软件和人工智能技术方面展开合作，填补了国内工业图像检验领域的技术空白。

作为主要起草单位，征图新视起草制定了行业标准 JB/T 12373—2015《平台式单张纸印品质量检测机》、国家标准 GB/T 34386—2017《卷筒料印刷品质量检测系统》。公司成功研发了卷料印刷品视觉类自动检测设备、单张印品机器视觉双面无损检测设备、石墨烯薄片制品智能化视觉检测设备、3C 偏光板智能无损视觉检测设备等五大系列 30 余种产品，填补了国内空白，各项技术性能指标均达到了国际先进水平，主导产品市场占有率达 33.5%。

疫情期间，云南不少鲜花基地缺乏人手，从征图新视聘用了一批"智能分拣工"。这些"智能分拣工"能够根据设置好的参数，分辨花朵的颜色、花头尺寸、品相等，再根据目的地远近，进行分级配货。"智能分拣工"不仅为鲜花种植户大幅减少了损失，也稳定了全国各地的鲜花供应。

任务 3.2　条码与二维码识别

任务描述

条码和二维码（图 3.2.1）无处不在，它们通过不同的黑白线条组合，并根据特定的编码规则进行编制，用于表达一组数字、字母信息。机器视觉在识别过程中，会将采集到的信息转化为黑白条（二值化），并根据条码或二维码的编码规则输出相应的存储内容。

（a）条码

（b）二维码

图 3.2.1　条码和二维码

任务目标

1. 掌握 KImage 中图像处理工具的使用方法，能利用相应工具对图像进行预处理。
2. 掌握 KImage 中条码识别工具的使用方法。
3. 掌握 KImage 中二维码识别工具的使用方法。

任务分析

首先，采集包含条码（二维码）的图像。图像质量直接影响识别效果，因此我们需要清晰、完整和背景对比鲜明的高质量条码（二维码）图像。如果相机采集到的图像不符合识别条件或者相机识别不到条码（二维码）内容，就要对图像进行处理，如提高亮度、增强对比度、灰度匹配等。

其次，使用“条码检测（二维码检测）”工具对条码（二维码）进行识别，我们就能在工具的输出参数中读取到条码（二维码）信息。

本任务要求：视野范围不大于 30mm×30mm，工作距离为 210mm。

知识准备

1. 条码和二维码

（1）条码

首先认识一维码，一维码即条码，它由一组规则排列的条、空组成的标记来表示信息。

条码技术最早出现在20世纪40年代。当时美国两位工程师研究用条码表示信息，并于1949年获得世界上第一个条码专利。这种早期的条码由几个黑色和白色的同心圆组成，被形象地称为牛眼式条码。这种条码与我们如今广泛应用的一维条码在原理上是一致的，它们都是用深色的条和浅色的空来表示二进制数的“1”和“0”。

我国在1991年加入国际商品编码协会，在1992年开发出第一套销售终端(point of sale，POS）信息条码采集系统，这标志着我国具备使用条码的基础条件，而后随着大型商超在我国各大城市的普及，条码便进入了国人的日常生活中。

（2）二维码

二维码（QR码）是用特定的几何图形按一定规律在平面（二维方向）上分布的黑白相间的矩形方阵记录数据符号信息的新一代条码技术，是在一维码的基础上，扩展出多一维的具有可读性的条码，因为它在两个维度都携带信息，所以能存储更多的数据和信息。它由一个二维码矩阵图形和一个二维码号，以及下方的说明文字组成，具有信息量大、纠错能力强、识读速度快、全方位识读等特点。

微课：灰度处理

2. 灰度匹配

灰度匹配用于定位检测图像，在不同角度都可检测到条码或二维码。

任务实施

1. 机器视觉系统的选型安装

请根据本任务的要求，在表3.2.1中为本机器视觉系统选择型号合适的硬件。

表3.2.1　机器视觉系统主要硬件的选择

项目	探索记录	质量标准	选择理由/计算过程
相机选型	相机型号应选择 □相机A　□相机B　□相机C　□3D相机	相机B	
镜头选型	焦距/倍率应选择 □12mm　□25mm　□35mm　□远心镜头	35mm	
LED光源选型	LED 光源应选择 □小号环形光源　□中号环形光源 □大号环形光源　□同轴光源 □背光源	小号环形光源	

2. 上位机与光源控制板建立通信

上位机与光源控制板建立通信的操作步骤与图示如表3.2.2所示。

表 3.2.2　上位机与光源控制板建立通信的操作步骤与图示

步骤名称	操作步骤	图示
打开设备资源列表	单击图中①处的图标，打开串口列表，双击图中②处的“串口”选项，打开“串口”设置窗口	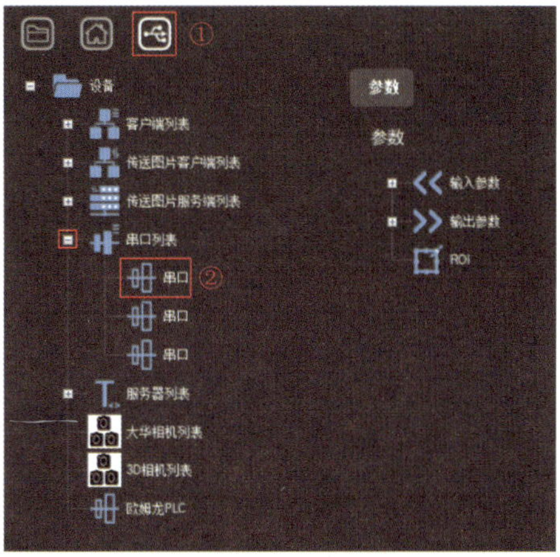
设定串口参数文本框中输入	端口号以实际插入计算机的端口（工控机上插入白色串口线的端口）为准，“波特率”选择“9600”，“极性”选择“None”，“数据位”文本框中输入“8”，“停止位”选择“One”，“数据格式”选择“ASCII”	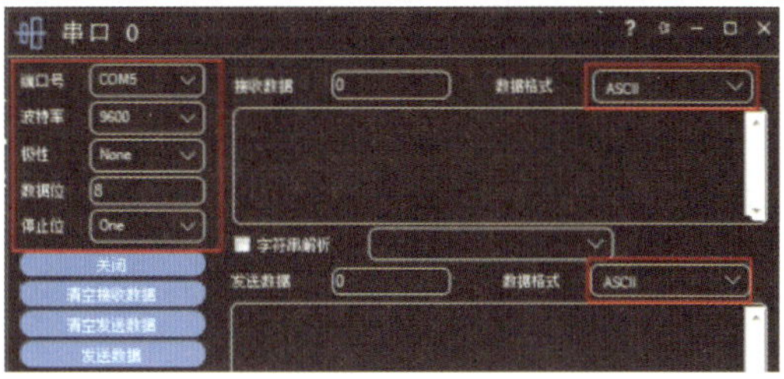

3. 构建项目流程图

构建项目流程图操作步骤及图示如表 3.2.3 所示。

表 3.2.3　构建项目流程图操作步骤及图示

步骤名称	操作步骤	图示
新建项目	单击图中①处的文件夹图标，在图中②处输入项目名称（项目名称不可与已有项目重复），单击图中③处的“新建”按钮创建新项目	

续表

步骤名称	操作步骤	图示
添加工具组	单击图中①处，进入编程主界面，所有工具都只能在工具组中进行添加，因此首先在流程图中添加一个工具组。单击图中②处的工具组图标并按住鼠标左键不放，将其拖动到图中③处绘制流程图区域，松开鼠标左键	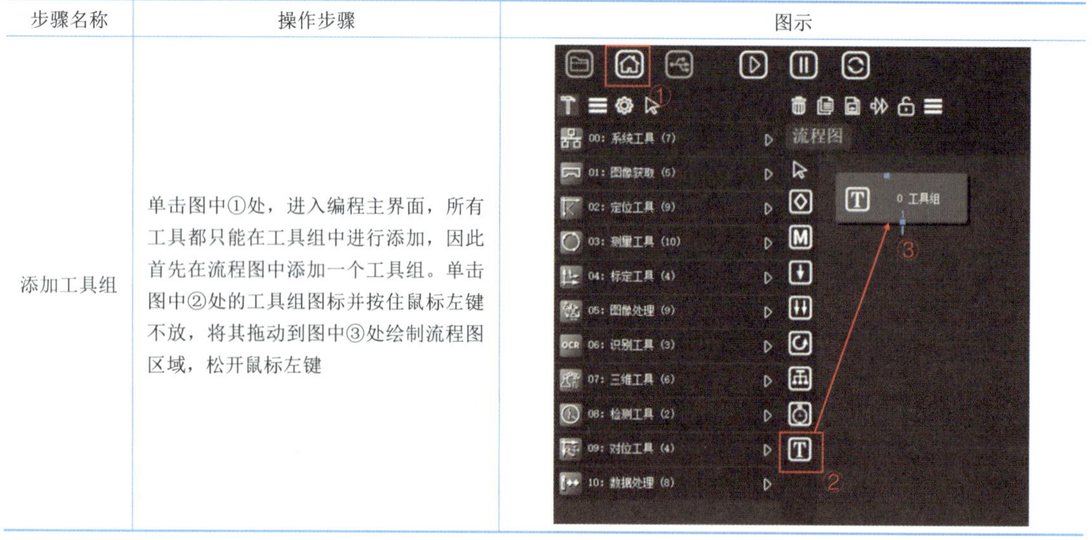

4．拍摄条码

拍摄条码的操作步骤及图示如表 3.2.4 所示。

表 3.2.4　拍摄条码的操作步骤及图示

步骤名称	操作步骤	图示
打开工具组	打开工作界面，如图所示，它分为 4 个区域。图①处为工具集区域，用于显示工具 API；图②处为快捷工具栏，用于暂放一些工具；图③处为工作区域，用于搭建项目流程；图④处为图像显示区域，用于显示相机或其他模块的输出图像	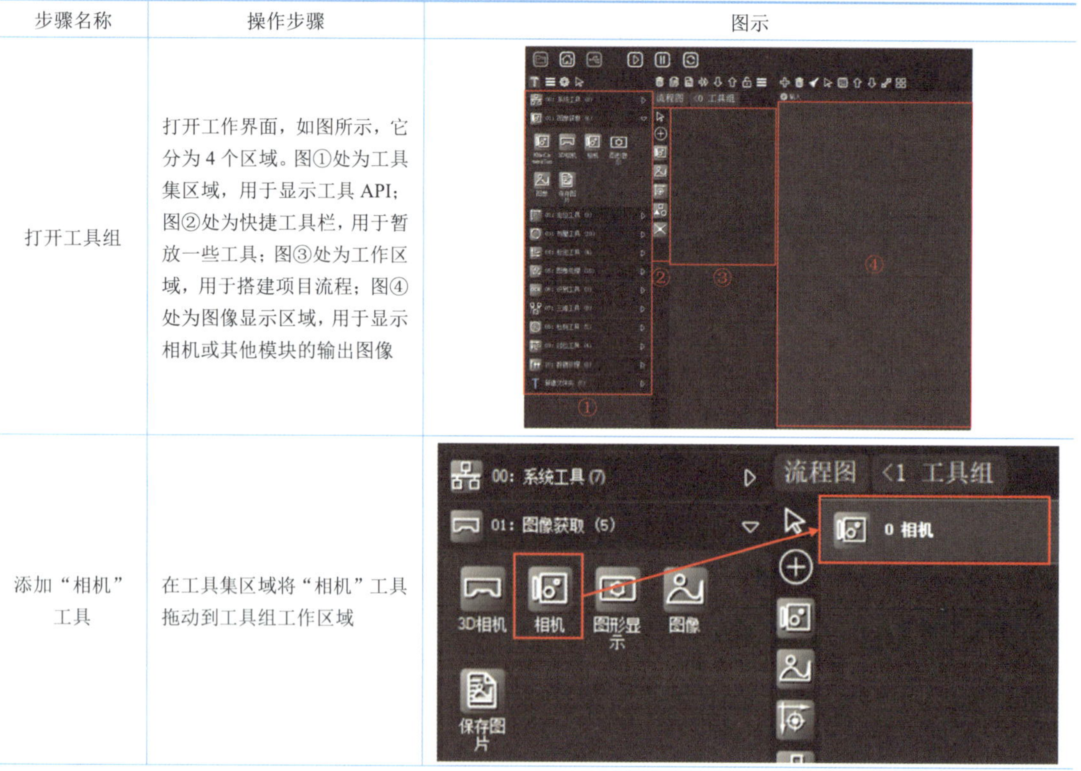
添加“相机”工具	在工具集区域将“相机”工具拖动到工具组工作区域	

续表

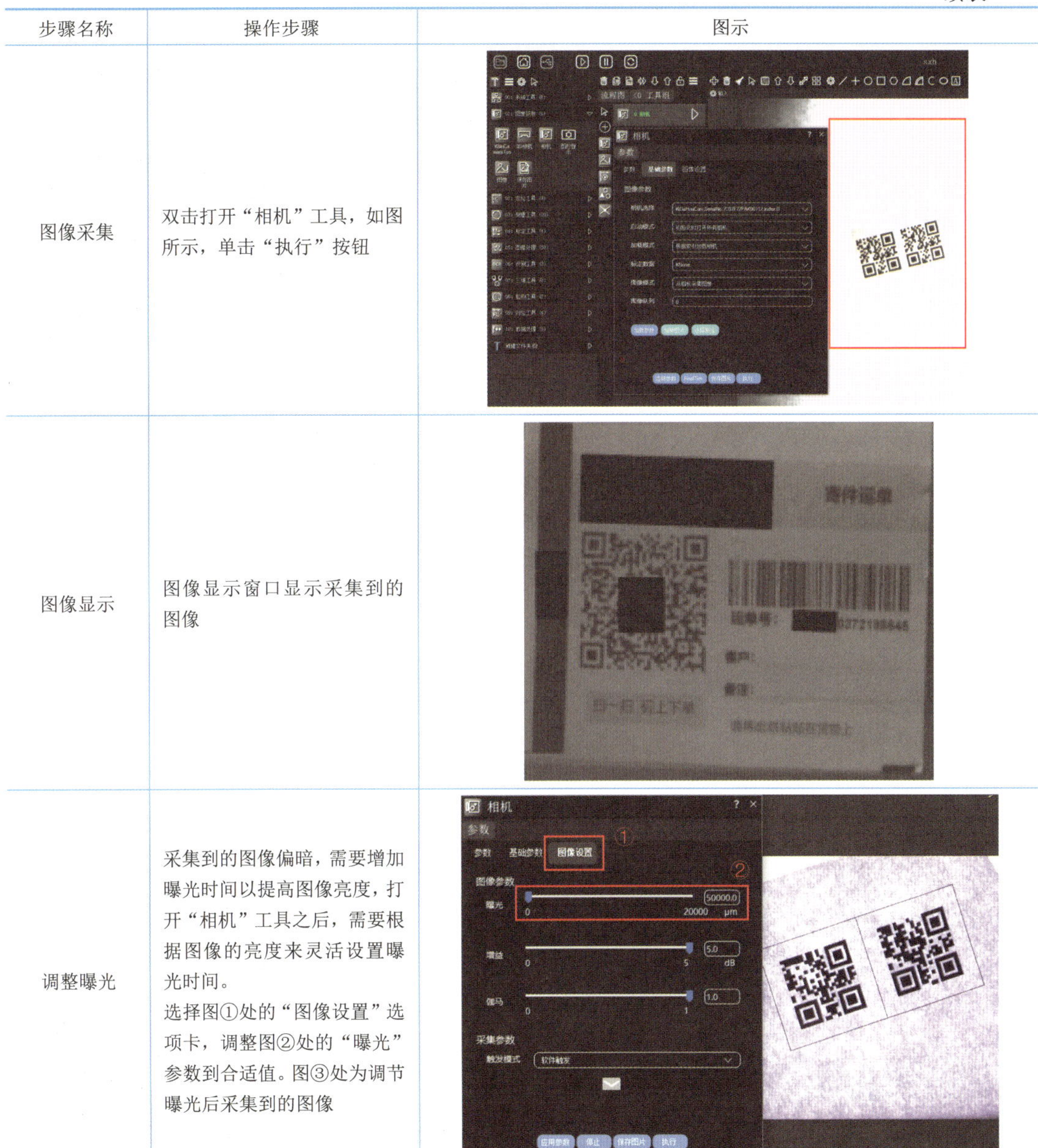

步骤名称	操作步骤	图示
图像采集	双击打开“相机”工具，如图所示，单击“执行”按钮	
图像显示	图像显示窗口显示采集到的图像	
调整曝光	采集到的图像偏暗，需要增加曝光时间以提高图像亮度，打开“相机”工具之后，需要根据图像的亮度来灵活设置曝光时间。 选择图①处的“图像设置”选项卡，调整图②处的“曝光”参数到合适值。图③处为调节曝光后采集到的图像	

5. 图像处理

图像处理流程中需用到对比度增强及识别技术。对比度增强是一种点处理方法，通过变换像素亮度值（又称灰度级或灰度值）来实现。识别是通过各像元之间的灰度差异来实现的，但并不是只要存在灰度差异就能识别，而是只有当这种差异达到一定程度时才能被识别。图像处理操作步骤及图示如表 3.2.5 所示。

表 3.2.5　图像处理操作步骤及图示

步骤名称	操作步骤	图示
添加“图像处理”工具	打开“图像处理”工具栏，选择图①处的“图像处理”工具，并将其拖动到工作区域	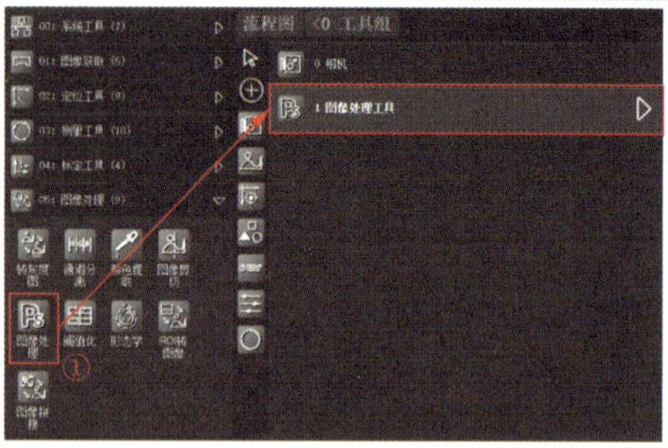
修改图像处理工具参数	双击打开“图像处理”工具，修改①处“识别模式”为“对比度增强”，修改②处“灰度上、下限值”分别为 255、0。这里设置增大黑色的对比值（即下限）0 为最低值，白色（上限）255 为最高值	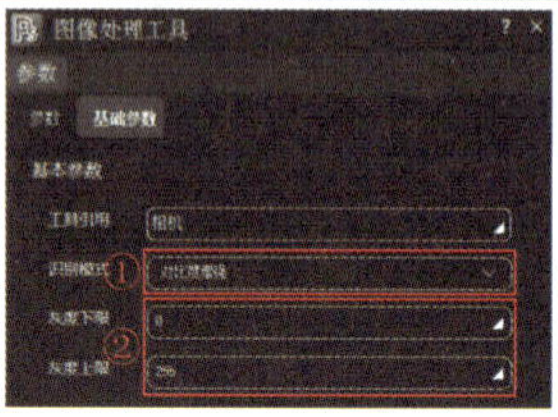 （a）对比度增强工具  （b）对比度增强前  （c）对比度增强后

6.　灰度匹配

灰度匹配用于定位检测图像，在不同角度都可检测到条码或二维码。灰度匹配操作步骤及图示如表 3.2.6 所示。

表 3.2.6　灰度匹配操作步骤及图示

步骤名称	操作步骤	图示
添加“灰度匹配”工具	将“灰度匹配”工具添加至工具组中	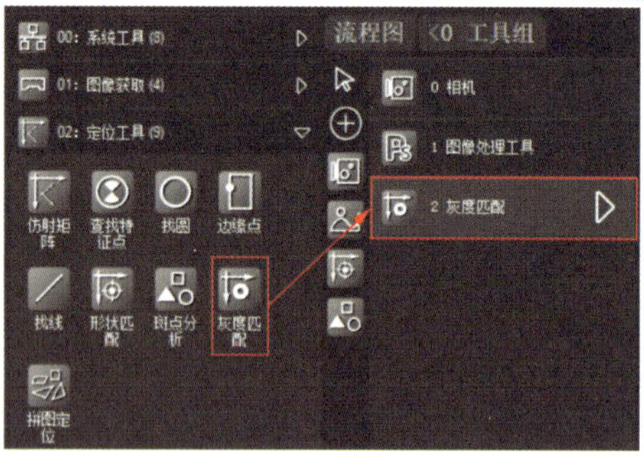
参数设定	双击打开“灰度匹配”工具，单击①处的“注册图像”按钮，②处蓝色框为注册的“ROI 模板框”，③处黄色中心线交点为中心点，中心点为 ROI 的中心点位，以“JT”两个字符创建模板：使用红色框框选④处的“JT”字符，并设置中心点	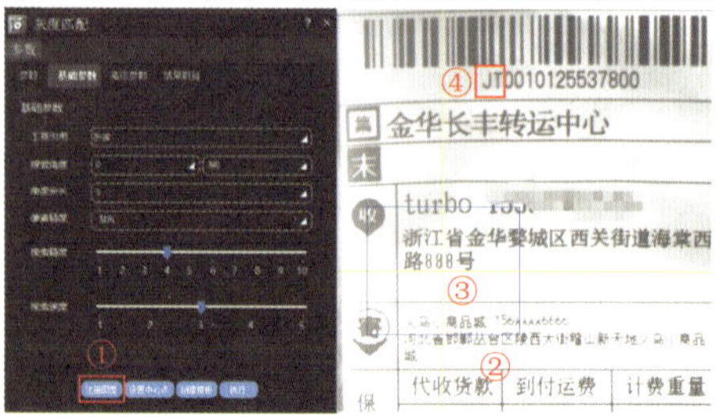

续表

步骤名称	操作步骤	图示
创建模板	单击①处的“创建模板”按钮，系统会提示“生成模板成功！”	
框选“运单号”	单击①处的“执行”按钮，字符“JT”被绿色线框框选	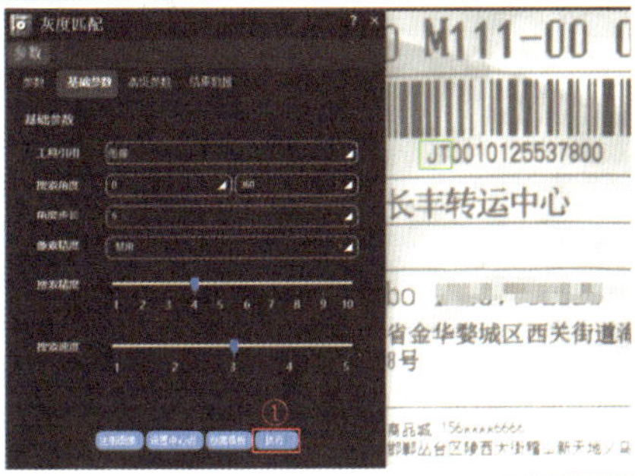

7. 条码检测

条码检测操作步骤及图示如表 3.2.7 所示。

表 3.2.7　条码检测操作步骤及图示

步骤名称	操作步骤	图示
添加“条码检测”工具	将“条码检测”工具添加至工具组中，用于识别图中某快递单下单页面的条码	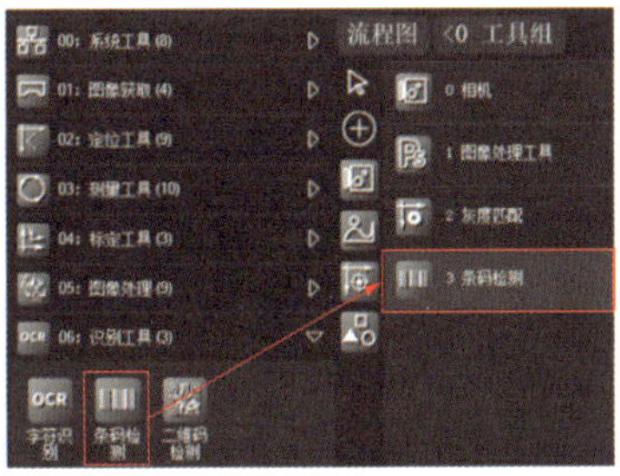
修改搜索模式	双击打开“条码检测”工具，设置“搜索模式”为“局部搜索”。 “局部搜索”是搜索某一位置区域，搜索区域为注册图像 ROI 所框选的区域	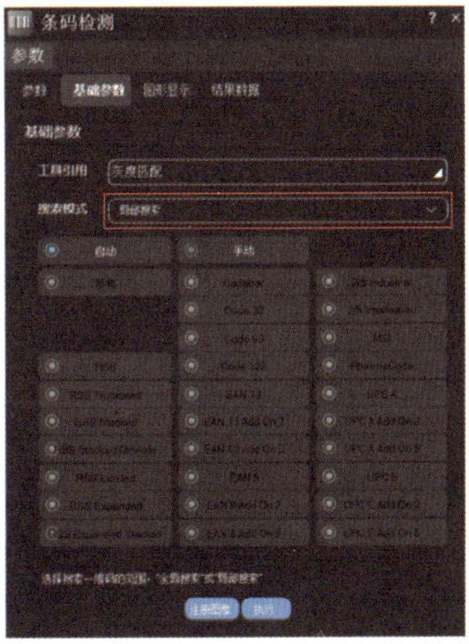

续表

步骤名称	操作步骤	图示
条码搜索	单击①处的“注册图像”按钮，②处的框即为注册搜索 ROI 框，使用 ROI 框选快递单上的条码	

8. 读取条码识别信息

读取条码识别信息的操作步骤及图示如表 3.2.8 所示。

表 3.2.8　读取条码识别信息的操作步骤及图示

步骤名称	操作步骤	图示
读取结果	单击①处的“执行”按钮，通过“参数”→“输出参数”→“检测结果”查看读取到的条码信息	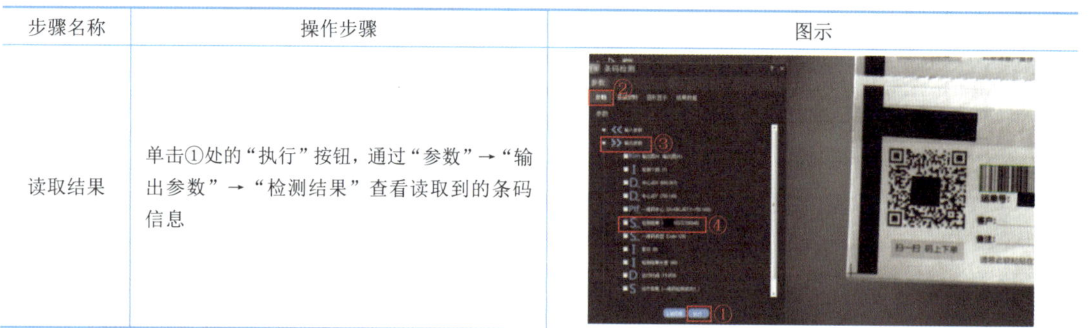

9. 二维码识别

对二维码进行识别，拍照和图像处理的操作步骤与条码检测相同，如表 3.2.9 所示。

表 3.2.9　二维码识别操作步骤及图示

步骤名称	操作步骤	图示
添加“二维码检测”工具	打开识别工具栏，将“二维码检测”工具添加至工具组中，用于识别图中某快递单下单页面中的二维码	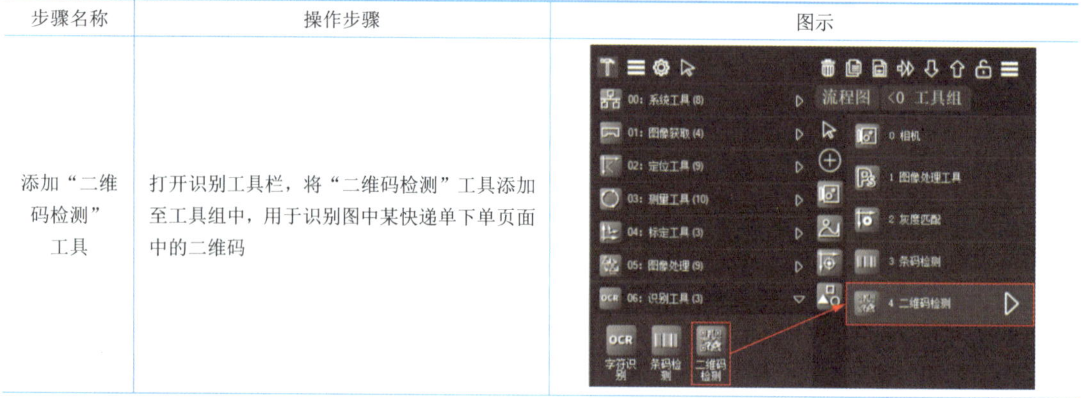

续表

步骤名称	操作步骤	图示
设置参数	双击打开“二维码检测”工具，找到“参数”→“输入参数”→“输入图像”，单击“输入图像”后括号中的内容，打开相应设置界面	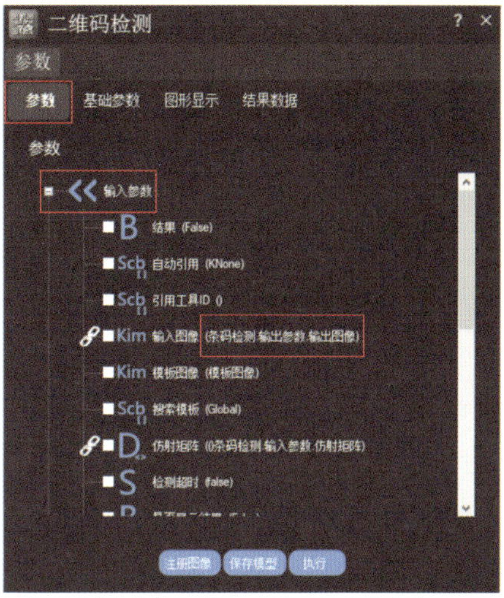
修改默认引用	单击红框处的“清除”按钮，清除已引用的“输入图像”	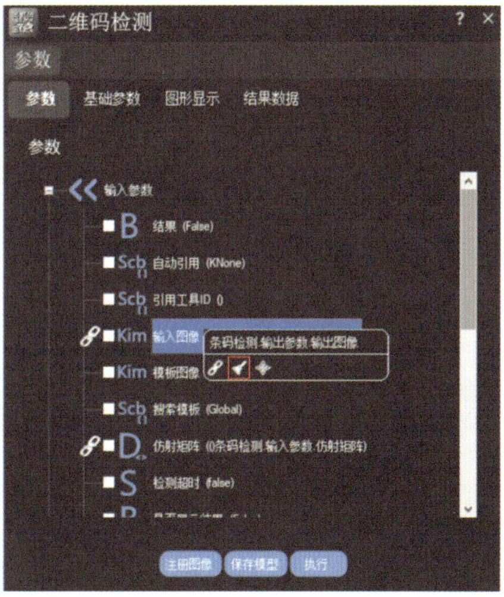
输入图像参数引用	单击“清除”按钮左侧的“引用”按钮，进入“变量引用”选项卡。在“KFlowNode”→“工具组”→“灰度匹配”中选中“输出参数.输出图像”，即二维码检测的源图像引用灰度匹配的输出图像	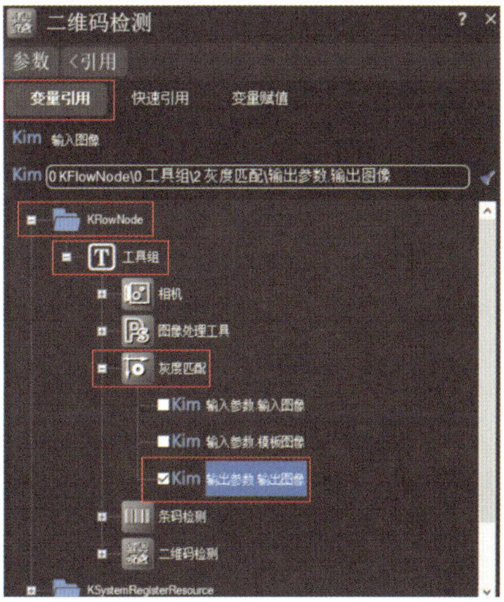

续表

步骤名称	操作步骤	图示
设置基础参数	双击打开“二维码检测”工具“基础参数”选项卡，将②处的“搜索模式”设置为“Local”（局部搜索）	
注册图像	在①处单击“注册图像”按钮，在输出窗口出现②处所示的方框，即ROI，使用ROI框选③处的二维码	
读取结果	在①处单击“执行”按钮，②处为识别到的二维码（会出现绿色ROI将识别到的二维码框选），切换到“参数”界面，展开“输出参数”，③处的“搜索结果”后括号中的内容为读取到的二维码信息	

工程经验

通过学习读取条码及二维码信息的任务实现流程，了解了条码和二维码的码制、ROI设置、模板匹配设置等内容。在工业领域中，读码是较为常见的系统应用之一。在需要仅实现读码功能的情况下，通常使用基于嵌入式处理平台的一体化读码器，如条码读码器或二维码读码器。对一般机器视觉系统来说，读取条码和二维码只是为了提取其中的信息，以便作为参照，进行比对、分类、判断等操作。

“形状匹配”工具和“灰度匹配”工具都是通过创建定位基准来实现对特征的跟随，“灰度匹配”工具主要用于条码和二维码识别。

实战演练

1. 实战任务

实战任务如表3.2.10所示。

表 3.2.10　实战任务

任务描述	图示
完成产品信息参数的二维码识别	

2. 实战操作

实战操作步骤与结果记录如表 3.2.11 所示。

表 3.2.11　实战操作步骤与结果记录

操作步骤	结果

考核评价

对本任务的考核评价如表 3.2.12 所示。

表 3.2.12　考核评价

考核内容		考核评分		
项目	内容	配分	得分	批注
工作准备（10%）	能够正确理解工作任务内容、范围及工作指令	2		
	能够查阅和理解参数表，确认要求	2		
	个人防护用品使用得当，衣着适宜	2		
	确认设备及工量具，检查是否安全及正常工作	2		
	准备工作场地与器材，能够识别安全隐患	2		
任务实施（80%）	在图像显示区域显示产品图像	10		
	运用图像处理工具获得清晰图像	10		
	灰度匹配操作成功	10		
	能通过局部搜索找到条码	10		
	能读取条码信息	10		
	能切换图片引用信息	10		
	能识别二维码内容	10		
	安全、无事故并在规定时间内完成任务	10		

续表

考核内容		考核评分		
项目	内容	配分	得分	批注
完工清理（10%）	完成项目后整理和清洁工作区域	2		
	爱惜设备和器材，无损坏、损毁	4		
	完成选型报告	4		
考核成绩		考评员签字：________ 日期：______年____月____日		

综合评价：

大国工匠

孟剑锋：匠人精神制国礼

2014 年，北京亚太经合组织（Asia-Pacific Economic Cooperation，APEC）会议期间，我国古老的錾刻技术给各国元首开了一个小小的玩笑。在我国赠送给各国元首的国礼中，有一个是金色的果盘，盘中放置了一块柔软的丝巾，令所有看到的人都情不自禁地伸手去抓，结果没有一个人能抓得起来。原来这块丝巾是由纯银錾刻而成的。

参与这份国礼制作的錾刻工艺师孟剑锋，是北京握拉菲首饰有限公司生产车间的技术总监，已在工艺美术行业工作了 22 年。孟剑锋是一个能够沉下心来做细活的人。为了提高技术水平，他勤练基本功，几个枯燥的动作，他能重复练习一年。他利用业余时间学习绘画，钻研中国各个历史时期的工艺美术知识，积极探索新的工艺制作方法，大胆进行改进创新，创作出大量贵金属工艺摆件作品。他先后制作了 2008 年北京奥运会优秀志愿者奖章、“5 · 12”抗震救灾纪念奖章、全国道德模范奖章、中国海军航母辽宁舰舰徽等作品模具，为中国传统文化的传播和工艺美术事业的发展做出了重要贡献。他还尝试改变铸造的焙烧温度、化料温度和倒料时的浇铸速度，经过反复试验、对比和推算，攻克了纯银铸造的工艺难题，使成品率提高了近 50 个百分点，大大提高了生产效率，减少了生产成本。

孟剑锋是一位坚守传承、勇于创新的工艺美术匠人，他用最朴实的劳动践行着一名普通劳动者的责任和一名共产党员的坚守。

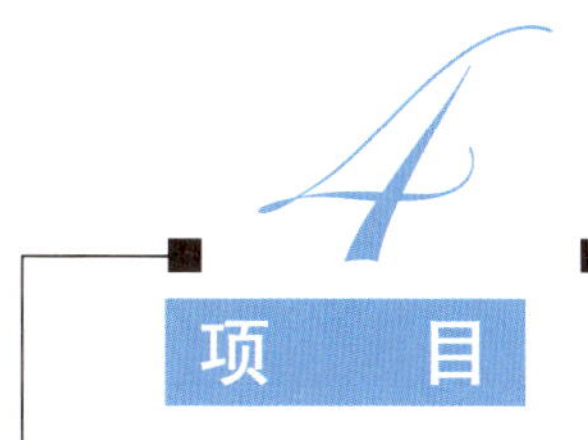

项 目

视觉图像预处理

项目导读

视觉图像处理是一项研究如何获取、分析和处理图像信息的技术，它涉及数字信号处理、计算机视觉、模式识别等多个领域。在现代社会中，我们常常需要处理各种类型的图像数据，如照片、视频、遥感图像等。为了更有效地利用这些图像数据，视觉图像预处理显得至关重要。通过预处理，可以提高图像质量、减少噪声、增强图像特征，为后续的图像分析和识别提供更可靠的基础。

学习目标

知识目标

1．了解图像数据的基本概念。
2．掌握基本图像处理技术。
3．熟悉图像分割和特征提取。

能力目标

1．掌握 KImage 软件编程平台在工业检测场景中的应用。
2．掌握通过测量工具进行图像尺寸检测的方法。
3．掌握通过“斑点分析”工具进行图像中相似图元计数与分析的方法。

思政目标

1．培养创新思维，能够举一反三解决实际问题。
2．强化规范意识、质量意识，自觉践行行业道德规范。

任务4.1 瓶盖密封性检测

任务描述

在食品行业中，外包装检测是产品出厂前必不可少的一个环节。例如，在瓶装饮用水的灌装线上，对瓶身进行综合视觉检测，检测内容包括液位检测、瓶盖密封性检测、杂质异物检测及出厂日期检测等。

小张所在公司于近日接到一批饮料厂的订单，要求对瓶盖密封性进行检测。如图 4.1.1 所示，瓶盖有密封良好和密封不良两种状态。小张需要在工程师的指导下，运用滤波工具、图像分割、定位、线间距测量等软件功能进行瓶盖密封性检测的编程与调试。

（a）密封良好

（b）密封不良

图 4.1.1　瓶盖密封状态

任务目标

1. 学习 KImage 软件编程平台在工业检测场景中的应用。
2. 了解图像预处理的概念，学习使用滤波工具和阈值分割工具。
3. 掌握线定位、线间距测量、线夹角测量等工具的使用方法。

任务分析

瓶盖密封性检测思路如图 4.1.2 所示，如果瓶盖密封性差，则必然会导致 A、B 两条直线发生形变，线间距与线夹角出现异常，这可通过在图像处理软件中对“线间距”与“线夹角”输出的值设定数值区间进行判断，若检测值超出区间，即可认定瓶盖未密封。

微课：检测

通过 KImage 软件实现瓶盖密封性检测的步骤：①使用两个“找线”工具分别定位瓶盖顶部的直线 A 和瓶盖底部的直线 B；②使用“线间距”和“线夹角”工具分别计算 A、B 两条直线之间的距离和两条直线之间的夹角；③对“线间距”与“线夹角”

工具输出的数值进行判断，并输出“OK”或“NG”。

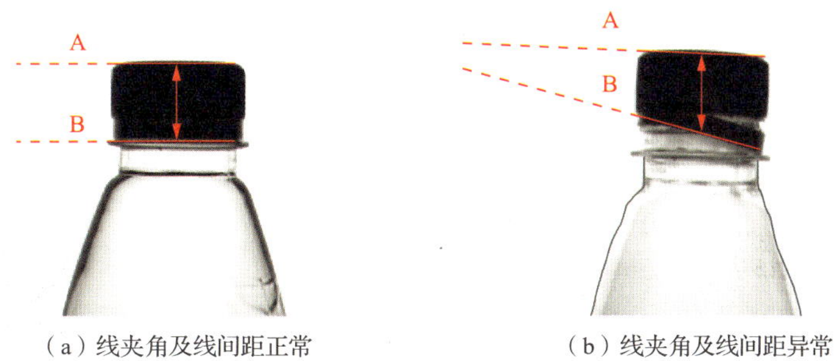

（a）线夹角及线间距正常　　（b）线夹角及线间距异常

图 4.1.2　瓶盖密封性检测思路

知识准备

1. “找线”工具的 ROI

“找线”工具的 ROI 如图 4.1.3 所示，单击旋转图标可使该 ROI 旋转，单击 ROI 的 4 个角（图中黑色框框中的区域）可以将 ROI 放大或缩小。

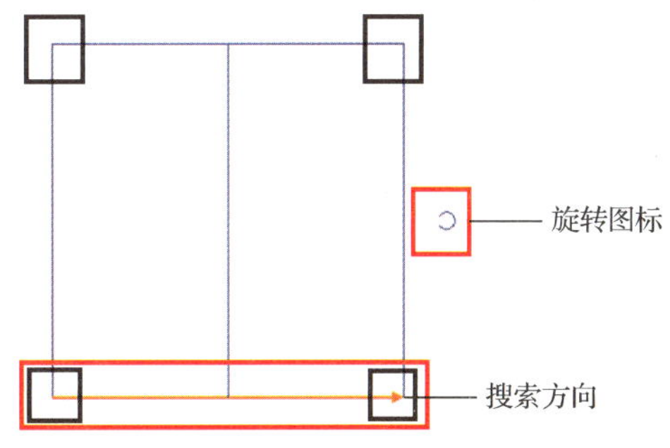

图 4.1.3　“找线”工具的 ROI

2. 灰度

灰度是介于纯白与纯黑之间的过渡色，在计算机图像中，一般采用 256 阶划分纯白到纯黑之间的灰度色，因为二进制中可用 8 位数据代表 256 阶色，所以也称这些灰度色为 8 位灰度图。图中每个像素的灰度值均在 0～255，其中 0 代表像素未能有效感光，为黑色；255 代表像素已经感光过饱和，为白色。灰度图像也可以看作灰度值的矩阵，如图 4.1.4 所示，纯黑像素的灰度值为 0，而深灰色像素值为 50，近白色的像素值为 250。

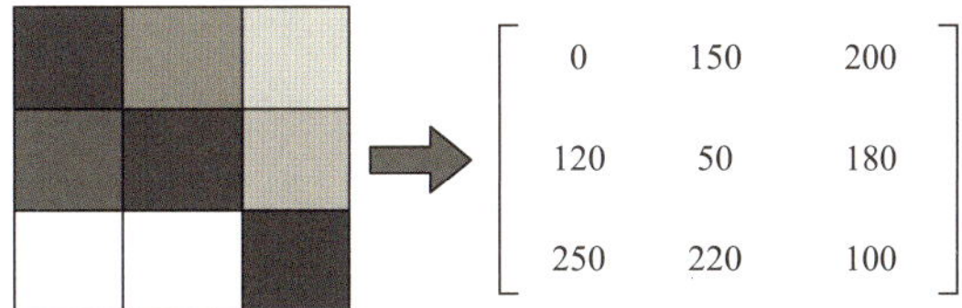

图 4.1.4　灰度图与数值矩阵

在使用定位工具（如找点、找线、找圆）时，软件会根据 ROI 的搜索方向进行灰度变化（两个相邻像素点之间的灰度差异）的搜索。

“找线”工具中的“搜索极性”有“从白到黑”和“从黑到白”两种，可根据实际搜索方向选择。如图 4.1.5 所示，若需识别白色区域与黑色区域的分界线，当 ROI 的黄色箭头由白色指向黑色时，搜索极性为“从白到黑”，反之亦然。

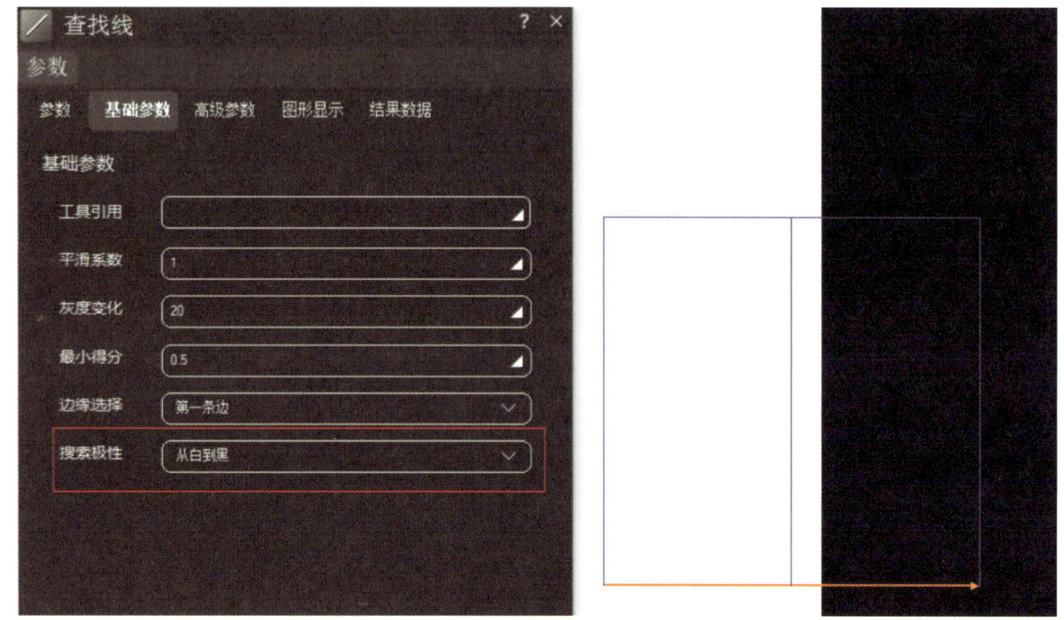

图 4.1.5　搜索极性

3. 滤波

滤波主要是指运用不同原理和结构的算法将图像中的各种不同形态和分布的噪点干扰降低或去除。图像滤波技术主要分为基于图像空间域滤波和基于图像频域滤波两种。其中，基于图像空间域滤波技术应用更为广泛，它主要采用滤波器（也称为模板、掩模、核）以卷积的计算方法，对像素及其周边邻域像素进行特定的数学运算，并重新确定这个区域的灰度值分布。

滤波器的工作原理如图 4.1.6 所示。当原图像被转换为一个数值矩阵时，滤波器逐次在原图像与滤波器同等规模的矩阵上做计算，并输出一个值作为处理后图像中的灰度值，最终，滤波器将原图像的每一个像素都处理完后，输出一张处理后的图片。

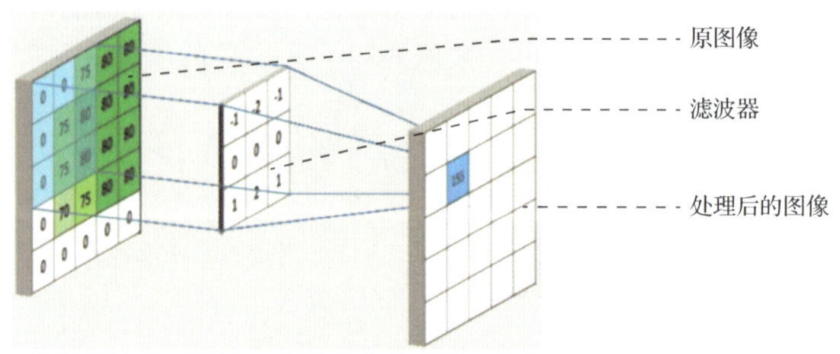

图 4.1.6　滤波器的工作原理

以 3 阶滤波器为例，其具体计算方式如图 4.1.7 所示，将原图像中的像素按行与列的位置定义为$\{A_{11},A_{12},\cdots,A_{mn}\}$，将 3 阶滤波器中的像素定义为$\{B_{11},B_{12},\cdots,B_{33}\}$，将处理后的图像中的像素定义为$\{C_{11},C_{12},\cdots,C_{mn}\}$，则滤波后的图像像素值为

$$C_{ij}=\sum_{i-1,\,j-1}^{i+1,\,j+1}A_{qp}B_{qp} \tag{4.1.1}$$

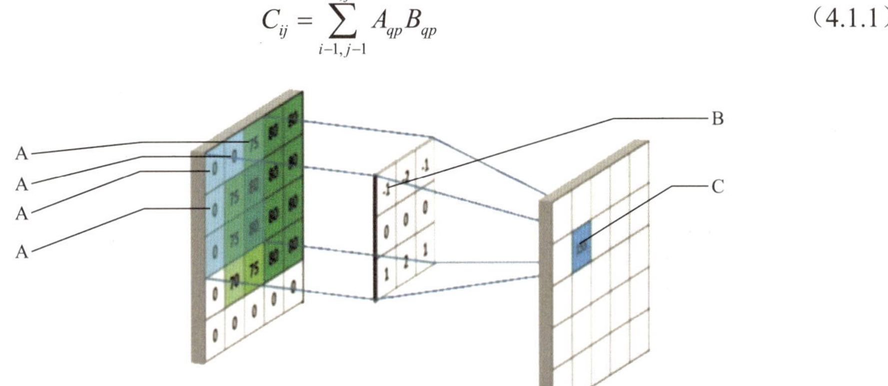

图 4.1.7　3 阶滤波器的计算原理

滤波器矩阵值的不同，决定了滤波效果的不同，而滤波器矩阵的阶数即为掩模大小，掩模越大，参与计算的像素值越多，理论上滤波效果就会越好，同时去除掉的细节也就更多。

根据滤波器矩阵值和计算方式的不同，可将滤波器进行如下区分：

1）均值滤波与高斯滤波：在均值滤波中，滤波器矩阵中每个值的大小都是相同的；而在高斯滤波中，矩阵中的每个值的权重不同，由高斯分布确定。以 3 阶滤波器为例，其均值滤波器矩阵如式（4.1.2）所示，高斯滤波器矩阵如式（4.1.3）所示。

$$\frac{1}{9}\begin{bmatrix}1 & 1 & 1\\1 & 1 & 1\\1 & 1 & 1\end{bmatrix} \tag{4.1.2}$$

$$\frac{1}{16}\begin{bmatrix}1 & 2 & 1\\2 & 4 & 2\\1 & 2 & 1\end{bmatrix} \tag{4.1.3}$$

2）中值滤波：一种对被处理的矩阵进行逻辑取值的滤波器。将原像素经中值滤波器处理后得到的所有像素值进行大小排序，取中间值作为处理后的像素值。以 3 阶中值滤波器为例，对 A_{ij} 进行处理后，得到 $A_{i-1,j-1}*B_{i-1,j-1}$，$A_{i-1,j}*B_{i-1,j}$，$\cdots$，$A_{i+1,j+1}*B_{i+1,j+1}$ 等 9 个值，取大小排第五位的值作为 C_{ij} 的最终值。其滤波核具备多种形态，如图 4.1.8 所示。

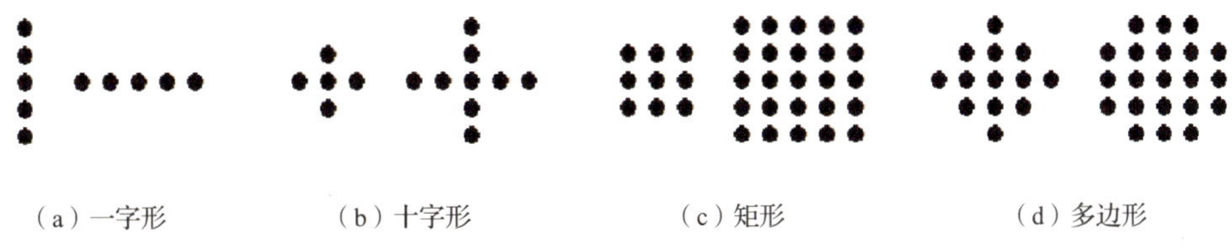

（a）一字形　（b）十字形　（c）矩形　（d）多边形

图 4.1.8　不同形态的中值滤波核

采用滤波器可有效去除图片中的噪声。以图 4.1.9 为例，HELLO WORLD 文字中随机出现了不少黑点，这种随机出现的纯黑或纯白的噪声，如同在白色瓷盘上随机散落的胡椒碎，故称为椒盐噪声。可对椒盐噪声实现有效滤除的处理方式之一是中值滤波，其缺点是会令字体的形态发生改变。以 L 字符为例，字体的转折处变圆润了，而且靠近字符本体的噪声，在处理之后依然留下了痕迹。

（a）有椒盐噪声　（b）无椒盐噪声

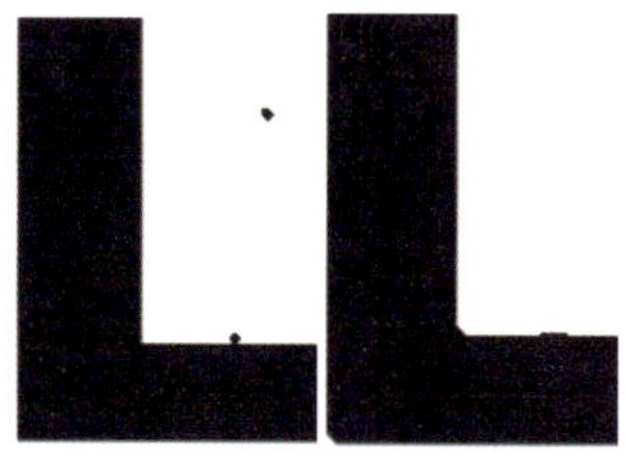

（c）中值滤波前后对比

图 4.1.9　椒盐噪声与中值滤波

由此可见，滤波处理的结果完全取决于其采用的滤波器结构。不同的滤波器，在图像处理中的结果千差万别。在实际项目中，对于不同的图像处理需求，需要采用不同的滤波器。滤波器起到的作用主要有两种，分别是消除噪声和突出特征。例如，均值滤波和中值滤波是典型的消除噪声滤波方法，它们可以消除某些图像噪声；而拉普拉斯锐化滤波是典型的突出特征滤波方法，它可以强化图像中灰度发生变化的边缘，从而有利于提取出图像中的物体轮廓线。

4. 图像分割

微课：图像处理算法——图像分割

图像分割技术主要用于分割不同灰度分布的区域，以便进行后续的图像处理。待分割区域应具备外部不连续性及内部连续性。其中，外部不连续性指不同待分割区域之间存在灰度的突变性；内部连续性指在单一待分割区域中，不同像素灰度值是连续变化的。

图像分割方法主要有 3 种：①基于阈值的图像分割；②基于边缘的图像分割；③基于区域的图像分割。其中，基于阈值的图像分割是一种应用广泛的图像分割方法，适用于目标和背景处于不同灰度值的情况，简称阈值法。阈值法的基本思想是基于图像的灰度特征来计算一个或多个阈值，并将图像中每个像素的灰度值与阈值进行比较，最后将像素根据比较结果划分到合适的类别中。

阈值法按照阈值的确定准则可以分为全局阈值法、局部阈值法和自适应阈值法。全局阈值法是指在整幅图像中都采用一个固定的阈值；局部阈值法是指将原图像分割成若干个互不重叠的子图像，每个子图像分别采用一个固定的阈值；自适应阈值法是根据图像信息的具体情况，自适应地确定合适的阈值。

设图像 $i(x,y)$ 的灰度级范围为[0, 255]，并在 0 和 255 之间选择一个合适的阈值 T，则基于阈值的图像分割方法如式（4.1.4）所示：

$$l(x,y)=\begin{cases}255 & i(x,y)\geqslant T\\ 0 & i(x,y)<T\end{cases} \tag{4.1.4}$$

这样得到的 $l(x,y)$ 是二值图像，图像中的像素灰度值非黑即白。以图 4.1.10 为例，在 HELLO WORLD 字符中，H、L、W、R 字符的灰度为 0，而 E、O、D 字符的灰度为 118。若设定灰度 100 为“全局阈值”，255 为“灰度上限”，执行阈值分割的“灰度下限”后，对于图像中的所有像素：只要灰度值大于等于 100，它的灰度值全部变为 255；若灰度值小于 100，则全部变为 0。因为 E、O、D 的灰度值大于 100，所以其灰度值被转化为 255，与背景白色一致，湮没在背景中（背景的灰度值为 255，即纯白），此时画面上只剩 H、W、R、L 字符。接下来，假若设定“灰度下限”的值为 119，“灰度上限”的值为 255，执行阈值分割的“灰度下限”后，若图像中所有像素的灰度值均小于 119，则它们的灰度值全部变为 0。因为 E、O、D 的字符中像素的灰度值为 118，小于“灰度下限”值 119，分割之后其像素灰度与 H、W、R、L 一致，为 0，所以呈现出统一的黑色字样。

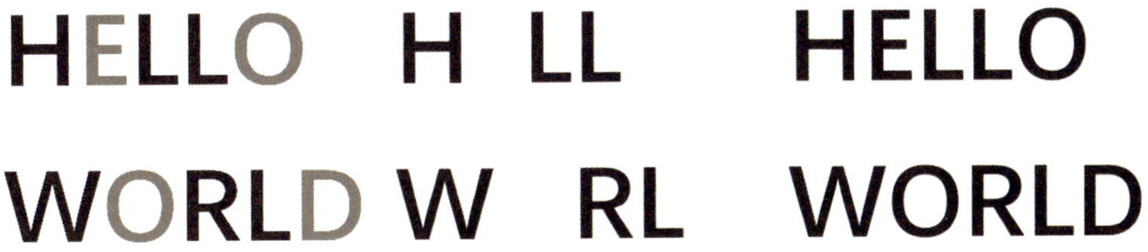

HELLO　H LL　HELLO

WORLD　W RL　WORLD

图 4.1.10　阈值分割

图像分割主要是将图像中需要进行视觉检测的部分与其他部分区分开。例如，将需要的特征变为纯黑，而其他部分图像变为纯白，或者相反。

针对瓶盖密封性检测，同样需要将瓶盖特征进行分割。如图 4.1.11 所示，通过设定阈值为 75，将灰度值小于 75 的所有像素都变为纯黑色，其他像素变为纯白色，以强化对比度，去除干扰因素，完整显示瓶盖形态，以利于后期图像处理。

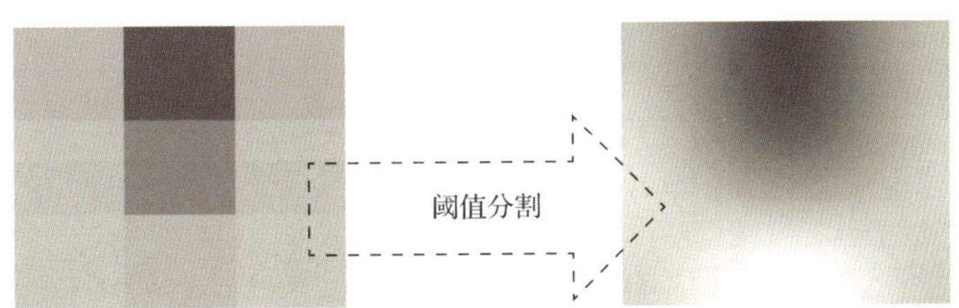

图 4.1.11　瓶盖密封性检测阈值分割效果

任务实施

本任务所使用的相机、镜头与光源均在实训设备配套视觉配件箱中选取，如图 4.1.12 所示。硬件选型分为相机选型、镜头选型与光源选型 3 步。

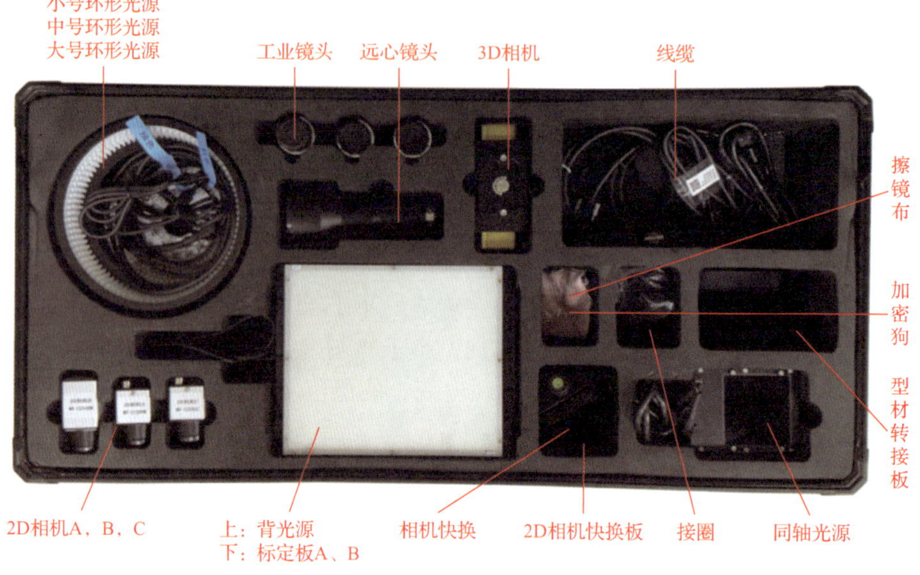

图 4.1.12　视觉箱配置图

1. 机器视觉系统的选型安装

机器视觉系统的选型安装过程见任务 1.1 和任务 1.2，本任务采用黑白相机 B 与 25mm 镜头，选用背光源打出物体轮廓，形成稳定的高对比度。

2. 图像采集及预处理

图像采集及预处理操作步骤及图示如表 4.1.1 所示。

表 4.1.1　图像采集及预处理操作步骤及图示

步骤名称	操作步骤	图示
熟悉平台文件配置界面	平台文件配置界面分为 5 个区域，如图所示，分别为：①导航栏，用于进入各个模块，以及设置各种视觉工具；②文件列表，用于选择不同的项目；③文件信息栏，用于输入项目的信息和操作；④文件操作栏，用于添加、删除、另存项目配置；⑤系统按钮，进行系统操作	
新建项目	单击①处，进入文件配置界面，在②处输入新的产品名称，然后单击③处的“新建”按钮即可生成新文件	

续表

步骤名称	操作步骤	图示
绘制流程图并修改名称，添加流程图单元	单击①处的图标，进入编程主界面，所有的工具都只能在工具组中进行添加，所以首先在流程图中添加一个工具组。单击②处的图标，将其拖动到③处绘制流程图区域完成流程图单元的添加	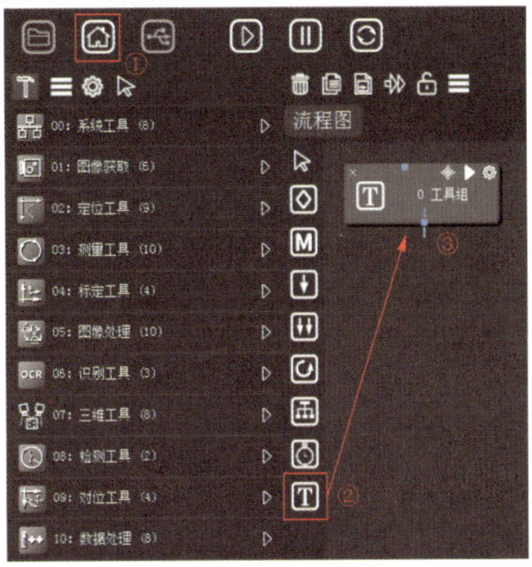
修改模块与工具名称	在 KImage 中，所有的模块和工具的名称都可以被修改，单击①处的模块或工具的图标，打开修改名称的界面，在②处输入需要修改的名称	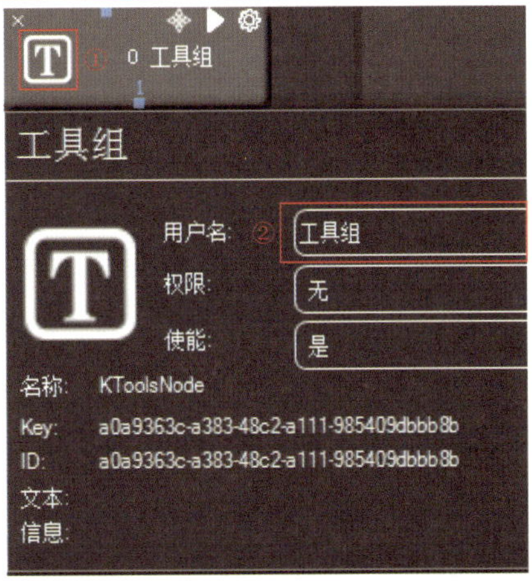
添加图像	工具组添加完成后，双击工具组图标，进入工具组，添加工具。在 KImage 中，有两种添加图像的方式：第一种是使用图像工具添加本地图像；第二种是使用相机来获取图像。 1）使用图像工具输入本地图像：将“图像”工具添加至工具组中，单击①处“添加图像”按钮，选择需要的图像	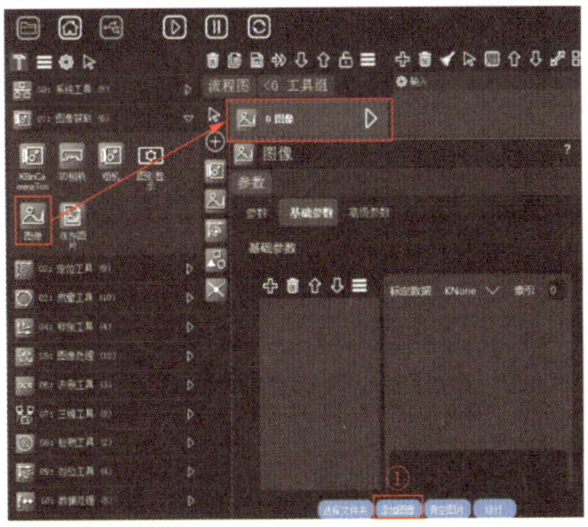
	单击“执行”按钮后，添加的图像会在右侧的输出窗口中显示，如图所示	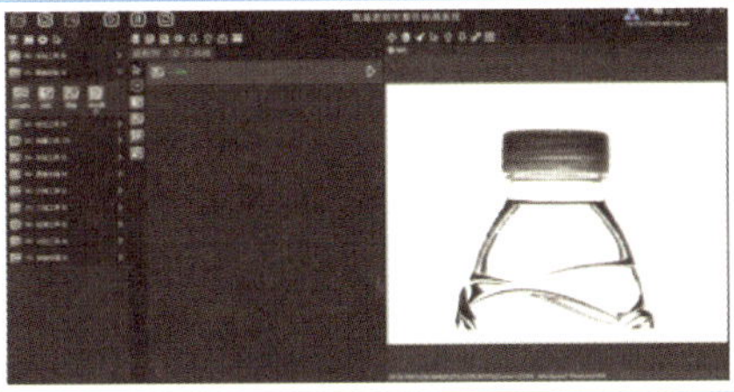

续表

步骤名称	操作步骤	图示
添加图像	2）使用相机来添加图像：将“相机”工具添加至工具组中。如图中①处所示，在“基础参数”选项卡中找到“相机选择”，在其下拉列表中选择要调用的相机	
	在“图像设置”选项卡中进行相机参数的设置，在实际操作中应根据图像的状态灵活设置曝光时间和增益效果，如图所示	
	单击“执行”按钮进行拍照采图，采集到的图像如图所示	
图像预处理	相机采集到的图片中存在大量噪点，如图所示，这是因为在低亮度环境中，需要增加相机的曝光时间来调整图片，而在曝光时间增加的同时，图像也会产生噪点，此时需要通过图像预处理技术进行滤波处理，以保证最终的测量结果稳定可靠	
	KImage 中的“图像处理”工具提供了不同的滤波工具用于消除噪点。首先在工具箱中添加“图像处理”工具，如图所示，单击①处的小三角，在展开的列表中选择“输入图像”	
	选择相机的输出图片，如图所示	

续表

<table>
<tr><th>步骤名称</th><th>操作步骤</th><th>图示</th></tr>
<tr><td rowspan="2">图像预处理</td><td>“图像处理”工具的参数设置界面如图所示，可设置的参数包括识别模式、掩码类型、边缘处理、掩码半径。本任务采用中值滤波处理噪点，可以在消除噪点的同时更好地保留图像的细节</td><td>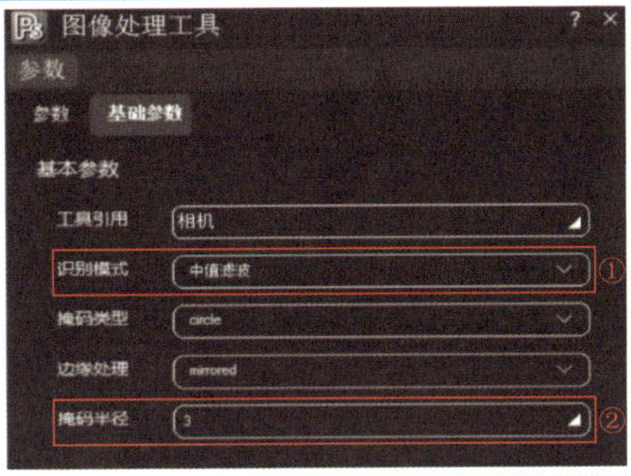</td></tr>
<tr><td>图像在中值滤波前后的局部对比如图所示，可以看到经过中值滤波器处理之后基本消除了噪点</td><td>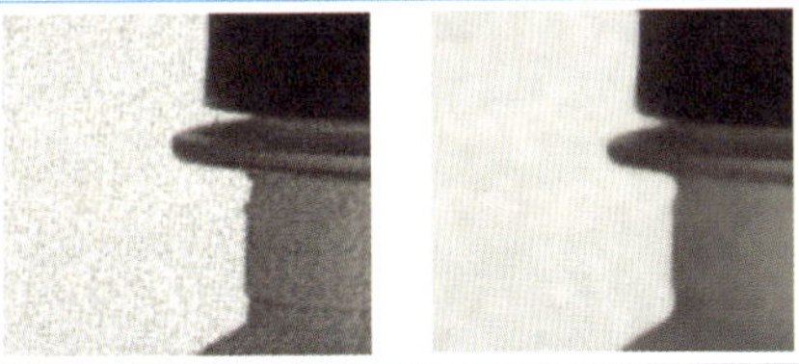</td></tr>
<tr><td rowspan="3">阈值分割</td><td>采用滤波工具去除噪点后，还需要采用阈值分割提取图像中的特征，以提高每次识别的准确度。
如图所示，将“图像处理”工具添加至工具组中，然后双击打开“图像处理”工具，①处所示为“图像处理”工具的参数设置界面。“识别模式”设置为“全局阈值”，“灰度下限”和“灰度上限”指的是进行二值化的灰度值区间，位于上限与下限区间的像素灰度值将被转换为 255，其余像素灰度值被转换为 0。每个像素的灰度值可以通过移动鼠标指针在图中观察到</td><td>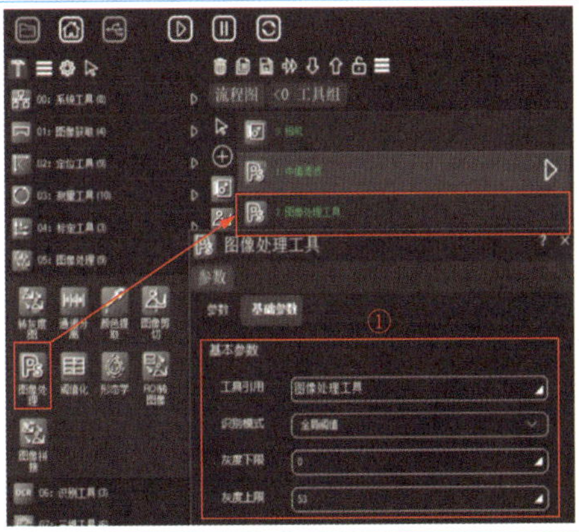</td></tr>
<tr><td>在①处观察 RGB 值可以确定该处的灰度值，②处为①处的放大图。
需要注意的是，当图像为彩色图像时，RGB 值显示三通道的值；当图像为灰度图像时，RGB 值代表灰度值</td><td></td></tr>
<tr><td>阈值分割完成后，图像中只剩下二值化后的瓶盖轮廓信息</td><td></td></tr>
</table>

步骤名称	操作步骤	图示
阈值分割	将输入图像设置为处理完成的图像，灰度值通过移动鼠标指针可以在图中①处观察到，经过阈值分割后，图像已经变成二值图，像素值如图中②处所示	
找线	单击“注册图像”按钮，出现 ROI，如图中红框内的矩形框所示，ROI 中的黄色箭头表示搜索方向，使用 ROI 框选中需要查找直线的区域，设置参数后，单击“执行”按钮	
	“找线”工具根据设置的参数按照 ROI 中箭头所示方向来找到灰度突变的一条分界线。单击“执行”按钮后，找到瓶盖下边缘线，如图所示	
	再次添加“找线”工具，查找瓶盖顶部边缘线，如图所示	

3. 测量线间距及线夹角

找到需要的直线后，就可以通过计算线间距和线夹角来检验产品是否合格。具体步骤如表 4.1.2 所示。

表 4.1.2　测量线间距及线夹角操作步骤及图示

步骤名称	操作步骤	图示
引用参数	在“测量”工具栏中找到线间距工具，添加至工具箱中，在“线间距”对话框中选择“两点式”计算方式，然后将查找到的线坐标引用至线间距工具中。对参数进行关联时，除采用输入图像时使用的引用方法外，还可以采用拖动引用。首先打开查找线工具和线间距工具，将两个工具的参数界面并排放置，单击图中①处的“参数”按钮，进入“参数”界面，单击图中②处的“输出参数”，展开输出参数列表，找到图中③处的“线坐标”，单击线坐标的数值，出现对该参数的设置栏，拖动图中④处的按钮至图中⑤处引用	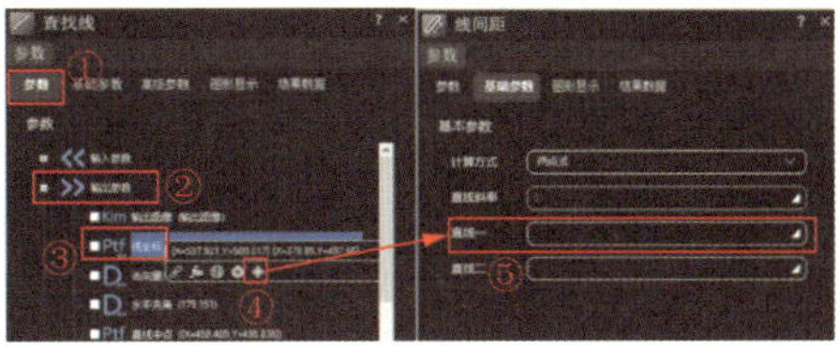
	引用成功后，系统会弹出引用成功提示信息框，如图所示	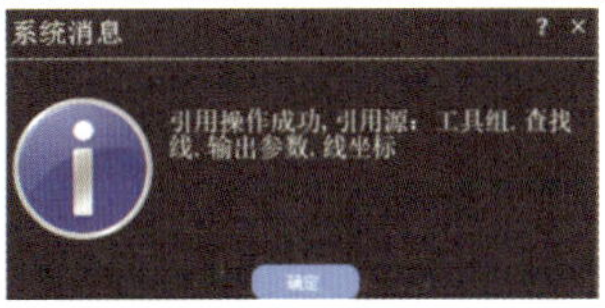
执行结果	将瓶盖底部的直线和瓶盖顶部的直线分别引用在线间距工具的“直线一”和“直线二”中，单击“执行”按钮，在输出窗口和线间距工具的输出参数中可看到测量出的两线距离，如图所示	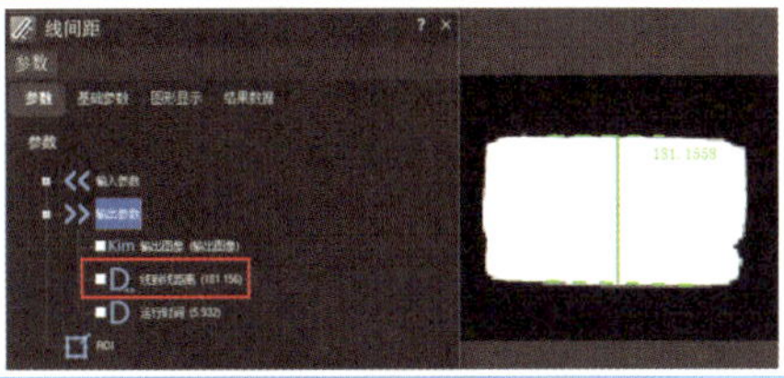
参数设置	单击图示红框中区域，打开该参数的设置界面	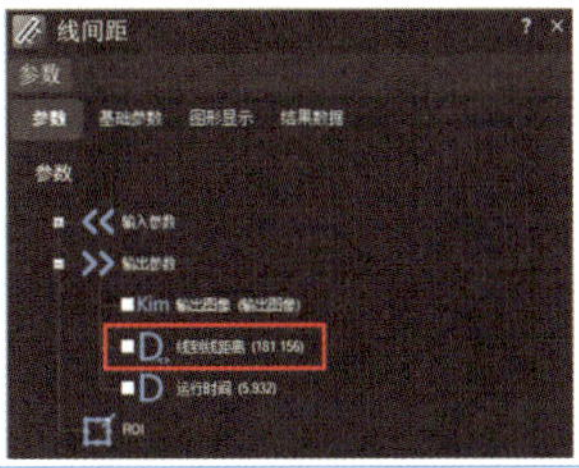
	在设置界面中单击图示红框中的按钮，进行参数的变量设置	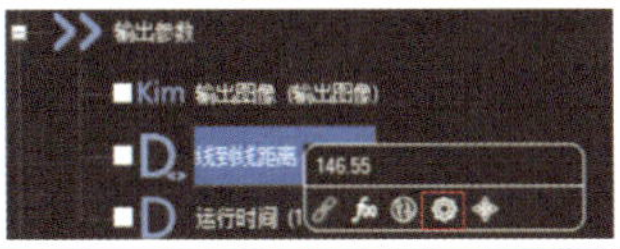
	在图中①处所示区域进行类型选择，单击图中②处的下拉按钮，打开下拉列表，其中有“等于”和“区间”两种判断方法。“等于”作用是测量出的数值等于设定的数值时，会判断为 True，否则判断为 False。“区间”作用是测量出的数值在设定的区间内即为 True（包含设定的最小值和最大值），否则为 False。在实际应用中，通常用“区间”来进行判断，允许测量值有一定的误差，已知标准值为 146.5mm，允许误差±0.2mm。需要注意的是，此处 146.5mm 的值为像素距离，并不代表实际物理空间中的尺寸。如果要将像素值转换为物理空间的尺寸值，则需要预先做好相机标定，相机标定的概念将会在后文中提到	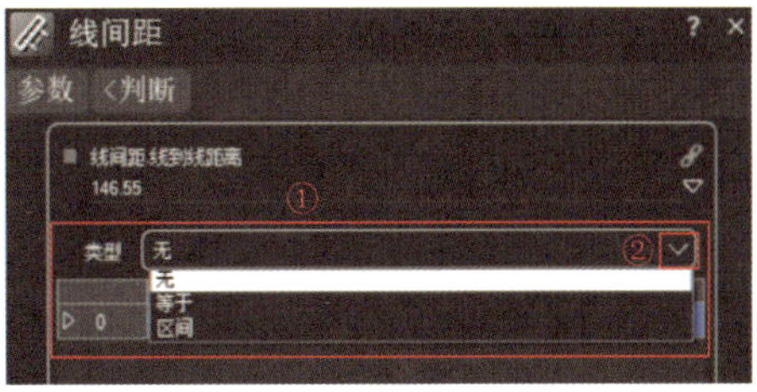

续表

步骤名称	操作步骤	图示
设置区间	在图中，“类型”选择“区间”，在“最小值”和“最大值”中分别输入最小值 146.3 和最大值 146.7	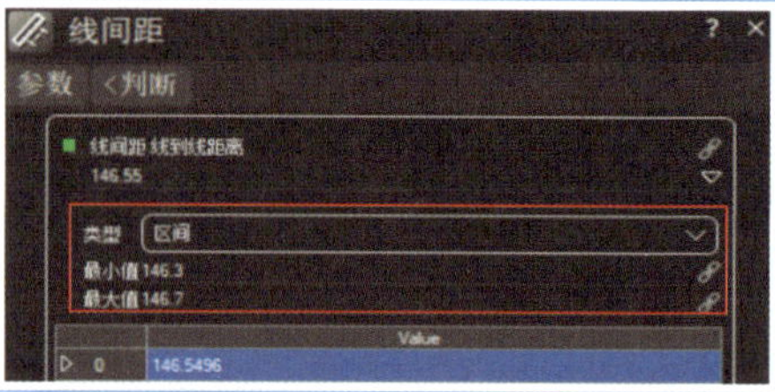
添加线夹角工具	测量两线夹角，添加线夹角工具，将瓶盖底部的直线和瓶盖顶部的直线分别引用至线夹角工具的“直线一”和“直线二”中，单击“执行”按钮，在线夹角工具的输出参数中可以看到夹角数值，如图所示	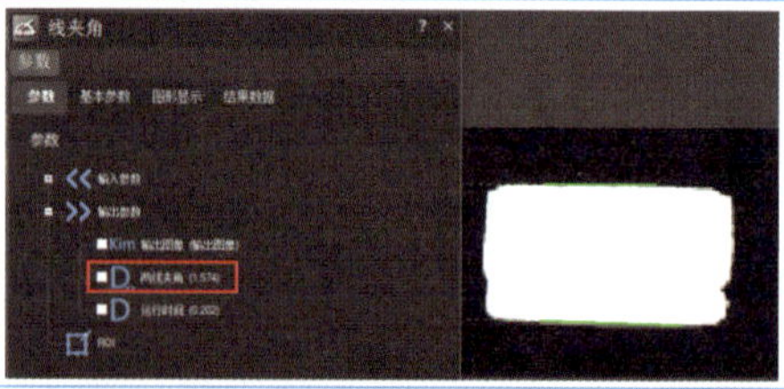
设置区间	对夹角数值进行判断，打开变量设置界面，“类型”选择“区间”，已知标准值为 0°，允许误差±0.1°，参数设置如图所示	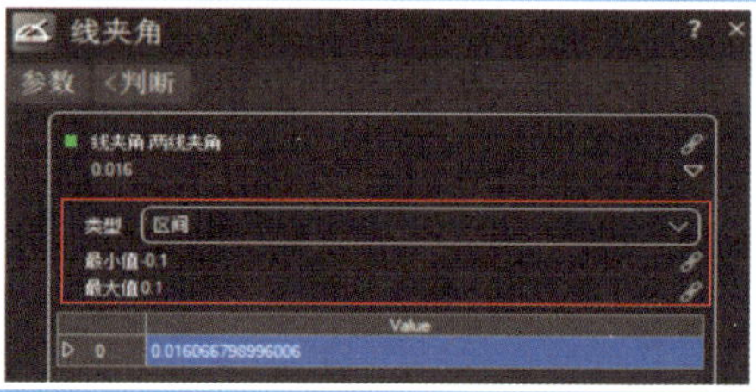

4. 根据测量结果判断产品是否合格

判断瓶盖是否合格：对瓶盖整体进行判断。具体操作步骤及图示如表 4.1.3 所示。

表 4.1.3　测量判断操作步骤及图示

步骤名称	操作步骤	图示
显示窗口	在输出窗口中显示工具箱中的全部工具，单击工具箱，出现图中①处的 3 个按钮，拖动最左侧按钮至图中②处的显示窗口中，会打开如下图所示的提示框	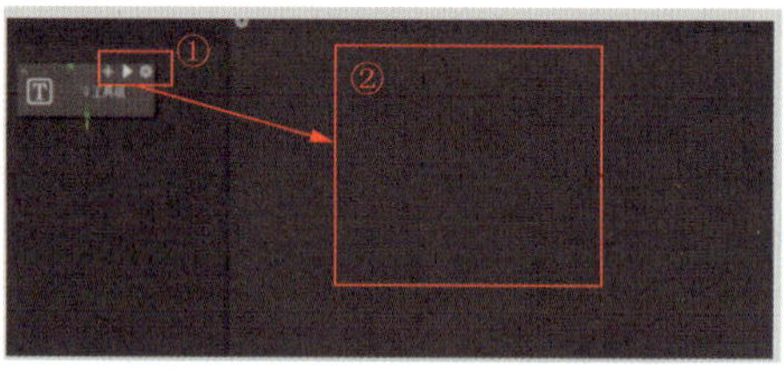
切换模式	单击“否”按钮。单击上图中①处中间的按钮，执行整个工具组	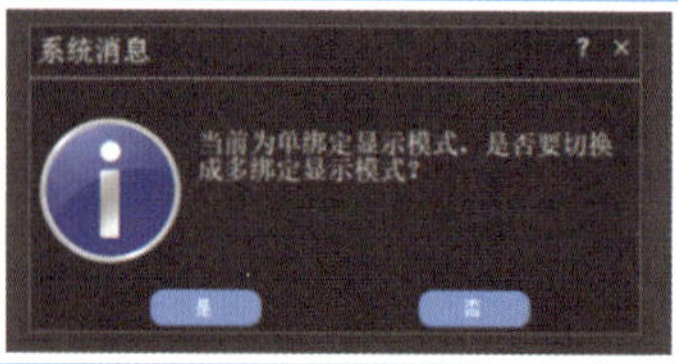
执行结果	执行完成后，在显示窗口会显示工具箱中所有工具的执行结果，如图所示	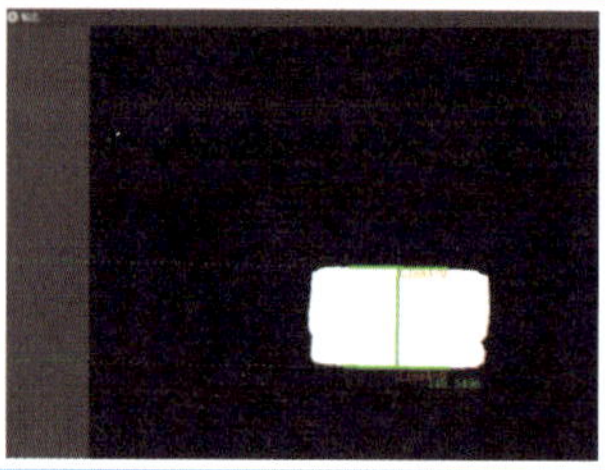

续表

<table>
<tr><th>步骤名称</th><th>操作步骤</th><th>图示</th></tr>
<tr><td>添加标签</td><td>在输出窗口任意位置右击，在弹出的快捷菜单中选择“添加 ROI”→“添加标签”选项，出现如图所示标签</td><td>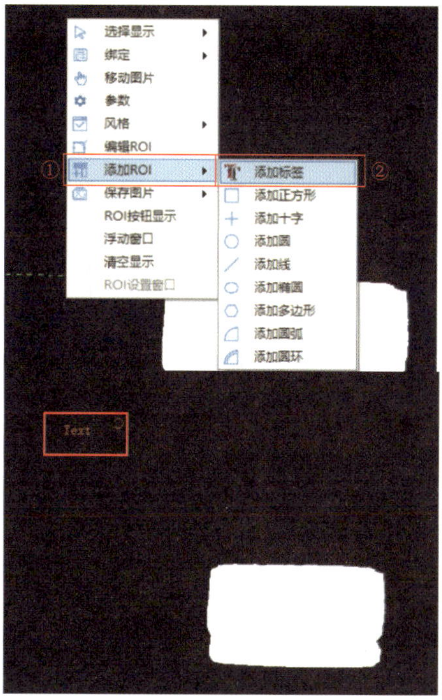
</td></tr>
<tr><td rowspan="3">标签设置</td><td>标签添加成功后，进行标签设置。双击标签，出现如图所示的标签设置界面</td><td>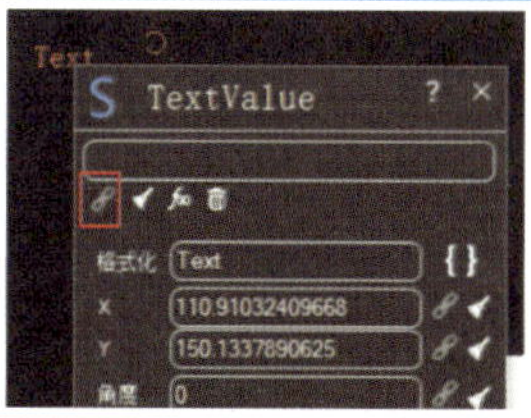
</td></tr>
<tr><td>进行变量引用，单击上图中红框中的图标，出现如图所示界面，选择“OK/NG”选项</td><td>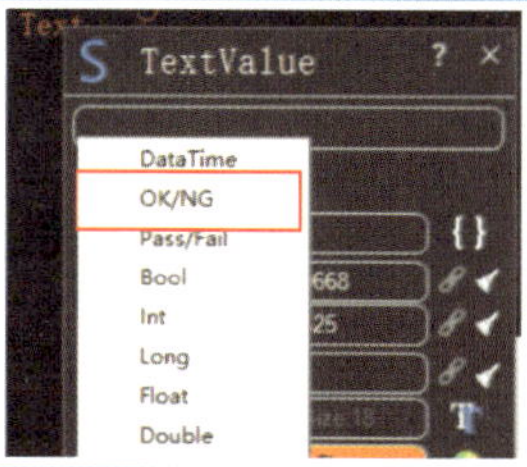
</td></tr>
<tr><td>按照图中标注的顺序，引用工具箱的结果（若工具箱中任一工具出现 False，则工具箱的结果为 False；若所有工具结果都为 True，则工具箱的结果为 True）。引用完成后，单击“关闭”按钮</td><td>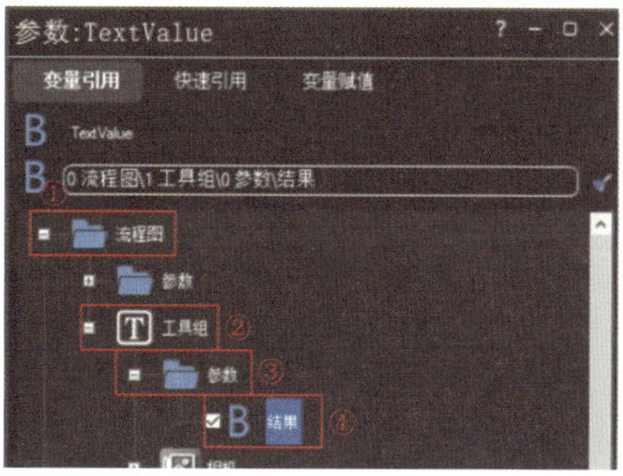
</td></tr>
</table>

续表

步骤名称	操作步骤	图示
更改显示内容	将图中①处的“Text”删除，接着单击图中②处的标识，然后关闭标签设置界面	
最终结果显示	设置完成后运行工具箱，显示窗口会显示工具箱的执行结果和判断结果，如图所示	
检测结果	利用该工具组分别对密封瓶盖与非密封瓶盖进行检测	

工程经验

图像处理及测量工具的使用经验如下：

在图像处理工具的参数界面中，可设置的参数及其说明如表 4.1.4 所示。本任务中，采用了中值滤波处理噪点，这种方法能够在消除噪点的同时更好地保留图像的细节。

表 4.1.4　图像处理工具参数及其说明

参数	说明
工具引用	可以选择要输入的图像、模板图像及要使用的仿射矩阵
识别模式	选择图像预处理工具
掩码类型	滤波器核的形状
掩码半径	滤波核的大小，掩码半径越大，选取中值的像素范围越大

本任务通过一个典型项目的实施过程，展示了使用 KImage 软件进行瓶盖密封性检测的流程。本任务使用了图像处理工具中的中值滤波工具、定位工具中的查找线工具，以及测量工具中的线间距工具和线夹角工具。实际上，除使用线夹角工具进行判断外，还可以使用其他测量工具来检测瓶盖密封性，这有待同学们自行探索。

实战演练

1. 实战任务

实战任务如表 4.1.5 所示。

表 4.1.5　实战任务

任务描述	图示
进行工件良品检测：工件上有圆形、长方形、正方形图案各 1 个，其中优圆直径为 9～11mm，优长长边为 11.1～13mm，优方边长为 9～11mm。编写程序识别各工件是否为良品	

2. 实战操作

实战操作步骤与结果记录如表 4.1.6 所示。

表 4.1.6　实战操作步骤与结果记录

操作步骤	结果

考核评价

对本任务的考核评价如表 4.1.7 所示。

表 4.1.7 考核评价

考核内容		考核评分		
项目	内容	配分	得分	批注
工作准备（10%）	能够正确理解工作任务内容、范围及工作指令	2		
	能够查阅和理解参数表，确认要求	2		
	个人防护用品使用得当，衣着适宜	2		
	确认设备及工量具，检查是否安全及正常工作	2		
	准备工作场地与器材，能够识别安全隐患	2		
任务实施（80%）	能获取瓶盖图像	10		
	能通过中值滤波进行降噪	10		
	能完成二值化处理	10		
	能找到瓶盖顶端与底端的边界线	10		
	能测量线间距与线夹角	10		
	能判断瓶盖是否合格	10		
	能显示检测结果	10		
	安全、无事故并在规定时间内完成任务	10		
完工清理（10%）	收集和储存未使用的原材料	2		
	整理和清洁工作区域	2		
	对工具、设备进行清洁	2		
	按照工作程序，完成选型报告	4		
考核成绩		考评员签字：______________ 日期：__________年_____月_____日		

综合评价：

大国精技

机器视觉的优势

机器视觉相比人眼具备明显优势。机器视觉系统中的镜头和相机具有较宽的光谱响应范围，这是人眼所不能及的。例如，使用人眼不可见的红外光进行测量，可扩展人眼的视觉范围，分辨细微管脚与裂纹，辨识微弱的色差。在精确性、客观性、速度和效率方面，机器视觉表现优于人类。机器视觉的应用涵盖识别、测量、定位和检测等场景，其实现难度依次递增。

任务 4.2 大豆计数

任务描述

农产品二次加工的自动化和智能化已成为必然趋势，传统劳动力密集型的烦琐工作正逐渐被机器替代。其中一项关键工作是通过视觉系统对无序摆放的产品（如大豆、玉米等）进行分拣。

小张实习的公司目前正在进行产业升级改造，引进了机器视觉设备。小张需要在工程师的指导下，利用机器视觉设备对无序放置的多种农产品进行分选。该任务的难点在于如何消除农产品之间重叠的部分，以便对其进行识别与计数。

任务目标

1. 了解腐蚀、膨胀、开运算和闭运算的原理。
2. 掌握腐蚀膨胀及斑点分析工具的使用方法。

任务分析

通过对机器视觉图像进行形态学运算可以消除农产品之间的粘连。本任务将通过对无序放置大豆的识别与计数，引入图像形态学运算概念及工具使用方式，逐步讲解图像形态学处理方法与斑点分析工具等软件的编程与调试。

知识准备

1. 图像形态学

图像形态学是用具有一定形态的结构元素对图像中的信息进行度量和提取，从而分析和识别图像中的形态信息。其处理工具包括腐蚀、膨胀、开运算、闭运算 4 种，运用这些处理工具，可以在保持图像中图形基本形态的前提下，去除一部分冗余结构，或者增强视觉检测需要的特征结构。

2. 腐蚀、膨胀、开运算、闭运算

在实际应用中，进行形态学运算之前，图像通常已经完成了二值化。二值化处理将图像中的目标特征转为白色，其他部分转为黑色。形态学运算通常针对白色区域进行，其中腐蚀表现为削除边界点，使图案内缩；膨胀则是扩张边界点，使图案扩大。具体原理如下。

1）腐蚀：如图 4.2.1 所示，采用结构元素在图像中做逻辑运算，A 为待处理图像，B 为结构元素，B 中红色部分为原点。遍历图像 A 中的每个像素，每当在图像 A 中找到一个与结构元素 B 相同的子图像时，就把该子图像中与 B 的原点位置对应的像素的值置为“1”，否则置为“0”。图像 A 中标注出的所有这样的像素组成的集合，即为腐蚀运算的结果。腐蚀运算的实质是，在图像中标注出与结构元素相同的子图像的原点位置的像素。需要注意的是，结构元素在图像上平移时，需要与目标区域完全覆盖，其中的任何元素均不能超出图像的范围。

如图 4.2.1 所示，最后一次腐蚀之后，剩下的黄色部分即为腐蚀后的形态。由此可见，腐蚀过程是逐渐消去形状外轮廓的过程。

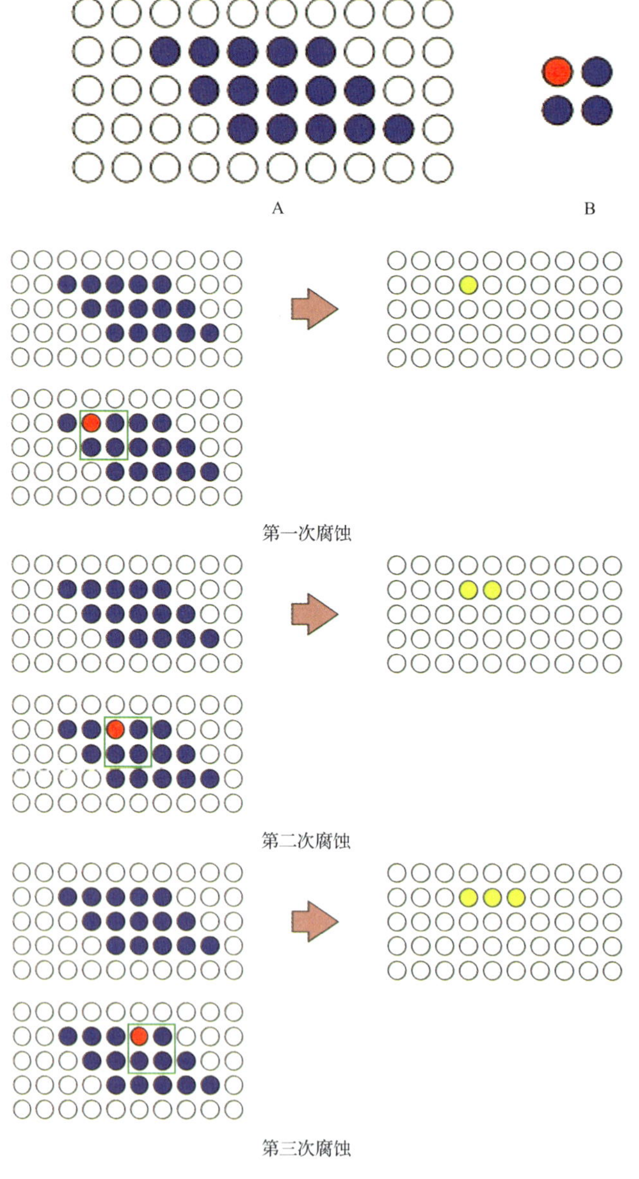

图 4.2.1　腐蚀原理图

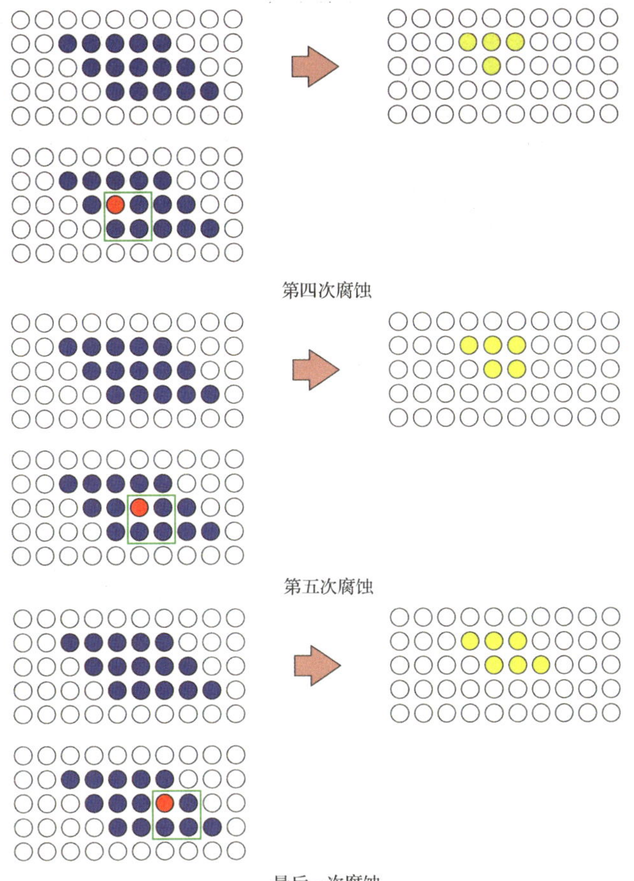

图 4.2.1（续）

如图 4.2.2 所示，对于同一个轮廓外形，使用圆形结构元素、方形结构元素及三角形结构元素进行腐蚀，腐蚀完成后的轮廓为虚线部分。可见，图像采用腐蚀处理后，凸出的角保持不变，凹陷的角在腐蚀后具有结构元素的形状。

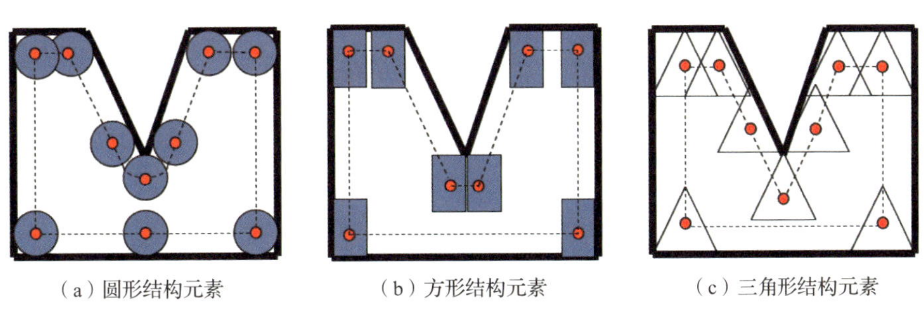

（a）圆形结构元素　（b）方形结构元素　（c）三角形结构元素

图 4.2.2　腐蚀轮廓

若图像仅有部分区域小于结构元素，则腐蚀后图像会在细连通处断裂，分离为两个区域。若图像本身小于结构元素，则腐蚀后物体将完全消失。可采用腐蚀消除物体之间的粘连，如图 4.2.3 所示。

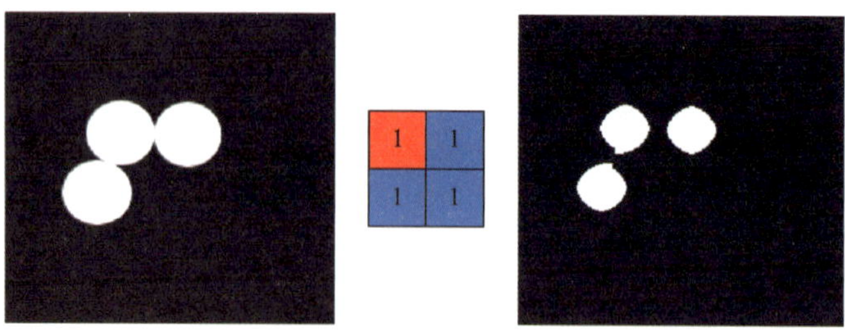

图 4.2.3　腐蚀应用——消除物体之间的粘连

通过对原图进行腐蚀处理，并将其结果与原图进行差运算，可以提取目标的边界，如图 4.2.4 所示。

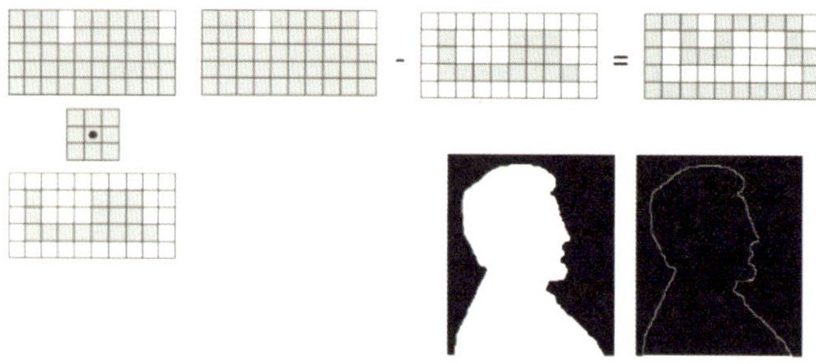

图 4.2.4　腐蚀应用——提取边界

2）膨胀：作用方式与腐蚀类似，膨胀也通过结构元素对图像进行作用。

结构元素 B 对图像 A 的膨胀的具体步骤如下：

第一步，求结构元素 B 的反射 $\hat{B}$（集合中所有相对于原点的反射元素组成的集合称为该集合的反射），如图 4.2.5 所示。

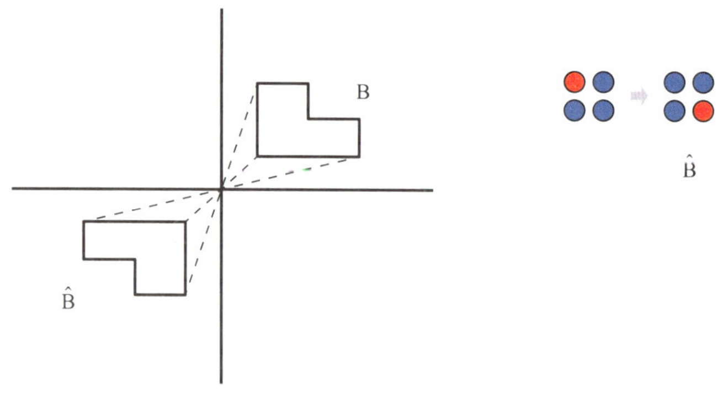

图 4.2.5　求结构元素的反射

第二步，遍历图像 A 的每个像素，每当结构元素 B 的反射在图像 A 上平移后，结构元素与其覆盖的子图像中至少有一个元素相交时，就以图像 A 中与结构元素 B 的反射相交的原点为基点，将结构元素中其他像素计算后留存。图像 A 上此类像素组成的集合，即为膨胀运算的结果。需要注意的是，当结构元素在目标图像上平移时，允许结构元素中的非原点像素超出目标图像范围。图像 A 与结构元素 B 如图 4.2.6 所示，结构元素的膨胀作用过程如图 4.2.7 所示。

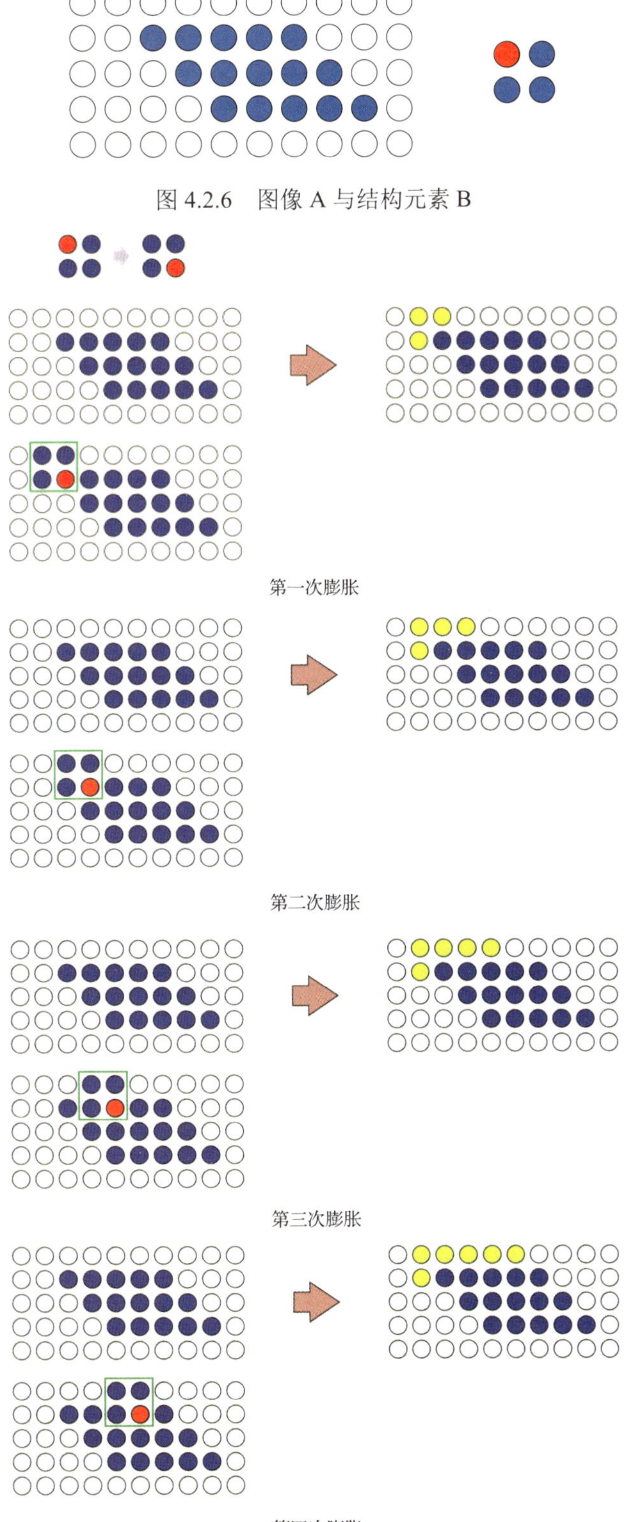

图 4.2.6　图像 A 与结构元素 B

图 4.2.7　结构元素的膨胀作用过程

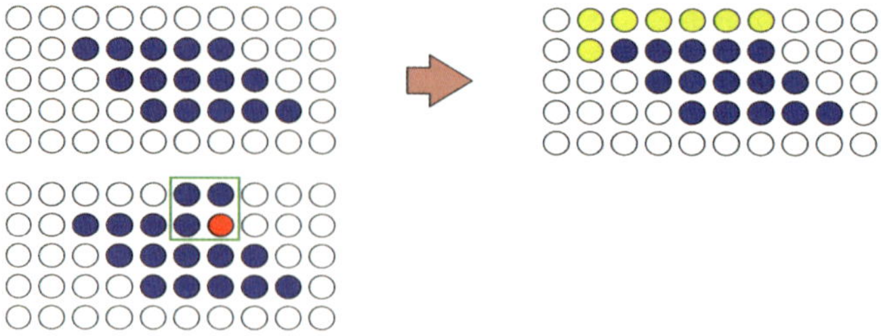

第五次膨胀

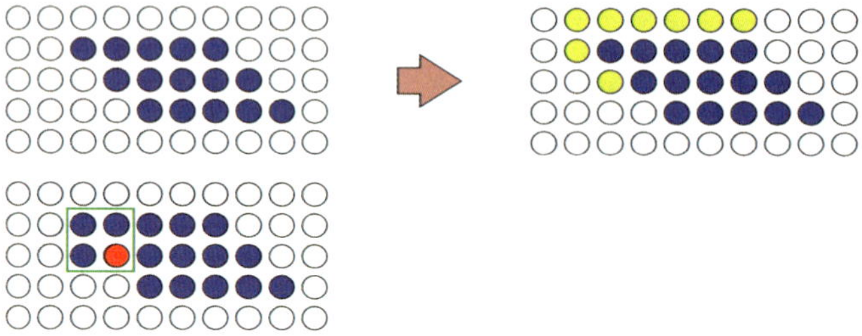

第六次膨胀

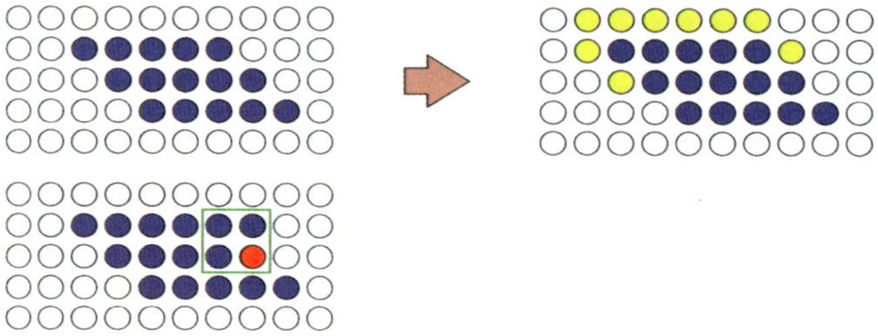

第七次膨胀

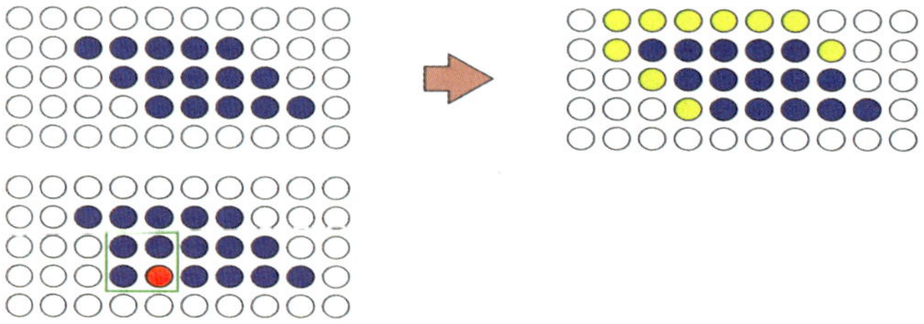

第八次膨胀

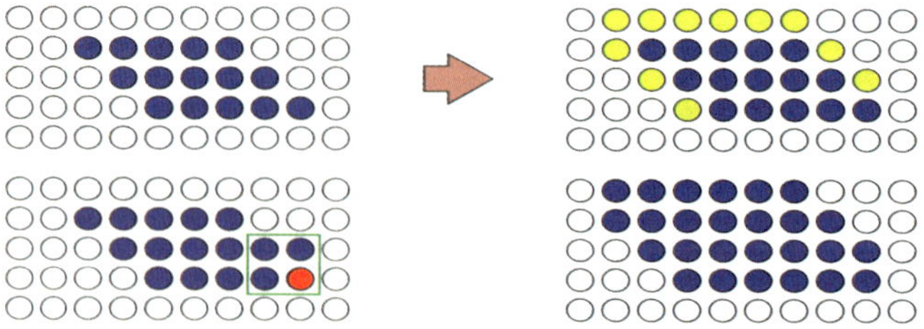

最后一次膨胀

图 4.2.7（续）

膨胀后的图像如图 4.2.8 所示，实线为原图像轮廓，虚线为膨胀处理后的轮廓。在不同结构元素的作用下，图像轮廓出现了不同的变化，可以看出，膨胀只改变向上凸起的角，令其具有结构元素的形状，凹陷的角在膨胀后保持不变。

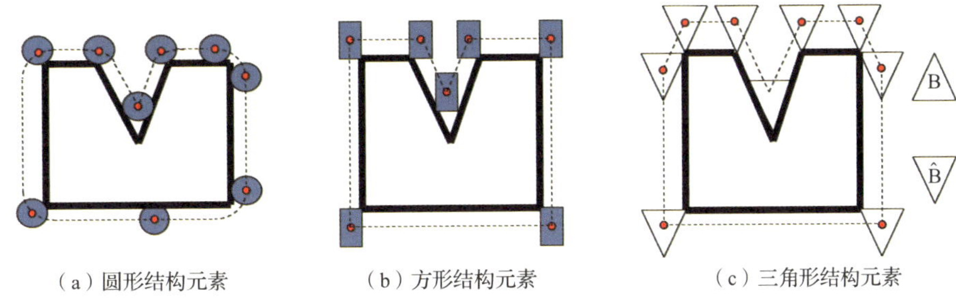

（a）圆形结构元素　（b）方形结构元素　（c）三角形结构元素

图 4.2.8　膨胀效果

利用膨胀可以扩大目标区域中的“孔洞”，如图 4.2.9 所示。

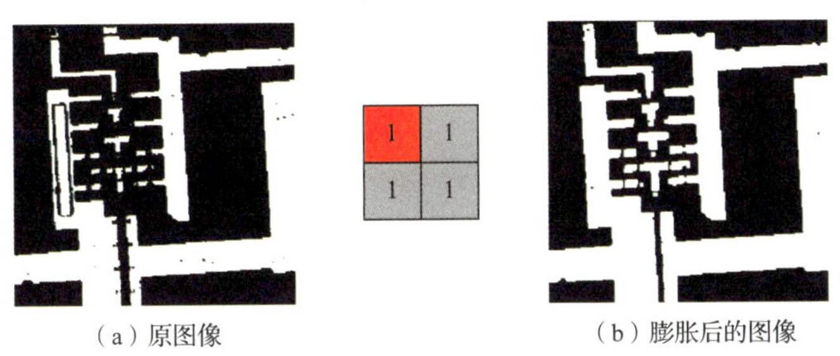

（a）原图像　（b）膨胀后的图像

图 4.2.9　膨胀应用——扩大孔洞

采用十字形结构元素对不清晰的文字进行膨胀，修复文字笔画的间断，实现字符连接，如图 4.2.10 所示。

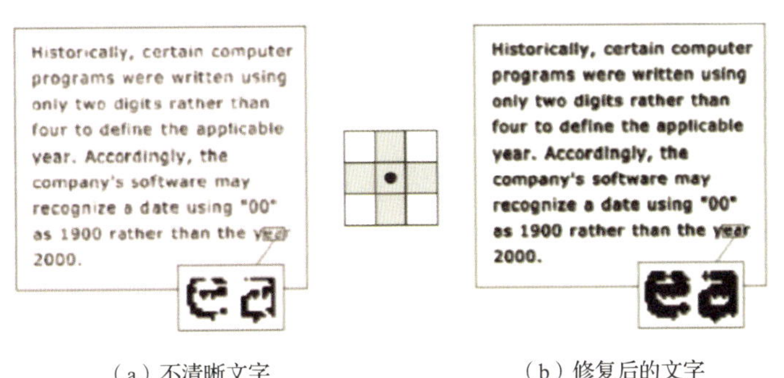

（a）不清晰文字　（b）修复后的文字

图 4.2.10　膨胀应用——修复字符连接

3）开运算与闭运算。开运算的运算法则是先腐蚀后膨胀，最终效果可以描述为“削平山峰”；闭运算的运算法则是先膨胀后腐蚀，最终效果可以描述为“填平山谷”。

采用开运算与闭运算对图 4.2.11（a）进行形态学运算，其中白色部分为背景，灰色部分为目标；图 4.2.11（b）为结构元素，橘色部分为原点。

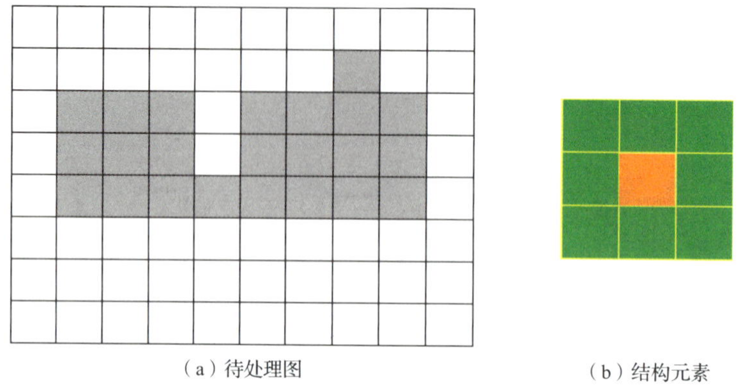

图 4.2.11　图形与结构元素

开运算是先腐蚀后膨胀，可以消除亮度较高的细小区域，而且不会明显改变其他物体区域的面积，可用于平滑物体的轮廓，断开较窄的狭颈并消除细的突出物，具体过程如图 4.2.12 所示。

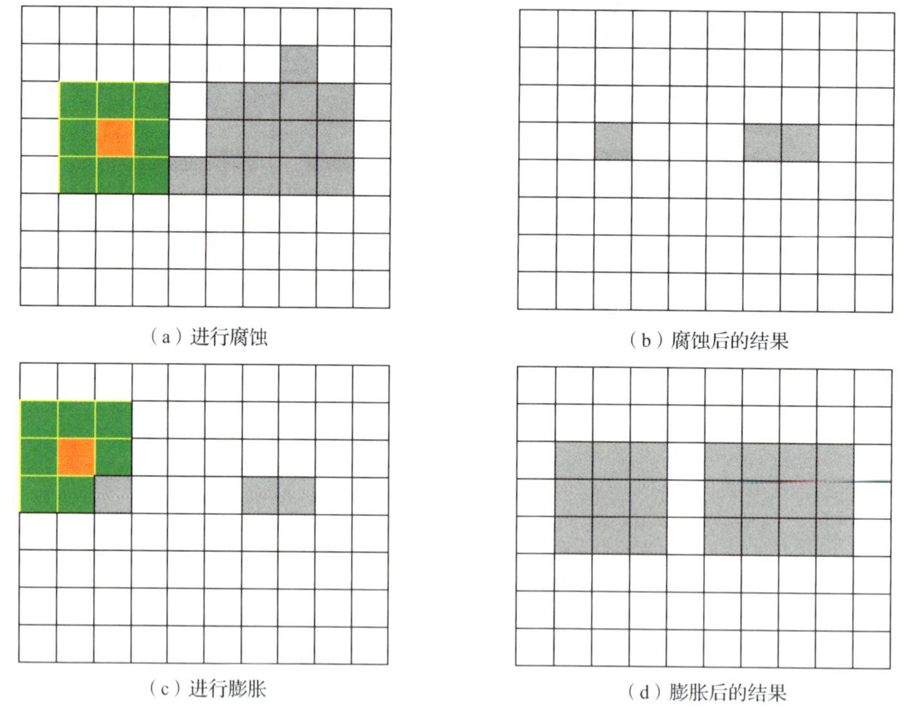

图 4.2.12　开运算处理过程

闭运算与开运算相反，它是先膨胀后腐蚀，可以消除细小黑色空洞，也不会明显改变其他物体区域的面积，可用于弥合较窄的间断和细长的沟壑，消除小的孔洞，填补轮廓线中的断裂，具体过程如图 4.2.13 所示。

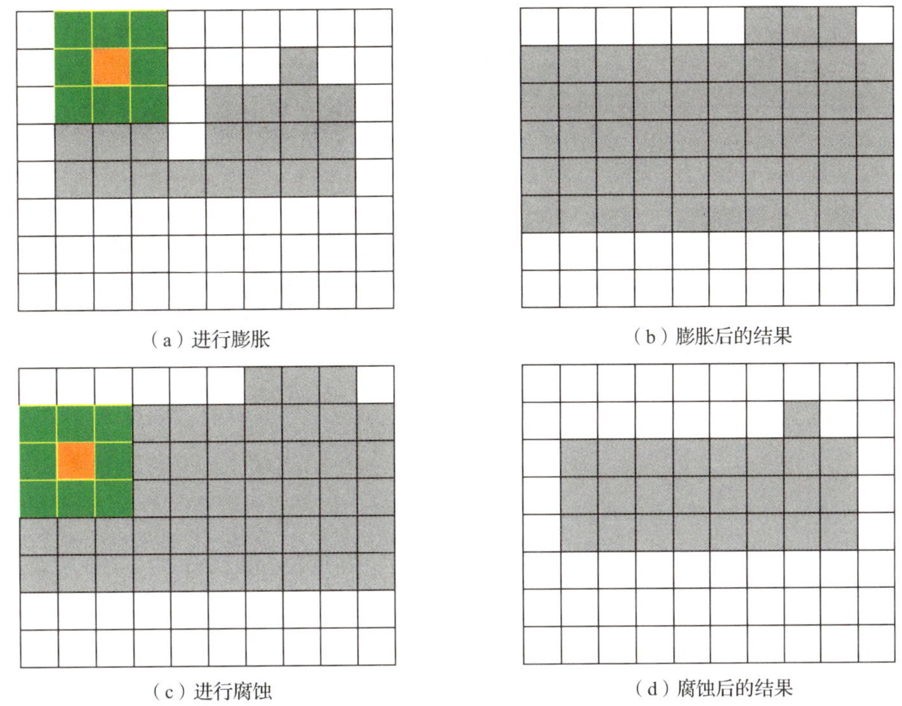

图 4.2.13　闭运算处理过程

假设结构元素是圆盘形“滚动球”，如图 4.2.14（a）所示，开运算就是推动球沿着曲面的下侧面（内边界）滚动，以便球体能在曲面的整个下侧面来回移动，当球体的任何部分接触到曲面的最高点时就构成了开运算的曲面，具体表现为“削除山峰”。如图 4.2.14（b）所示，闭运算就是推动球沿着曲面的上侧面（外边界）滚动，进而构成闭运算的曲面，具体表现为“填平山谷”。因此，开运算使图像缩小，闭运算使图像扩大。

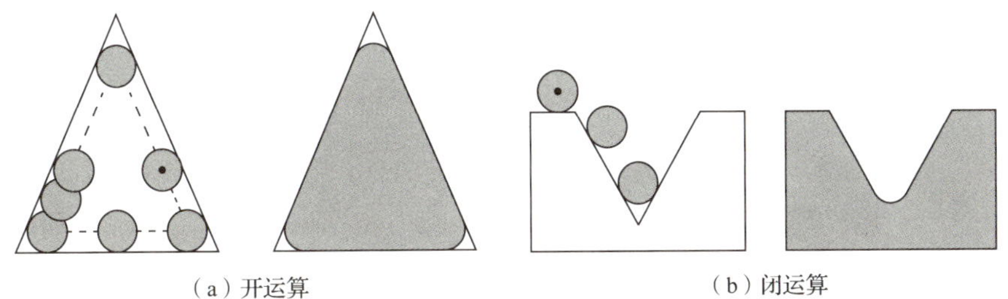

图 4.2.14　开、闭运算原理

开运算可以滤除背景中的噪声——胡椒噪声、亮点噪声，闭运算可以滤除目标中的噪声——沙眼噪声、暗点噪声，如图 4.2.15 所示。在图 4.2.15（a）中，通过开运算去除了亮点噪声；在图 4.2.15（b）、（c）、（d）中，通过闭运算去除了暗点噪声与细微暗点噪声。

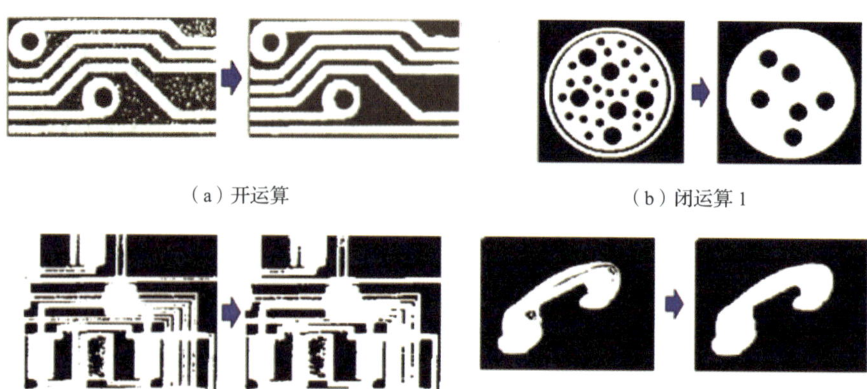

（a）开运算　（b）闭运算 1

（c）闭运算 2　（d）闭运算 3

图 4.2.15　开运算与闭运算去噪效果

3. 斑点分析

在机器视觉中，斑点分析是指在数字图像中找出与周围区域特性不同的区域，这些特性包括光照和颜色等。在一般图像中，斑点区域的像素特性相似甚至相同，在某种程度上，斑点块中的所有点都是相似的。如果将兴趣点的特性形式化表达为像素位置的函数，那么主要有两类斑点检测方法：①差分方法，主要基于函数在对应像素点处的导数；②局部极值方法，主要是找出函数的局部极值。

任务实施

1. 机器视觉系统的选型安装

本任务中的相机、镜头、光源选型与图像采集调试等步骤与瓶盖密封性检测任务中的类似，此处不再赘述，采集到的图像如图 4.2.16 所示。

图 4.2.16　大豆图像采集

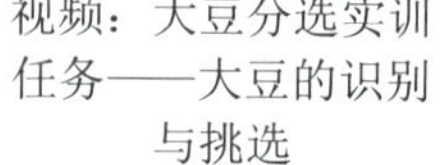

视频：大豆分选实训任务——大豆的识别与挑选

视频：大豆分选实训任务——杂质的识别与挑选

2. 图像采集与图像形态学处理

图像采集与图像形态学处理操作步骤及图示如表 4.2.1 所示。

表 4.2.1　图像采集与图像形态学处理操作步骤及图示

步骤名称	操作步骤	图示
图像采集	如图所示，大豆的图形处于粘连状态，无法进行计数，只有通过形态学运算消除大豆之间的粘连，才能创造计数条件。由于图中大豆为黑色，背景为白色，消除粘连部位需要扩大白色部位，缩小黑色部位，因此选择膨胀处理	
图像处理工具选择	将图中①处的“图像处理”工具添加至工具组中，在“识别模式”中选择“膨胀”处理，“掩码宽度”和“掩码高度”修改为“50”	
消除粘连	经过“膨胀”处理后，大豆之间的粘连已经被消除，如图所示	

膨胀工具参数及其说明如表 4.2.2 所示。

表 4.2.2　膨胀工具参数及其说明

参数	说明
工具引用	用于选择要输入的图像、模板图像及要使用的仿射矩阵
识别模式	在识别模式中选择图像处理的方式
掩码宽度	指模板的宽度，掩码宽度越大，图像的处理效果越明显。对于“膨胀”而言，掩码宽度越大，图像中扩张的白色部位越大
掩码高度	指模板的高度，掩码高度越大，图像的处理效果越明显。对于“膨胀”而言，掩码高度越大，图像中扩张的白色部位越大

3. 使用斑点分析工具计算大豆个数

使用斑点分析工具计算大豆个数的操作步骤及图示如表 4.2.3 所示。

表 4.2.3　使用斑点分析工具计算大豆个数的操作步骤及图示

步骤名称	操作步骤	图示
“斑点分析”工具参数调节	消除粘连后，使用“斑点分析”工具对大豆进行计数和定位操作。将图中①处的“斑点分析”工具添加至工具组中，在图中②处对“斑点分析”工具进行参数设置，可设置的参数如表 4.2.4 所示，这里的工具引用使用“图像处理”工具的输出图像作为输入图像，“计算方法”选择“原始值”，“搜索阈值”为 0～50，下边的“长宽比”“面积”等参数在图中③处选择是否启用此筛选条件，这里只用了“面积”作为筛选条件	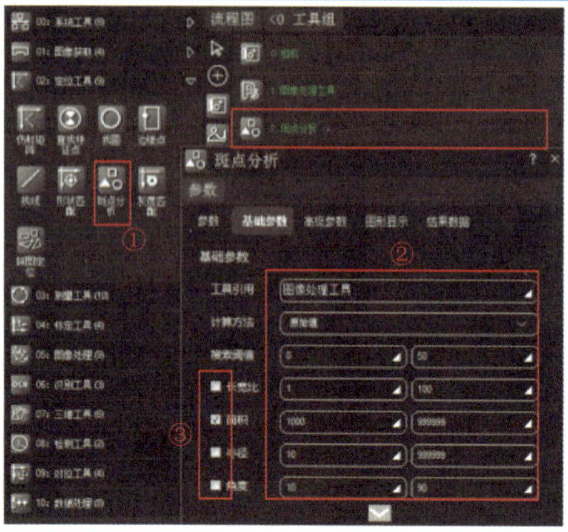
注册图像	设置好筛选条件后，单击“注册图像”按钮，如图所示，使用蓝色框选中要进行斑点分析的区域，单击“执行”按钮	
大豆计数数据结果	如图所示，在“斑点分析”工具的“输出参数”中可以看到“所有斑点中心”“所有斑点面积”“斑点个数”等参数	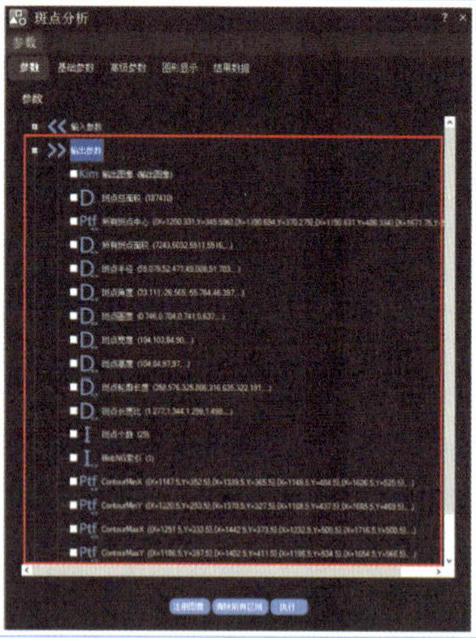
	通过“斑点分析”工具获得大豆的个数（斑点个数）、大豆的中心坐标（所有斑点的中心），并显示在界面上，如图所示	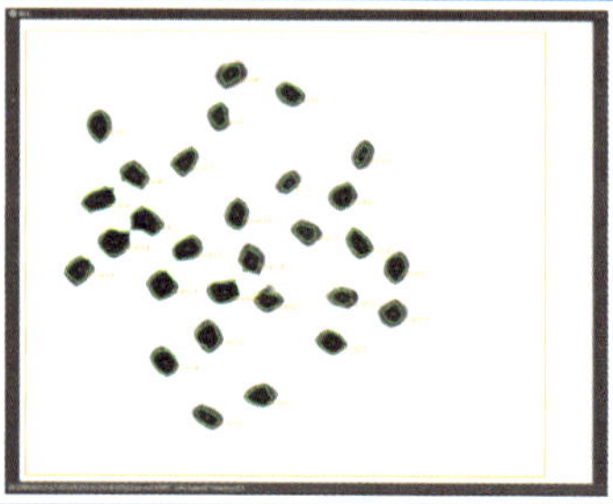

“斑点分析”工具的参数及其说明如表 4.2.4 所示。

表 4.2.4　“斑点分析”工具的参数及其说明

参数	说明
工具引用	用于选择要输入的图像、模板图像及要使用的仿射矩阵
计算方法	对斑点进行指定图案的嵌套计算，如选择“最大内接圆”，“输出参数”中的“斑点面积”会变为在斑点内的最大内接圆的面积
搜索阈值	这里指灰度范围，在此灰度范围内进行斑点分析
筛选条件	选中复选框后会启用此筛选条件，可以选用多个筛选条件，会提取出同时满足这些条件的区域

工程经验

图像处理及斑点分析工具的使用经验如下：

本任务展示了在 KImage 软件中对随机分布的产品进行图像分割和计数的过程。结合后续学习，可以使用图像识别及“N 点标定”工具解决如何检测出大豆中的异物以及如何分拣出异物的问题？

实战演练

1．实战任务

实战任务如表 4.2.5 所示。

表 4.2.5　实战任务

任务描述	图示
在相机视野范围内有若干绿豆和黄豆，请应用本任务所学的视觉工具，分别对绿豆和黄豆进行计数	

2．实战操作

实战操作步骤与结果记录如表 4.2.6 所示。

表 4.2.6　实战操作步骤与结果记录

操作步骤	结果

考核评价

对本任务的考核评价如表 4.2.7 所示。

表 4.2.7　考核评价

考核内容		考核评分		
项目	内容	配分	得分	批注
工作准备（10%）	能够正确理解工作任务内容、范围及工作指令	2		
	能够查阅和理解参数表，确认要求	2		
	个人防护用品使用得当，衣着适宜	2		
	确认设备及工量具，检查是否安全及正常工作	2		
	准备工作场地与器材，能够识别安全隐患	2		
任务实施（80%）	能够正确选择部件	10		
	能够正确设置相机参数	10		
	能够正确调节镜头焦距、光圈	10		
	能够获取大豆图像	10		
	能够进行膨胀处理	10		
	能够设置斑点分析工具	10		
	能够获取大豆个数	10		
	安全、无事故并在规定时间内完成任务	10		
完工清理（10%）	收集和储存未使用的原材料	2		
	整理和清洁工作区域	2		
	对工具、设备进行清洁	2		
	按照工作程序，完成选型报告	4		
考核成绩		考评员签字：__________ 日期：______年___月___日		

综合评价：

行业资讯

我国机器视觉行业发展现状

我国机器视觉行业起步于 20 世纪 90 年代，最初主要从事国外产品代理。进入 21 世纪后，随着本土厂商技术和经验的不断积累，国内机器视觉企业开始凭借定制化的本土服务和显著的成本优势参与到市场竞争中，自主研发产品比例不断增加，国产化进程加快。2019—2021 年，我国机器视觉行业自主业务销售额由 85.9 亿元增长至 134.7 亿元，自主业务占比由 76.5%增长至 84.2%。2022 年我国机器视觉市场规模达 170.65 亿元，预计 2027 年将达到 565.65 亿元。当前我国机器视觉自主研发产品比例不断上升，在镜头、光源、工业相机等技术领域不断突破和创新，实现了国产化替代的实质性进展，整体发展态势良好。

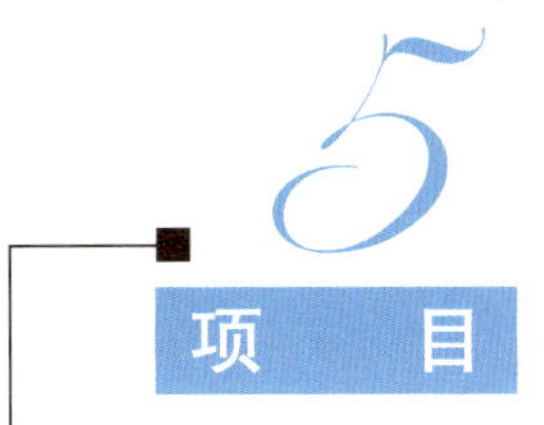

项目5 视觉图像检测

项目导读

视觉检测就是用机器代替人眼来做测量和判断。视觉系统通过机器视觉传感器使被测物成像，然后将图像传递给图像处理软件。图像处理软件利用像素的灰度、颜色等信息进行运算，抽取目标的特征，进而根据特征做出判断，并输出结果。在各种产品的生产、装配或包装产线中，视觉检测技术是不可或缺的。视觉检测系统具有以下优势：

第一，非接触测量。对产品不会产生任何损伤，系统寿命长，可靠性高。

第二，具有较宽的光谱响应范围。例如，在视觉系统中可以使用肉眼不可见的紫外线或红外线进行检测，极大地扩展可检测范围。

第三，可长时间稳定工作。人类难以长时间对同类对象进行观察，而机器视觉则可以长时间地进行识别检测任务。

第四，节省人力成本。机器视觉系统可以替代单一的、重复的检测工作，提高生产效率和产品质量，同时为企业节省人力成本。

学习目标

知识目标

1. 了解模板匹配法及其工作原理。
2. 了解连通区域的概念。

能力目标

1. 掌握利用“缺陷检测”工具进行优劣品识别判断的方法。
2. 掌握利用“Blob”工具进行外观检测的方法。

思政目标

1. 树立环保意识、成本意识，践行绿色发展理念。
2. 培养爱国精神，坚定文化自信，增强民族自豪感。

任务5.1 印刷品表面检测

任务描述

在过去十多年中，现代印刷工艺发生了翻天覆地的变化。为了迎合市场的需求，图文印刷服务变得更加灵活和人性化，主要特征如下：①生产周期短；②按需印刷（根据需要随时印刷所需数量），不再保留过多库存；③更大比例的短版印刷（即数量小且零散的印刷）；④客户与图文印刷公司之间的配合更加密切。此外，柔性的生产工艺对检测提出了更高的要求。小张所在公司接到了车牌制作厂家的订单，将对车牌的印刷质量进行检测。

任务目标

1. 了解模板匹配法及其工作原理。
2. 学会使用缺陷检测工具。

任务分析

在数据采集阶段，需要收集大量不同印刷质量的车牌图像，包括清晰、模糊、磨损、褪色等不同情况下的图像，并对这些图像进行标注，以指示每张图像的印刷质量。在图像预处理阶段，对采集的图像进行预处理，包括去除噪声、调整亮度和对比度，以确保各样本之间图像质量的一致性。接着，从图像中提取与印刷质量相关的特征，如字符清晰度、颜色鲜艳度、字符形状等。在模型训练阶段，使用已标注的数据集训练一个机器学习或深度学习模型，以学习印刷质量与提取的特征之间的关系。在测试和评估阶段，使用另一组未在训练中使用过的图像来测试模型的性能，并通过准确率、召回率、F1 分数等评估指标来评估模型的性能。然后，进行阈值设置，根据实际应用需求，设置适当的阈值来判断车牌的印刷质量，阈值的选择可能因应用场景而异，可以通过调整误报率和漏报率来进行平衡。随后，将训练好的模型部署到识别系统中，实时检测车牌的印刷质量，确保只有印刷质量符合要求的车牌被系统处理。最后，在持续监控阶段，需要定期监控和更新模型，以适应不同的印刷质量变化和新的车牌印刷技术，以确保系统性能的稳定性和持续改进。

知识准备

1. 模板匹配法

模板匹配法是图像识别和图像分割中常用的算法之一，它主要利用的是图像之间的相关性。模板匹配的基本思想是将不同时间、不同成像条件下获取的同一景物的两幅或多幅图像在空间上进行配准，或者根据已知的模式去另一幅图像中寻找相应的模式，图像的匹配可以是整幅图像之间的匹配，也可以是局部图像之间的匹配。

如图 5.1.1 所示，在待检测图像上，从左到右、从上向下计算模板图像与重叠子图像的匹配度，匹配程度越大，两者相同的可能性越大。

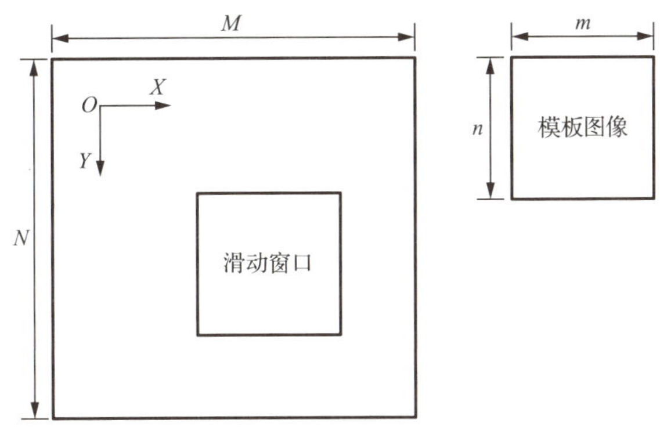

图 5.1.1　模板匹配

2. 匹配技术

匹配技术的一种最简单的形式便是差影法，差影法的原理是对两幅图像按照对应像素做差，根据做差结果取一阈值作为结果图像，其效率非常高。匹配技术的另一种形式是灰度相关法，它以图像间的灰度相关性来衡量图像间的相似性。关于灰度相关的相似性测量有许多种相似性测量函数，其中最常用的是灰度相关函数。

3. 缺陷检测

缺陷检测通常是指对物品表面缺陷的检测，表面缺陷检测是指采用先进的机器视觉检测技术，对工件表面的斑点、凹坑、划痕、色差、缺损等缺陷进行检测。为了满足实际生产的需要，表面缺陷检测系统具有以下适用功能：

1）自动完成工件与相机获取图像同步。

2）自动检测产品表面斑点、凹坑、划痕等缺陷。

3）可根据需要对缺陷类型学习并进行命名。

4）可根据需要选择需要检测的缺陷类型。

5）可根据需要自主设定缺陷大小。

6）对不良位置进行定位，可控制贴标设备和打印设备进行标识。

7）对不良品图像进行自动存储，可进行历史查询。

8）自动统计良品数、不良品数、总数等。

微课：图像处理算法——边缘检测

KImage 软件中的缺陷检测工具的基本工作原理是差影法：预先设定一个阈值，将待检测图像与标准图像上对应的像素点的像素值做差，将得到的差值与阈值进行对比，如果在阈值范围内就将该点的像素值置为“0”，表示该点不计为缺陷点，否则将该点的像素值置为“1”，表示该点为存在缺陷的像素点，之后通过检测待检测图像上缺陷点的个数来判别待检测图像上是否存在缺陷特征。

任务实施

1. 相机光源选型

本任务要求检测精度越高越好。现有黑白相机，分别为 130 万（约为 1280×960）像素和 500 万（约为 2448×2048）像素。由于样品为矩形，且相机芯片也为矩形，而样品的长宽比大于相机芯片的长宽比，因此只有当相机的长边满足要求时，才能采集到完整图像。本任务所用样品长 58mm，即视野范围长边大于 72.5mm（允许有正偏差，偏差值为 7.25mm）即可。130 万像素相机的像素精度为 72.5/960≈0.076（mm），500 万像素相机的精度为 72.5/2048≈0.035（mm），故而选择 500 万像素的黑白相机，其像素精度更高。

相机靶面长边为长边像素点个数×像元尺寸，对于 500 万像素相机，其靶面长边为 2448×3.45÷1000（除以 1000 是将微米转换为毫米），约为 8.4mm。根据焦距公式可得 f=8.4×230/72.5≈26.65（mm），接近于 25mm，故选择 25mm 镜头。

由于需要识别和检测物品表面的字符轮廓信息，并且所用样品不透光，因此只需从上方打光即可。根据样品的尺寸，可选择环形光源和同轴光源，本任务使用小号环形光源。

2. 相机光源参数设置

相机光源参数设置操作步骤及图示如表 5.1.1 所示。

表 5.1.1 相机光源参数设置操作步骤及图示

步骤名称	操作步骤	图示
新任务	打开 KImage 软件，单击左上角的图标，在“产品名称”文本框中输入任务名称，然后单击“新建”按钮	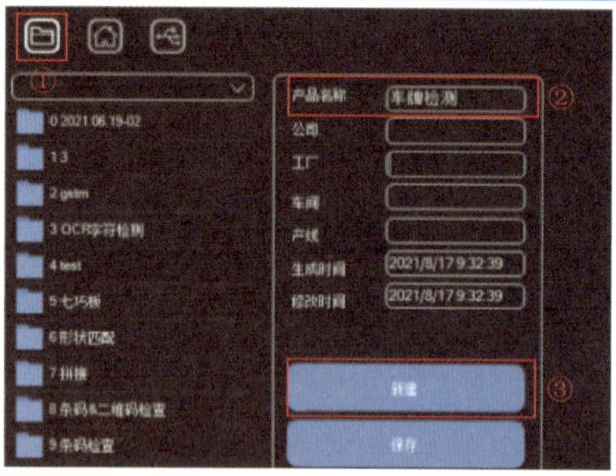
添加工具组	创建好一个新任务后，第一步就是添加工具组，一个工具组里面可以放置各种功能模块	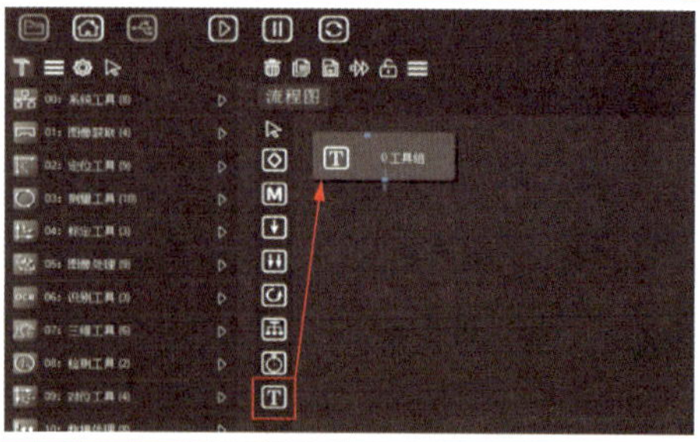
设置光源	本任务使用的是小号环形光源，因此在第一个工具组中就单独放置一个“光源控制”模块。双击工具组进入，然后找到“光源控制”模块	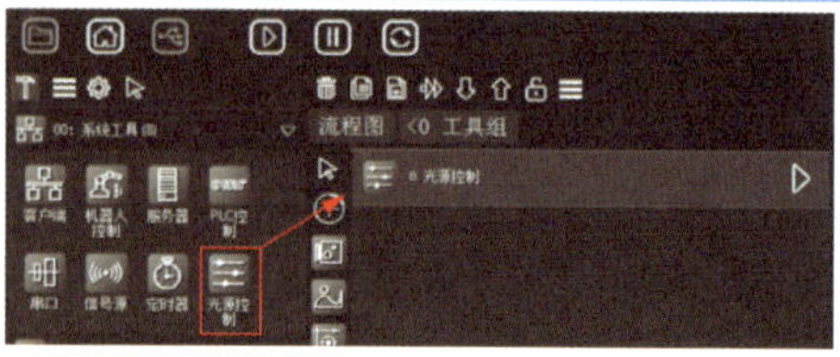

续表

步骤名称	操作步骤	图示
设置光源	双击“光源控制”模块，可以看到 4 个可修改数据的位置，表示的是控制光源的 4 个通道。一般环形光源由红、蓝、绿 3 个通道来控制亮度和颜色，具体与接线的位置有关	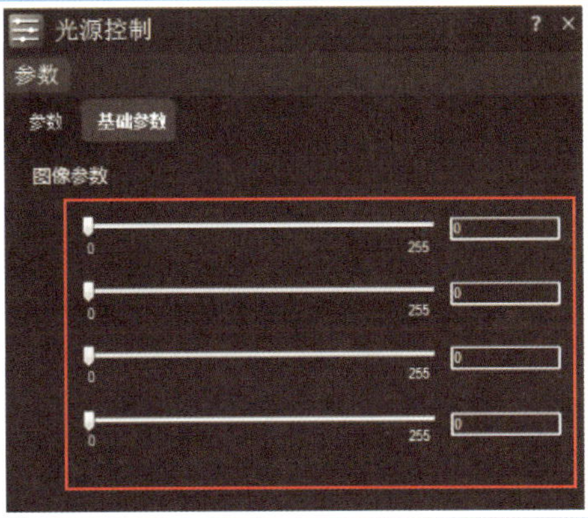
修改工具组用户名	回到工作界面，新建一个工具组，单击工具组上的文本框图标可以修改工具组的名称，在本任务中将该工具组“用户名”设置为“OK”，如图所示，表示这个工具组是标准模板。这样做的好处是在任务流程过多时，方便查找问题和找到需要引用的数据	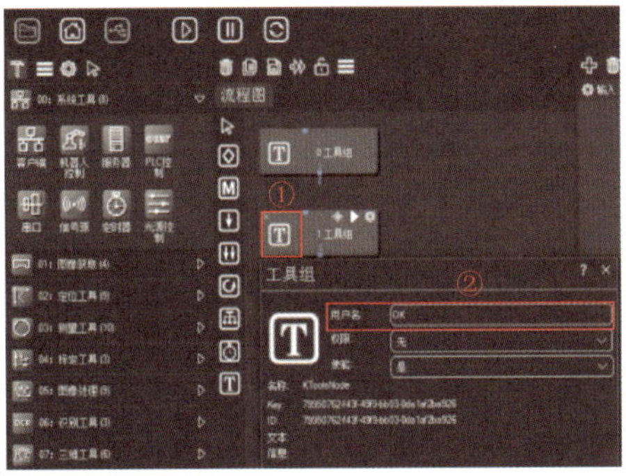
设置相机参数	双击进入“OK”工具组，找到“PLC 控制”模块，添加到工具组，如图所示，这一步是为了确定标准模板和待检测物品的拍照位置	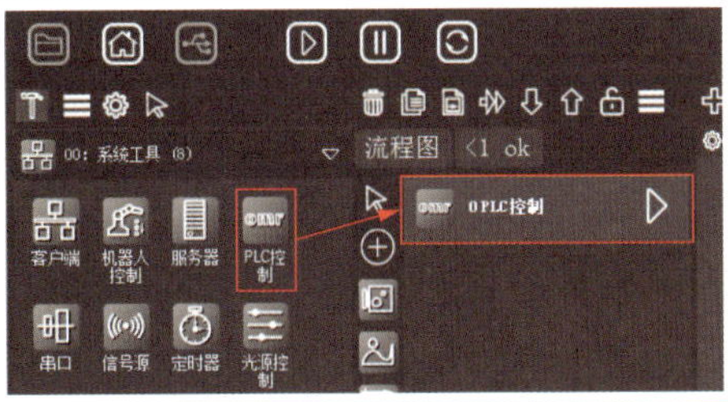
	接着找到“相机”模块并添加，如图所示，并通过控制摇杆控制检测平台来找到合适的成像位置	
	单击“执行”按钮，然后双击“相机”模块，通过调整相机的曝光参数来保证成像质量，如图所示	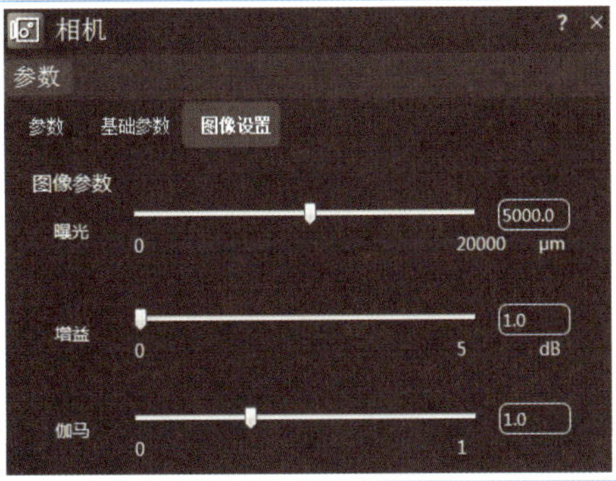

续表

步骤名称	操作步骤	图示
确定拍照位坐标	成像结束后，需要确定此时的拍照位坐标。双击“PLC 控制”模块，单击“控制设置”→“获取位置”→“执行”按钮，如图所示，然后单击“轴位置”，就可以看到此时的拍照位坐标	
	在确定现在的拍照位坐标后，将 X 轴位置和 Y 轴位置分别添加到运动设置中，然后选中“运动设置”单选按钮，如图所示。后面运行 PLC 控制模块时，就能回到此时的位置	
形状匹配	找到“形状匹配”工具并添加到工具组，如图所示	
	双击“形状匹配”工具，在打开的“形状匹配”对话框中单击“注册图像”按钮，会出现一个模板区域，然后使用该区域将“京”字框住。为了定位待检测物品，单击“设置中心”→“创建模板”→“执行”按钮	

续表

步骤名称	操作步骤	图示
形状匹配	显示效果如图所示	
缺陷检测	将“缺陷检测”工具添加到工具组，如图所示。双击“缺陷检测工具”，在打开的“缺陷检测工具”对话框中单击“注册图像”按钮，然后将车牌内的字符框住，单击“执行”按钮，因为这个是标准模板，所以检测外框是绿色的	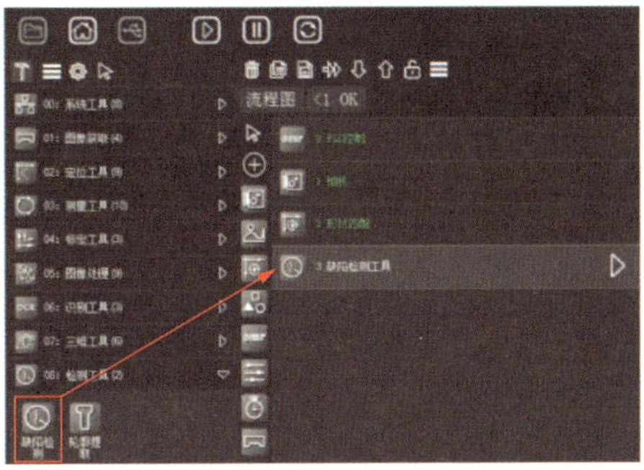
	显示效果如图所示	
显示判断结果	“缺陷检测”工具能检测图像中物品是否存在缺陷，以及缺陷的个数、面积等参数，为了能直观显示检测结果，需要让其进行 OK/NG 判断。选择“参数”选项卡，找到“输出参数”中的“找到缺陷个数”选项，并单击图中③处所示的图标	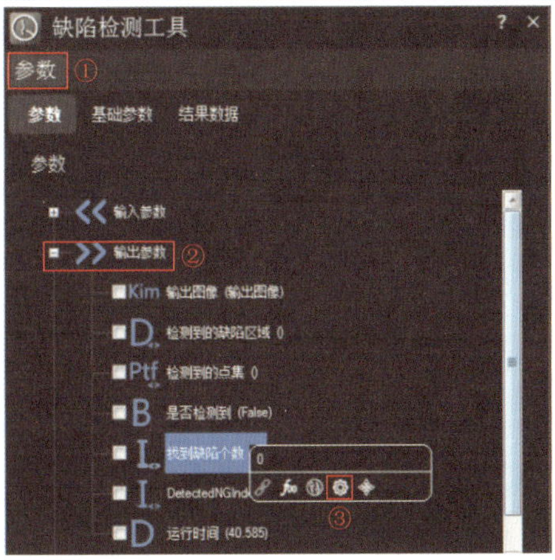
	在“类型”下拉列表中选择“等于”选项，这么做的目的是使“缺陷检测”工具能对待检测物品的缺陷个数进行判断，因为这时成像的是标准模板，所以把下面的数字（缺陷个数）设定为“0”，如图所示	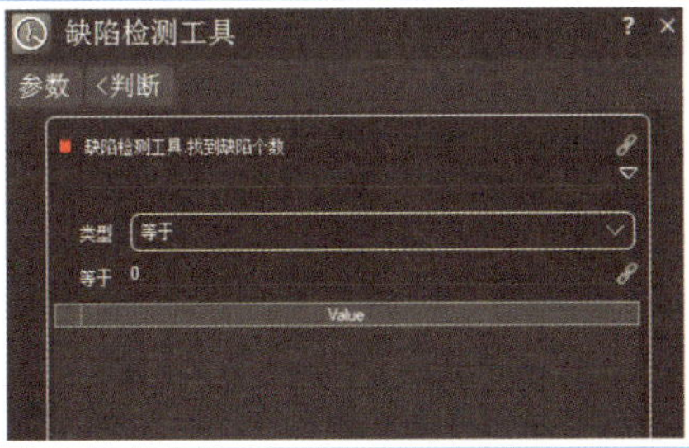
	回到流程图界面，单击图中①处“OK”工具组右上角的图标，找到图中②处“OK 结果”中的图标，将其拖动至成像界面	

续表

步骤名称	操作步骤	图示
	显示效果如图所示	
	单击成像界面中的“结果”，如图①处所示	
显示判断结果	在“格式化”文本框中“0”的后面输入“:OK”（在英文输入法下），如图所示	
	回到流程图界面，单击“OK”工具组中的“运行”按钮，就能将检测结果显示在成像界面，如图所示	
	复制“OK”工具组，命名为“NG”，如图所示，这么做是为了保留标准模板，然后用待检测物品与之进行对比	
	单击成像界面左上角的“+”，增加一个成像界面，方便进行对比，同时也能直观地体现最终判断结果。最终显示效果如图所示	

3. 成像处理及形状匹配

成像处理及形状匹配的操作步骤及图示如表 5.1.2 所示。

表 5.1.2　成像处理及形状匹配操作步骤及图示

步骤名称	操作步骤	图示
待检测物品成像处理及形状匹配	使用控制摇杆移动检测平面，在得到合适的成像效果后记录下此时的拍照位坐标。需要注意的是，在“NG”工具组中，需要将“相机”模块删除后重新添加一个，这是因为复制过来的工具组调用的还是“OK”工具组中的“相机”模块，如果继续用这个“相机”模块成像，那么程序会报错。在重新添加了“相机”模块后，“形状匹配”工具的输入图像就丢失了，无法注册图像，此时需要右击“形状匹配”工具，在弹出的快捷菜单中选择“自动引用”选项，如图所示	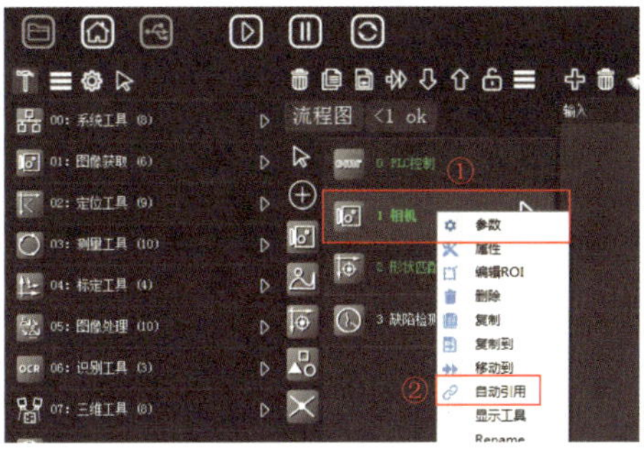
	执行“形状匹配”工具，准确找到了待检测物品，如图所示	

4. 缺陷检测

缺陷检测操作步骤及图示如表 5.1.3 所示。

表 5.1.3　缺陷检测操作步骤及图示

步骤名称	操作步骤	图示
调整“缺陷检测”工具参数	双击“缺陷检测”工具，弹出如图所示界面	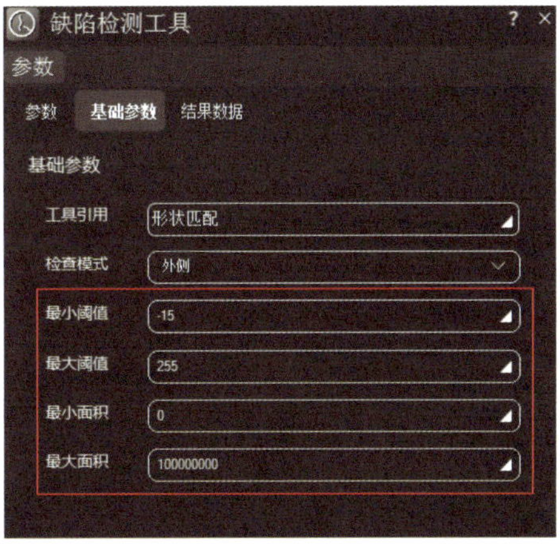
	在该界面中，通过改变阈值范围和缺陷面积大小来确定缺陷位置，最终显示效果如图所示	

续表

步骤名称	操作步骤	图示
调整“缺陷检测”工具参数	与前面“OK”工具组的操作一样，将检测结果显示在成像界面，如图所示	
呈现效果	最终整个车牌检测任务需要呈现的效果如图所示	

工程经验

差影法下的图像配准经验如下：

在本任务中，差影法是通过将两幅图像中的相应像素相减，将差值与预先设置的阈值进行比较，从而检测出缺陷（当环境基本不变时，差影法可预先设置一个阈值）。而在实际生产线上获得的标准模板往往会与在线的产品存在差异。此外，由于周围光线环境的变化，仅凭阈值可能无法解决错检或误检的问题。因此，在实际生产中，图像配准问题非常复杂，需要使用多个模板来适应这些变化。

实战演练

1. 实战任务

实战任务如表 5.1.4 所示。

表 5.1.4　实战任务

任务描述	图示
对物料进行检测，识别颜色与文字，并确定是否为良品	

2. 实战操作

实战操作步骤与结果记录如表 5.1.5 所示。

表 5.1.5　实战操作步骤与结果记录

操作步骤	结果

考核评价

对本任务的考核评价如表 5.1.6 所示。

表 5.1.6　考核评价

考核内容		考核评分		
项目	内容	配分	得分	批注
工作准备（10%）	能够正确理解工作任务内容、范围及工作指令	2		
	能够查阅和理解参数表，确认要求	2		
	个人防护用品使用得当，衣着适宜	2		
	确认设备及工量具，检查是否安全及正常工作	2		
	准备工作场地与器材，能够识别安全隐患	2		

续表

考核内容		考核评分		
项目	内容	配分	得分	批注
任务实施（80%）	能够设置拍照位	10		
	能够识别“京”字模板	10		
	能够设置缺陷检测工具	10		
	能够显示判断结果	10		
	能够获取缺陷图像	10		
	能够识别缺陷图像	10		
	能够显示 OK/NG	10		
	安全、无事故并在规定时间内完成任务	10		
完工清理（10%）	收集和储存未使用的原材料	2		
	整理和清洁工作区域	2		
	对工具、设备进行清洁	2		
	按照工作程序完成选型报告	4		
考核成绩		考评员签字：____________ 日期：________年____月____日		

综合评价：

教育动态

机器视觉与人才培养

新一轮技术革命的多点突破、互动创新、跨界变革和边际演进催生了深刻的产业变革，使中国制造向高端化、数字化、智能化、服务化、绿色化方向升级，从“微笑曲线”的底端向中高端攀升。机器视觉作为人工智能快速发展的一个分支，正受到越来越多的关注。因此，越来越多的高校开设了相关课程，旨在培养更多高素质技术技能人才、能工巧匠、大国工匠，以续写大国工匠的新华章。

任务 5.2 瓶盖外观检测

任务描述

小张所在公司接到了瓶盖制造厂的视觉检测项目，该厂商的生产线上需要检测两个直径为 23mm 的瓶盖，其中一个瓶盖表面是有斑点的，要求检测到这个斑点的位置、形状、面积等参数。其中，镜头到瓶盖的表面距离为 210mm，以保证瓶盖在视野范围内的占比不低于 80%，且单个像素精度小于 0.05mm。

任务目标

1. 了解连通区域的概念。
2. 掌握 Blob 分析工具的使用方法。

任务分析

在检测时，首先需要使用相机或图像采集设备捕获瓶盖表面的图像。采集到的图像需要经过预处理，以提高后续处理的效果。预处理过程可能包括去噪、灰度化、边缘检测、目标检测、斑点分割等步骤。接着进行数据分析，对斑点的位置、形状、面积等参数进行详细分析，确保样品在视野范围内的占比不低于 80%，同时检查单个像素精度是否满足要求。检测到的斑点的位置、形状、面积等参数可以在屏幕上显示或记录在文件中，以供进一步分析或记录。如果发现性能不符合要求，则可以考虑改进图像采集、预处理、目标检测和分割算法等，以确保满足单个像素精度小于 0.05mm 的要求。这可能需要对系统进行调整和改进。

知识准备

1. 连通区域

在图像中，最小的单位是像素，每个像素周围有 8 个邻接像素，常见的邻接关系有两种：4 邻接与 8 邻接。

4-连通性：当两个像素在同行或同列相邻时，它们是四连通的。

8-连通性：当两个像素在同一行、同一列或对角线相邻时，它们是八连通的。

4 邻接的点一共有 4 个，即上、下、左、右，如图 5.2.1（a）所示。8 邻接的点一共有 8 个，除了上、下、左、右，还包括对角线位置上的点，如图 5.2.1（b）所示。

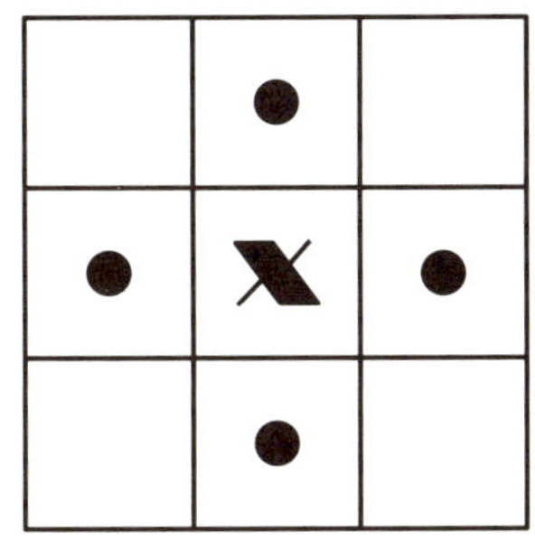

（a）4邻接

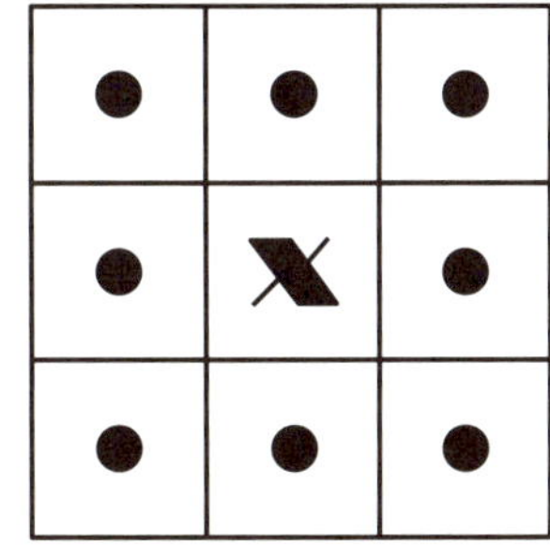

（b）8邻接

图 5.2.1　邻域

如果像素点 A 与 B 邻接，则称 A 与 B 连通，于是有如下结论：

如果 A 与 B 连通，B 与 C 连通，则 A 与 C 连通。

在视觉上看来，彼此连通的点形成了一个区域，而不连通的点形成了不同的区域。这样的一个所有的点彼此连通构成的集合，称为一个连通区域。

在图 5.2.2 中，如果考虑 4 邻接，则有 3 个连通区域；如果考虑 8 邻接，则有 2 个连通区域。（注：图像是被放大的效果，图像正方形实际只有 4 个像素。）

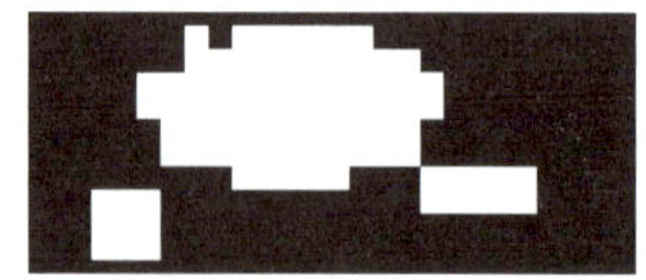

图 5.2.2 连通区域

2. Blob 分析

Blob 在机器视觉中是指图像中具有相似颜色、纹理等特征所组成的一块连通区域。Blob 分析就是对这一块连通区域进行几何分析得到一些重要的几何特征。举例来说，假如现在有一块刚生产出来的玻璃，表面非常光滑、平整，如果这块玻璃上面没有瑕疵，那么是检测不到“灰度突变”的；相反，如果在玻璃生产线上，由于种种原因，造成了玻璃上面有一个凸起的小泡、一块黑斑、一点裂缝，那么就能在这块玻璃上面检测到纹理，经二值化（binary thresholding）处理后的图像中的色斑可认为是 Blob。而这些部分，就是生产过程中造成的瑕疵。这个过程就是 Blob 分析。Blob 分析工具可以从背景中分离出目标，并可以计算出目标的数量、位置、形状、方向和大小，还可以提供相关斑点间的拓扑结构。Blob 分析在处理过程中不是对单个像素逐一进行分析，而是对图像的行进行操作，图像的每一行都用游程长度编码（run-length coding，RLC）来表示相邻的目标范围。这种算法与基于像素的算法相比，大大提高了处理速度。

Blob 分析的主要内容包括以下方面：

1）图像分割：Blob 分析实际上是对闭合形状进行特征分析。在 Blob 分析之前，必须将图像分割为目标和背景。图像分割是图像处理的一大类技术，在 Blob 分析中拟提供分割技术包括直接输入、固定硬阈值、相对硬阈值、动态硬阈值、固定软阈值、相对软阈值、像素映射、阈值图像。其中，固定软阈值和相对软阈值技术可在一定程度上消除空间量化误差，从而提高目标特征量的计算精度。

2）形态学操作：去除噪声点的影响。

3）连通性分析：将目标从像素级转换到连通分量级。

4）特征值计算：对每个目标进行特征量计算，包括面积、周长、质心坐标等特征。

5）场景描述：对场景中目标之间的拓扑关系进行描述。

其中，连通性分析的 3 种类型如下：

1）全图像连通性分析（whole image connectivity analysis）：在全图像连通性分析中，被分割图像的所有目标像素均被视为构成单一斑点的像素。即使斑点像素彼此并不相连，为了进行 Blob 分析，仍把它们视为单一的斑点。所有的 Blob 统计和测量均通过图像中的目标像素进行计算。

2）连接 Blob 分析（connected Blob analysis）：通过连通性标准，将图像中的目标像素聚合为离散的斑点连接体。一般情况下，连接性分析通过连接所有邻近的目标像素构成斑点。不邻近的目标像素则不被视为斑点的一部分。

3）标注连通性分析（labeled connectivity analysis）：在某些场景中，图像处理可能会将图像分割为多个像素集合，每个集合代表不同的像素值范围或类别，而不是简单的目标和背景，于是，标注连通性分析应运而生。例如，图像可能被分为 4 个不同的像素集合，每个集合代表不同的像素值范围。当对标注分割的图像进行连通性分析时，将连接所有具有同一标注的图像。标注连通性分析不再区分目标和背景的概念。

任务实施

1. 硬件选型

硬件选型操作步骤及图示如表 5.2.1 所示。

表 5.2.1　硬件选型操作步骤及图示

步骤名称	操作步骤	图示
相机选型	本任务样品表面有彩色信息，故使用彩色相机。样品单个直径为 23mm，算上两个样品之间的空隙（设为 10mm），即视野范围短边大于 70mm（允许有正偏差，偏离值为 7mm）即可。由于样品为圆形，相机芯片为矩形，当相机长边满足时，相机无法完整采集到瓶盖，当相机短边满足时，相机可采集到完整瓶盖。 彩色相机精度为 70/1944≈0.036，满足要求，可以使用	长边符合　短边符合
镜头选型	相机靶面短边为短边像素点个数×像元尺寸，即 1944×2.2÷1000（除以 1000 是将μm 转换为 mm），约为 4.3mm。根据焦距公式可得 f=4.3×210/70=12.9mm，故选用 12mm 镜头	
光源选型	本任务所用瓶盖可以透光，所以只需要背光源即可。如果选择不透光的瓶盖，则需要从上方打光，以避免环境光的影响，保证成像效果	

2. 图像采集

图像采集操作步骤及图示如表 5.2.2 所示。

表 5.2.2　图像采集操作步骤及图示

步骤名称	操作步骤	图示
添加工具	首先打开 KImage 软件，添加一个工具组，如图所示，双击进入，找到“光源控制”工具和“相机”工具	
光源参数设置	本任务使用了背光源，只需要通过一个通道来控制亮度大小，具体通道位置根据接线位置来确定，如图所示	

续表

步骤名称	操作步骤	图示
图像效果调整	通过改变相机曝光参数和背光源亮度来调整成像效果，如图所示	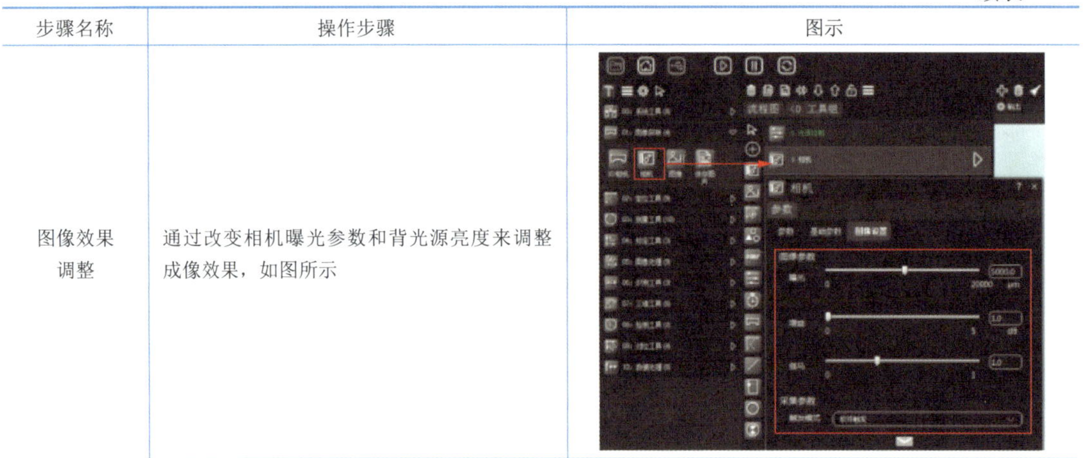

3．瓶盖特征识别

瓶盖特征识别操作步骤及图示如表 5.2.3 所示。

表 5.2.3　瓶盖特征识别操作步骤及图示

步骤名称	操作步骤	图示
形状匹配	找到“形状匹配”工具并添加到工具组，如图所示	
	双击该工具，在打开的“形状匹配”对话框中单击“注册图像”按钮，如图所示	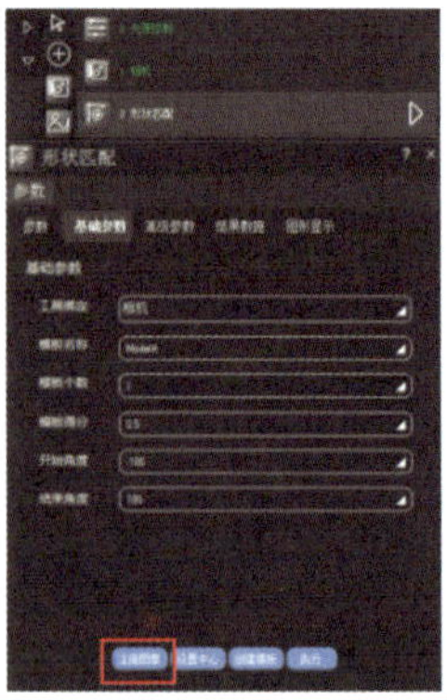
	找到模板区域，双击边框，单击“删除 ROI”按钮，如图所示	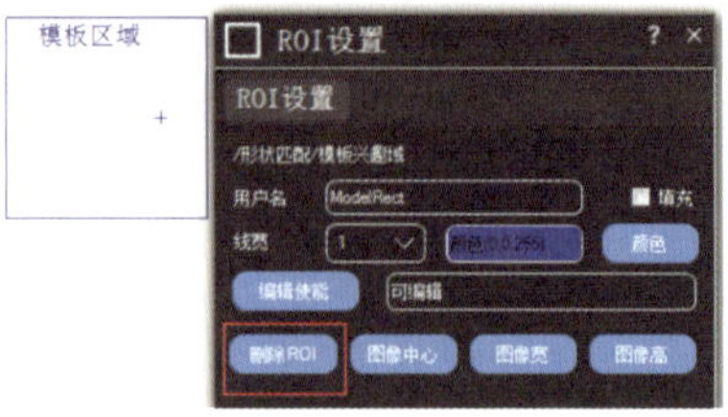

续表

步骤名称	操作步骤	图示
形状匹配	单击成像界面，找到成像界面上方的圆形，单击就能创建新的模板区域，如图所示。这样做的原因是，用圆形的模板区域能更准确地找到圆形物品，用该模板区域圈住其中一个瓶盖（因为有两个瓶盖，所以“模板个数”设置为“2”，“模板得分”即代表图像精度，分数越高，精度就越高。如果有找不到模板的情况，则可以适当调低得分，方便查找，调节位置如图所示）	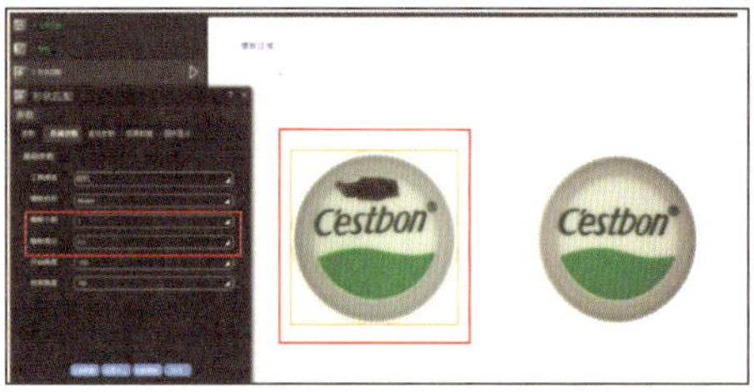
	依次单击“设置中心”→“创建模板”按钮，显示效果如图所示	

4. 瓶盖外观检测

瓶盖外观检测操作步骤及图示如表 5.2.4 所示。

表 5.2.4　瓶盖外观检测操作步骤及图示

步骤名称	操作步骤	图示
斑点分析（Blob 分析）	找到“斑点分析”工具并添加到工具组，如图所示	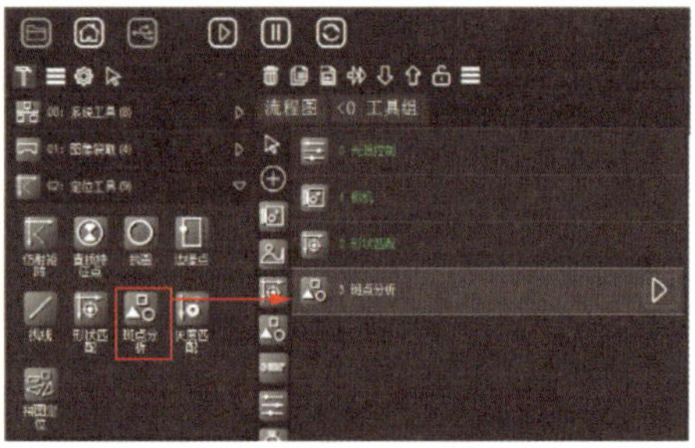
	单击“注册图像”按钮，将有污渍的区域框住，然后通过改变阈值（阈值的范围即灰度值的范围，有污渍的区域出现了灰度值的变化，那么就通过改变阈值的范围来准确找到该区域，调节位置如图所示）和面积来准确找到污渍，单击“执行”按钮	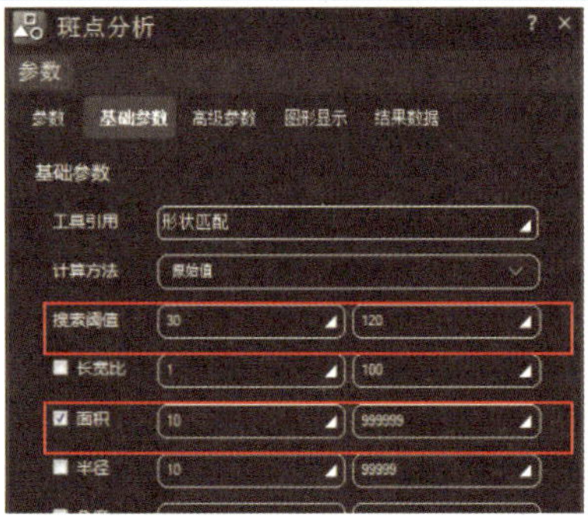
	显示效果如图所示	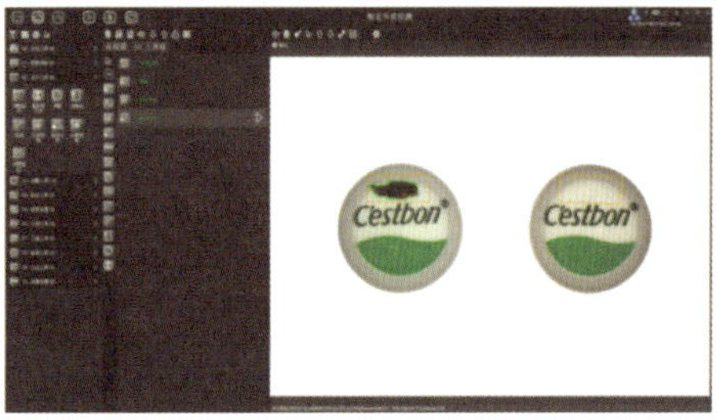

续表

步骤名称	操作步骤	图示
斑点分析输出结果参数	Blob 分析的核心思想就是在一块区域内，将出现“灰度突变”的范围找出来。如图所示，在最终输出的参数中，可以发现被涂抹遮挡区域的大小、形状、位置及个数等都被计算了出来	

工程经验

本任务通过使用 Blob 分析工具找出了污损瓶盖，并分析了斑点的面积、中心等信息。在工业场景中，斑点分析工具可以广泛应用于各种连续均匀表面物体的检测，包括但不限于铜箔、铝箔、铜带、钢卷、玻璃、薄膜、纸张等。此外，该工具也可用于食品、饮料、汽车等行业相关产品的外观检测。随着消费者对产品质量和外观关注度的提升，外观检测算法及系统将在工业场景中得到越来越广泛的应用。

实战演练

1. 实战任务

实战任务如表 5.2.5 所示。

表 5.2.5　实战任务

任务描述	图示
通过本任务学习的内容，识别印刷品是否存在外观瑕疵。该印刷品尺寸为 40mm×70mm，工作距离为 200mm，选择合适的相机与镜头，并编程识别外观瑕疵	

2. 实战操作

实战操作步骤与结果记录如表 5.2.6 所示。

表 5.2.6　实战操作步骤与结果记录

操作步骤	结果

考核评价

对本任务的考核评价如表 5.2.7 所示。

表 5.2.7　考核评价

考核内容		考核评分		
项目	内容	配分	得分	批注
工作准备（10%）	能够正确理解工作任务内容、范围及工作指令	2		
	能够查阅和理解参数表，确认要求	2		
	个人防护用品使用得当，衣着适宜	2		
	确认设备及工量具，检查是否安全及正常工作	2		
	准备工作场地与器材，能够识别安全隐患	2		
任务实施（80%）	能够正确选择和安装相机	10		
	能够正确选择和安装镜头	10		
	能够正确选择和安装光源	10		
	能够匹配正确模板	10		
	能够配置斑点分析工具	10		
	能够识别瑕疵	10		
	能够判断检测样品是否良品	10		
	安全、无事故并在规定时间内完成任务	10		
完工清理（10%）	收集和储存未使用的原材料	2		
	整理和清洁工作区域	2		
	对工具、设备进行清洁	2		
	按照工作程序，完成工单	4		
考核成绩		考评员签字：______________ 日期：__________年_____月_____日		

续表

综合评价：

技能大师

章跃洪：从小山村走出的技能大师

“章老师做的机械零件就是样板!”这是学校师生对他的高度评价。

他是全国五一劳动奖章获得者、浙江省技能大师章跃洪。19 岁时，他从技校毕业后在企业当学徒工；25 岁时，他获得“全国技术能手”称号，破格成为数控高级技师，随后进入高校成为大学老师……他凭借初心和坚守一次次完成了人生的逆袭，在追求“工匠精神”的道路上从未止步。

章跃洪身上没有名牌大学的光环，只有一股对技术的狂热劲儿。作为 80 后，他获得 6 项国家发明专利和 18 项实用新型专利，先后带领学生参加国家级和省级职业院校技能大赛，多次获得国家级和省级一等奖。在推动“机器换人”技术发展和人才培养方面做出了突出贡献。章跃洪说：“成功没有捷径，唯有孜孜不倦，不断追求卓越。”

为进一步服务社会，金华职业技术大学还成立了“章跃洪技能大师工作室”。由章跃洪开发的“浙江省先进职业操作法”在精密螺纹快速加工中取得突破，在金华周边工具行业应用广泛。经过 5 年努力，他的团队已成为学校对外技术服务的一块招牌，每年为企业解决技术难题近 50 项。章跃洪说：“虽然人生不能复制，但希望我的人生经历能为学生带来启发。”

项目 6 3D视觉技术应用

项目导读

微课：3D视觉技术

每年的 11 月 11 日已经成为了各大电商大型购物促销的狂欢日。2020 年 11 月 11 日至 16 日期间，全行业处理的邮件和快件业务量超过 18.7 亿件。其中，11 月 11 日当天共处理快递包裹 5.52 亿件，是日常业务量的 1.8 倍。

在大量的订单需要同时发货时，单纯的人工分拣效率低且速度慢。为了解决这个痛点，工业界已经开始使用机器人配合 3D 视觉技术，实现对货物分拣、拾放、码垛等自动化作业。相比于人工分拣，自动化分拣具有成本低、速度快、精度高等优点。3D 视觉技术的发展满足了物流分拣的需求，极大地推动了物流行业智能化和自动化的发展进程。

学习目标

知识目标

1. 了解 3D 相机的构成与成像原理。
2. 了解点云与表面拟合。

能力目标

1. 掌握 3D 手眼标定技术。
2. 掌握通过 3D 测量实现物体三维搬运与定位的方法。

思政目标

1. 树立规范意识、安全意识，严格按照安全操作规程作业。
2. 强化勤于思考、善于总结、勇于探索的科学精神。

任务 6.1 3D 相机标定

任务描述

小张所在公司为了能够开发物流包裹自动识别分拣系统，需要对 3D 视觉技术展开应用，开发应用程序以识别不同高度、大小的物块，在开始编程之前，需要对 3D 相机拍摄的图像进行标定。

任务目标

1. 了解 3D 相机的构成及成像原理，了解手眼标定的基本原理。
2. 了解点云和表面拟合的概念，掌握 KImage 软件中 3D 工具的应用方法。

任务分析

首先，准备标定图像和三维世界坐标信息。这一过程需要采集一系列图像，这些图像中包含已知三维坐标的特征点或标定板。标定板通常是一个棋盘格模式的平面或具有已知三维坐标的特定标志物。其次，进行特征点提取和匹配。在标定图像中提取关键特征点（如角点或边缘），然后在不同图像之间进行匹配，以确定这些特征点在不同图像中的对应关系。这些特征点的匹配是标定的基础。然后，使用数学模型计算相机的内部参数，包括焦距、主点和镜头畸变等参数。通常采用相机投影模型将三维世界坐标映射到二维图像坐标。通过求解相机投影方程，可以估计内部参数。接着，计算相机的外部参数，这些参数涉及确定相机在世界坐标系中的位置和朝向的问题。通常，通过解决相机的外部定位问题［即多点透视成像（perspective-n-point，PnP）问题］并结合已知的三维特征点和对应的二维图像点来估计外部参数。在这些估计完成后，进行误差分析，以评估标定的准确性，检查估计的参数是否能够准确地将三维点映射到二维图像。最后，如果有必要，则使用优化算法来改进标定结果，以减小误差。

知识准备

1. 3D 手眼标定

标定板在任务 2.1 中已经介绍过，如图 2.1.6 和图 2.1.7 所示，通过相机拍摄带有固定间距图案阵列的平板（即标定板），并经过标定算法的计算，可以得出相机的几何模型，从而得到高精度的测量和重建结果。

3D 技术在机器人抓取应用中扮演了关键角色。例如，在进行组装或将物体放置在预定位置时皆离不开 3D 技术。通过对物体的识别，可以确定摄像机坐标系下物体的位姿。但为了完成物体的抓取，需要将物体的位姿转换到机器人坐标系下。为此，需要求取已知摄像机到机器人的转换关系。而这个位姿的确定过程，一般称为手眼标定。

2. 点云数据与表面拟合

点云数据是指在一个三维坐标系中的一组向量的集合。这些向量通常以(X,Y,Z)三维坐标的形式表示，主要用来表示一个具有深度信息的物体的外表面形状。

如果用$P_i=\{X_i,Y_i,Z_i,\cdots\}$表示空间中的一个点，则$\text{Point Cloud}=\{P_1,P_2,P_3,\cdots,P_n\}$表示一组点云数据。

点云数据大多数是由3D扫描设备（如激光雷达、立体摄像头、飞行时间相机）产生的，如图6.1.1所示。3D扫描设备通过自动化的方式测量物体表面的大量点的信息，然后将这些数据以某种文件格式输出。这些点云数据就是扫描设备所采集到的。

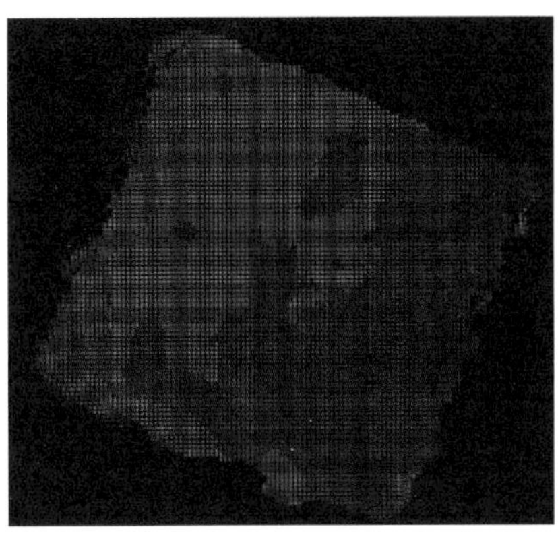

图6.1.1　物块点云

作为3D扫描的结果，点云数据具有广泛的用途，包括被制造部件、质量检查、多元化视觉、卡通制作、三维制图和大众传播工具应用等。

表面拟合，通俗地讲，就是将一个个拟合的“线”集合起来，形成一个面。在3D机器人搬运中，表面拟合的作用是为3D摄像机提供一个基准面，从而使得后续计算的Z值更加准确。

平面拟合是指通过一组散乱点，在其所在的空间中找到最佳的拟合平面，让这个平面与所有散乱点之间的误差总和最小。

平面拟合通常基于点云数据，即一组在三维空间中的坐标值。这些点表示现实世界中物体的表面。

常见的平面拟合方法有最小二乘法、随机采样一致性。

（1）最小二乘法

平面拟合的核心算法是最小二乘法，用来计算拟合平面与所有散乱点之间的误差总和。通过离散点拟合平面，即需要找到一个平面（$z=ax+by+c$），使这个平面到各个点的“距离”最小。最小二乘法通过最小化误差的平方和来实现这一目标，即需要求得一组a,b,c，使得目标函数$S=\sum(ax_i+by_i+c-z_i)^2$的值最小。

要使得S的值最小，则有

$$\begin{cases}\dfrac{\partial S}{\partial a}=0\\ \dfrac{\partial S}{\partial b}=0\\ \dfrac{\partial S}{\partial c}=0\end{cases}$$

那么有

$$\begin{cases}a\sum x_i^2+b\sum y_ix_i+c\sum x_i=\sum z_ix_i\\ a\sum x_iy_i+b\sum y_i^2+c\sum y_i=\sum z_iy_i\\ a\sum x_i+b\sum y_i+cn=\sum z_i\end{cases}$$

转换为矩阵，得

$$\begin{pmatrix}\sum x_i^2 & \sum x_iy_i & \sum x_i\\ \sum x_iy_i & \sum y_i^2 & \sum y_i\\ \sum x_i & \sum y_i & n\end{pmatrix}\begin{pmatrix}a\\ b\\ c\end{pmatrix}=\begin{pmatrix}\sum z_ix_i\\ \sum z_iy_i\\ \sum z_i\end{pmatrix}$$

求解该恰定方程即可得到 a,b,c。上述方程也可以用 $\boldsymbol{AX}=\boldsymbol{b}$ 表示，该方程可以通过两边同时乘以系数矩阵的逆矩阵求得，即 $\boldsymbol{X}=\boldsymbol{A}^{-1}\boldsymbol{b}$。

（2）随机样本一致性

随机样本一致性（random sample consensus，RANSAC）是一种迭代方法，用于从一组包含异常值的观测数据中估计数学模型的参数。RANSAC 的核心思想是通过随机选择样本点来估计模型，然后评估模型对所有数据的拟合程度，最终选择最符合大多数数据的模型，从而减少异常值对估计结果的影响。因此，它也可以被视为一种异常值检测方法。

RANSAC 算法的输入包括一组观测数据值、一种将某种模型拟合到观测值的方法及一些置信度参数。通过迭代的方式，RANSAC 可以有效地从包含异常值的数据中提取出有用的模型信息。

任务实施

1．机器视觉系统的选型安装

机器视觉系统选型安装的操作步骤及图示如表 6.1.1 所示。

表 6.1.1　机器视觉系统选型安装的操作步骤及图示

步骤名称	操作步骤	图示
相机选型	根据任务要求，需要定位并测量两个矩形物块的长、宽、高、面积和体积。要满足上述要求，就需要对物料进行 3D 检测，根据设备所提供的相机，选择一款 3D 相机，型号为 ZM3D-RS1920	

续表

步骤名称	操作步骤	图示
光源选型	根据任务要求，需要定位和测量两个矩形物块，并按要求执行搬运操作，故需添加 3D 手眼标定工具，实现 3D 图像坐标与机构坐标的转换。在 3D 手眼标定操作中又需要查找标定板中的特征点，为提高定位的精度、减少外界干扰，故选择安装平行背光源，使拍摄的图像更加清晰，精度更高	
PLC 参数设置	设置欧姆龙 PLC 的“端口号”为“COM8”，“数据格式”为“Hex”，“波特率”为“9600”，“极性”为“Even”（奇校验），“数据位”为“8”，“停止位”为“One”，如图所示	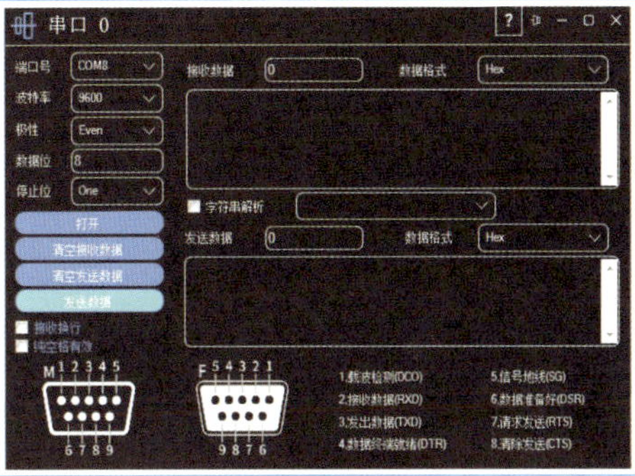
相机与镜头设置	在计算机桌面上双击如图所示的软件图标	
	打开相机驱动软件，单击界面右上角的 2D 切换图标，查看图像成品效果并调试 2D 相机，如图所示	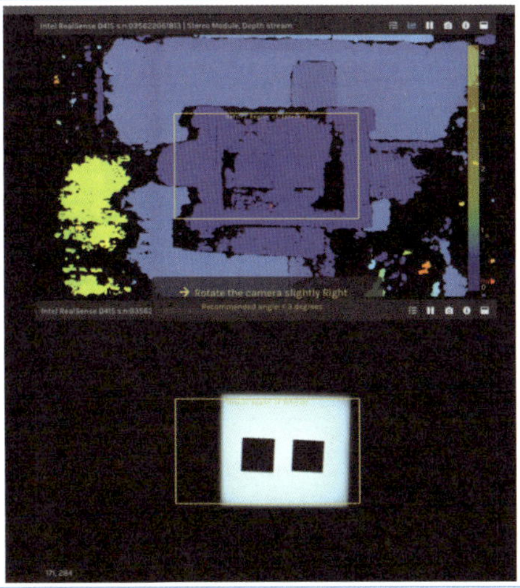
平台文件配置	平台文件配置界面主要分为以下几个区域。①导航栏：用于进入各个模块，以及设置各种视觉工具。②文件列表：用于选择不同的项目。③文件信息栏：用于输入项目的信息和操作。④文件操作栏：用于添加、删除、另存项目配置。根据任务要求，在此界面中进行相应配置	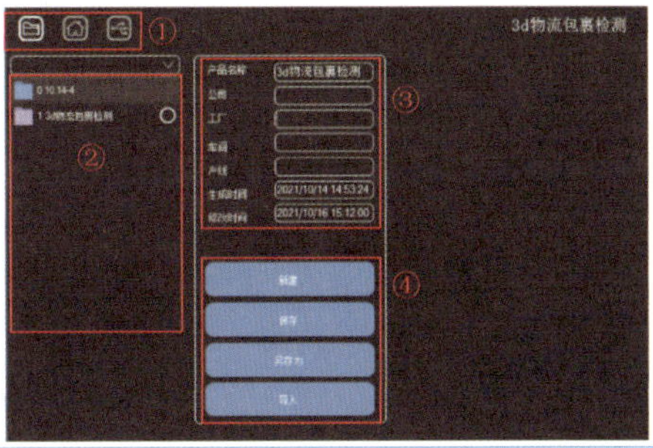

续表

步骤名称	操作步骤	图示
3D 物料视觉程序编写	完整的 3D 物料测量与分拣视觉程序应包括 3D 手眼标定、拍照、表面拟合、物块一搬运、物块二搬运等一系列软件操作，为方便程序的阅读和编写，在视觉程序中设置了一个 3D 标定工具组和一个 3D 搬运模块，视觉程序整体流程如图所示	
认识“3D 标定”工具组	“3D 标定”工具组用于实现标定图像的拍摄、仿射矩阵的变换及像素坐标与世界坐标的转换功能，按照操作的顺序需要依次用到拍照位、开启光源、3D 相机、关闭光源、点云处理、查找特征点、3D 点坐标获取、3D 手眼标定等工具。“3D 标定”工具组的整体流程如图所示	
设置拍照位	向“3D 标定”工具组中添加 PLC 控制工具，并将该工具命名为“拍照位”，同时在运动平台上安装底部背光源和标定板 A，通过修改拍照位 PLC 控制工具中 X、Y 轴的位置，移动运动平台至 3D 相机的正下方	
添加 3D 相机	向“3D 标定”工具组中添加 3D 相机工具，并在相机基础参数中选择“KRealSense3D.SerialNo:840412060733.Index:0 3D”型 3D 相机。在相机的参数设置中设置合理的“曝光”及“增益”值，使 3D 相机拍摄出的图片质量最高，本例中设置相机的“曝光”及“增益”值分别为“3000”和“20”。3D 相机参数的设置如图所示	

续表

步骤名称	操作步骤	图示
点云处理	向“3D 标定”工具组中添加“点云处理”工具，并将该工具“基础参数”中的“点云模型”连接到变量引用“3D 相机.输出参数.点云模型”中。“点云处理”工具主要用于处理并筛选 3D 相机采集的图片。点云处理的参数设置如图所示	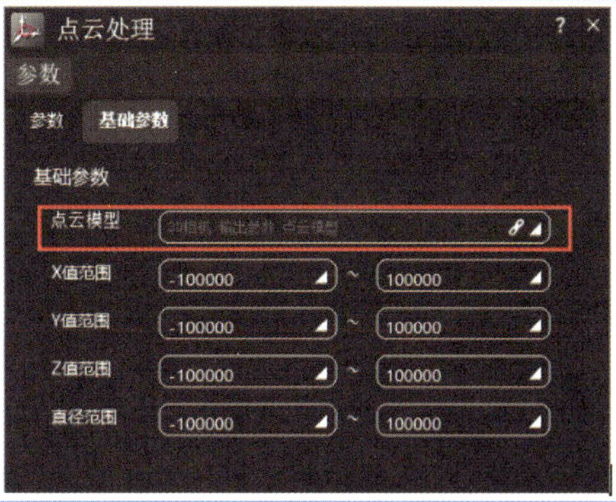
查找特征点	向“3D 标定”工具组中添加“查找特征点”工具，设置其输入图像连接至“3D 相机.输出参数.灰度图像”，并在工具中框选“SearchROI 区域”，SearchROI 区域中至少包括标定板上的 4 个特征点，相应地修改“基础参数”中的“平滑影子”和“找点个数”，使工具能成功地查找到特征点。本例中框选 4 个特征点，对应设置“平滑影子”值为“2.5”，“找点个数”值为“4”。特征点的查找设置如图所示	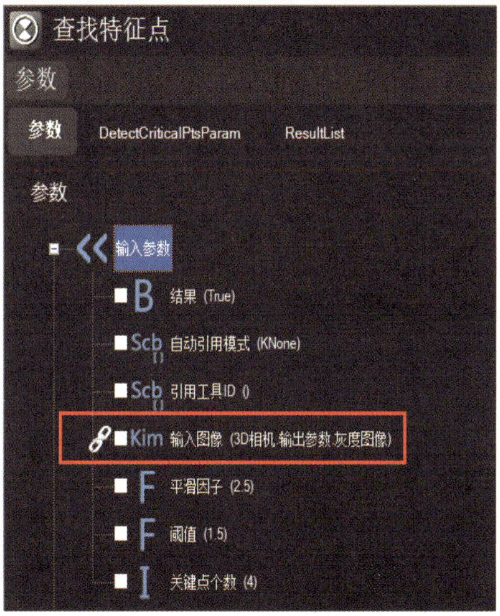 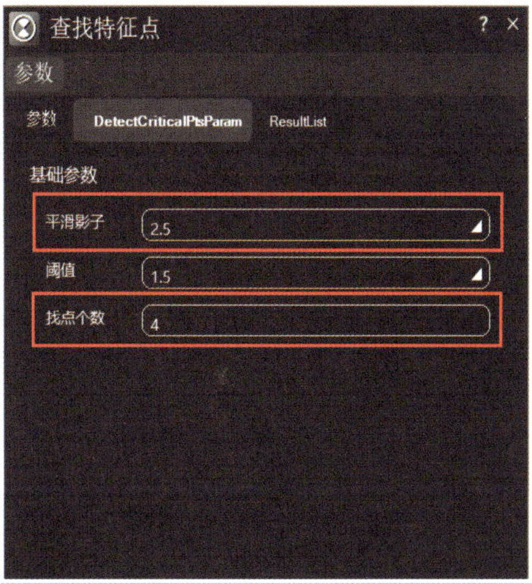

续表

步骤名称	操作步骤	图示
3D 点坐标获取	查找到特征点后需要利用“3D 点坐标获取”工具获取三维图中 4 个特征点的图像坐标。向“3D 标定”工具组中添加“3D 点坐标获取”工具，在该工具中设置其引用工具为“3D 标定.点云处理”，特征点连接至变量引用查找特征点中的“输出参数.关键点”。3D 点坐标获取的参数设置如图所示。注意：获取的坐标需要乘以 1000	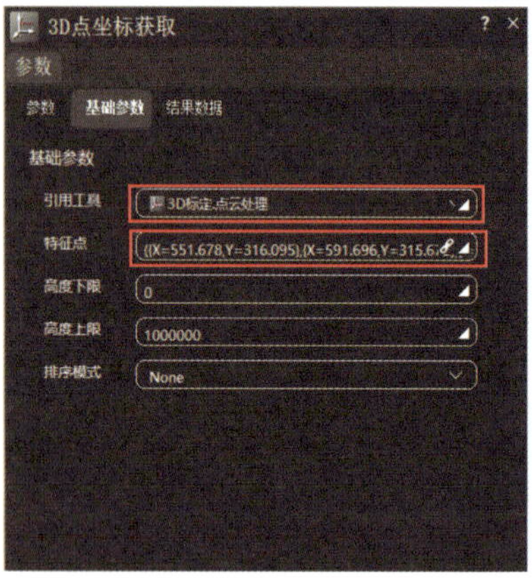 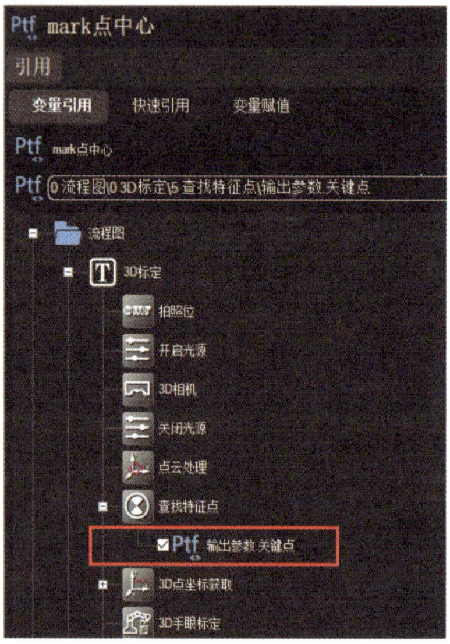 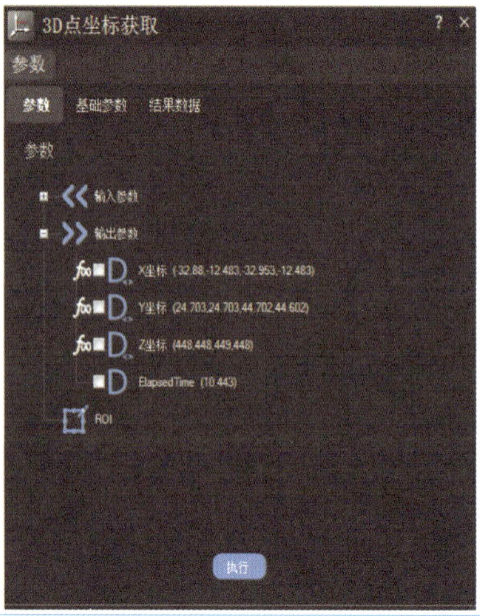

续表

<table>
<tr><th>步骤名称</th><th>操作步骤</th><th>图示</th></tr>
<tr><td rowspan="3">3D 手眼标定</td><td>向“3D 标定”工具组中添加“3D 手眼标定”工具，该工具的主要作用是实现 3D 图像坐标与机构坐标的坐标系转换。在 3D 手眼标定的输入参数中双击“X 图像坐标”“Y 图像坐标”“Z 图像坐标”“X 世界坐标”“Y 世界坐标”“Z 世界坐标”的文字处，依次为 X、Y、Z 的图像坐标和世界坐标添加 4 个变量，即编号 0～3，这些变量用于保存 4 个特征点当前的 X、Y、Z 轴的图像坐标和世界坐标。3D 手眼标定工具的变量添加如图所示</td><td> 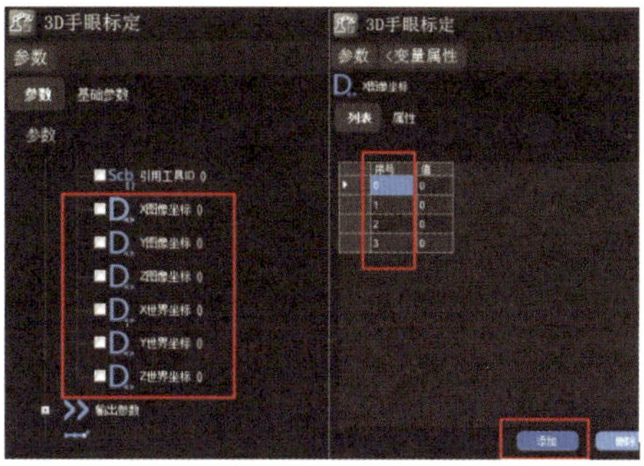</td></tr>
<tr><td>变量添加完成后，依次将“X 图像坐标”“Y 图像坐标”“Z 图像坐标”分别连接至变量引用“3D 点坐标获取”中的“输出参数.X 坐标”“输出参数.Y 坐标”“输出参数.Z 坐标”。“X 图像坐标”的连接如图所示</td><td> 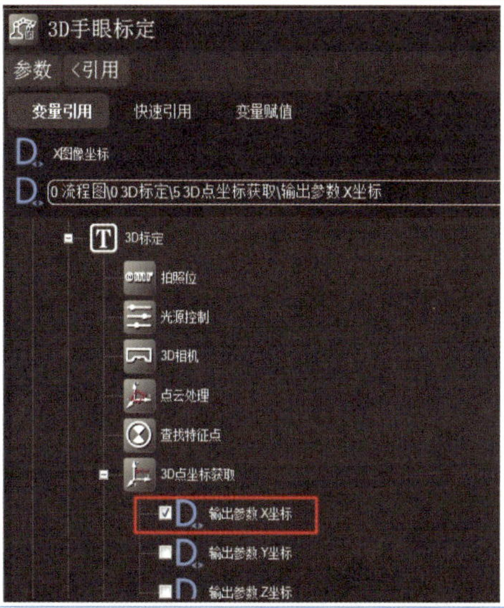</td></tr>
<tr><td>X、Y、Z 图像坐标连接完成后，需手动操作按钮盒上的控制摇杆，手动控制连接在 R 轴上的吸嘴移动到输出的特征点中心，利用 PLC 工具获取 X、Y、Z 轴的位置，并依次输入至 4 个特征点的工具 X、Y、Z 坐标中，输入完成后需单击“执行”按钮以完成 3D 手眼标定工作。3D 手眼标定的操作过程如图所示</td><td> 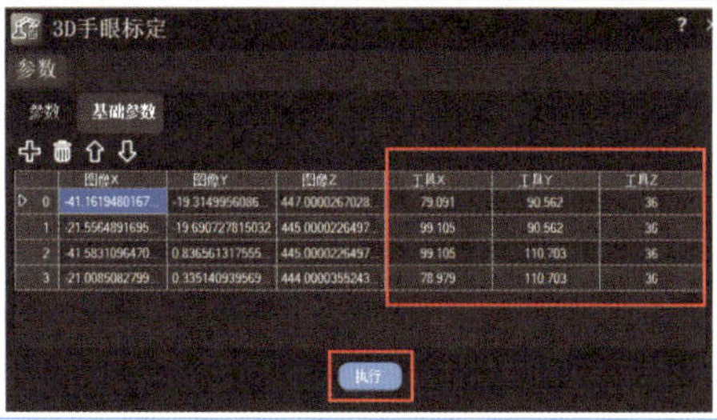</td></tr>
<tr><td>回零点的
PLC 控制</td><td>向标定工具组中添加 PLC 控制工具，并将该工具命名为“回零点的 PLC 控制”。3D 手眼标定执行后需利用 PLC 控制工具将 X、Y、Z 三轴回零点，并取下标定板 A，然后在料盘检测区域随机摆入 3D 物料，至此即完成了 3D 标定工作</td><td></td></tr>
</table>

2. 3D 图像采集

3D 图像采集操作步骤及图示如表 6.1.2 所示。

表 6.1.2　3D 图像采集操作步骤及图示

步骤名称	操作步骤	图示
程序框架构建	首先建立 3D 搬运模块，在模块中添加回零、3D 图像采集处理、物块一测量搬运、物块二测量搬运及回零 5 个工具组，通过连接线将其连接，再添加表面拟合工具组	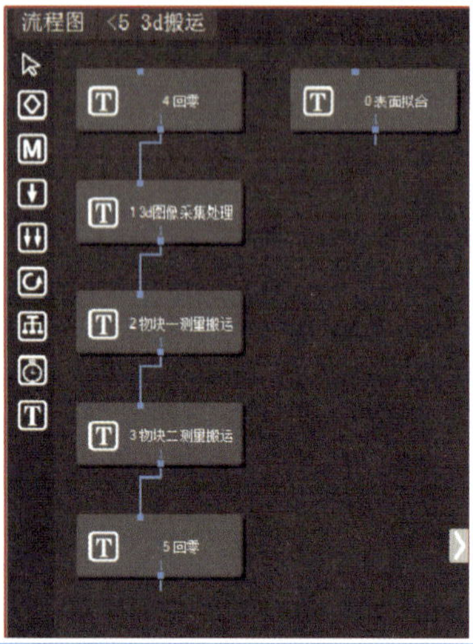
	“3D 图像采集与处理”工具组包括拍照位 PLC 控制、3D 相机、物块一点云处理及物块二点云处理共 4 个工具，主要作用是控制 3D 相机的拍照位、拍照和图像处理。“3D 图像采集与处理”工具组如图所示	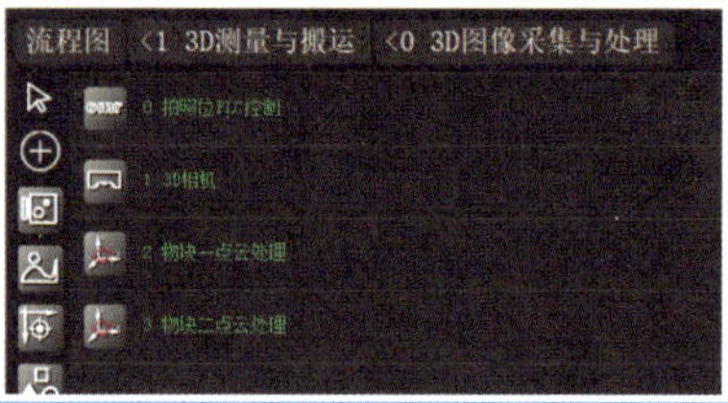
拍照位 PLC 控制	向拍照位工具组中添加 PLC 控制工具，并将该工具命名为“拍照位 PLC 控制”，修改 PLC 控制工具中 X、Y 轴的位置，移动运动平台至 3D 相机的正下方，位置要与“3D 标定”工具组中的拍照位保持一致	
添加 3D 相机	向“3D 标定”工具组中添加 3D 相机工具，并在相机“基础参数”中选择“KRealSense3D.SerialNo:840412060733.Index:0 3D”型 3D 相机。在相机的参数设置中设置合理的“曝光”及“增益”值，使 3D 相机拍摄出的图片质量最高，本例中设置相机的“曝光”“增益”值分别为“3000”和“20”	

3. 点云处理

点云处理操作步骤及图示如表 6.1.3 所示。

表 6.1.3　点云处理操作步骤及图示

步骤名称	操作步骤	图示
物块一点云处理	向“3D 标定”工具组中添加“点云处理”工具，并将该工具命名为“物块一点云处理”。将“点云处理”工具“基础参数”中的点云模型连接到变量引用中 3D 图像采集与处理中的 3D 相机“输出参数.点云模型”，同时 ROI 框选点云模型中物块一所在的区域，即此时仅对一半的 3D 模型执行点云处理。物块一点云处理的参数设置及输出结果如图所示	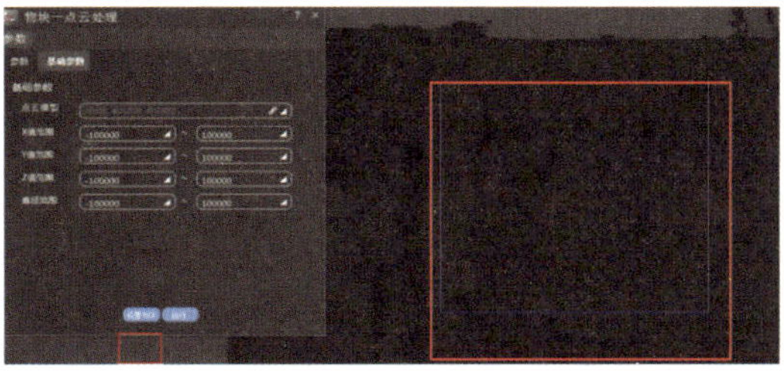 
物块二点云处理	向“3D 标定”工具组中添加“点云处理”工具，并将该工具命名为“物块二点云处理”。与物块一点云处理类似，将点云模型连接到 3D 相机的“输出参数.点云模型”，同时 ROI 框选点云模型中物块二所在的区域，即此时对另外一半的 3D 模型执行点云处理。物块二点云处理的参数设置如图所示	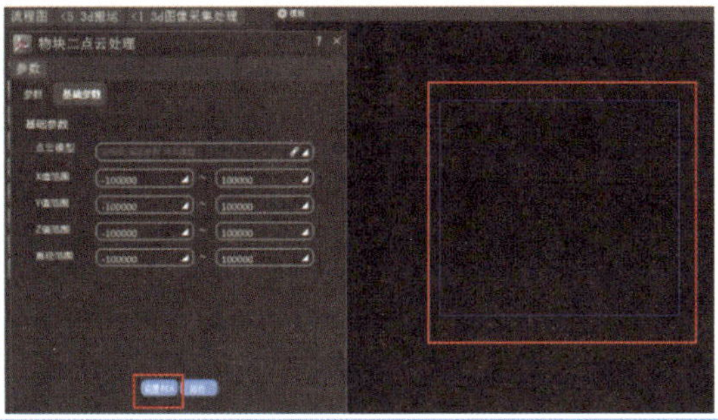

4. 平面拟合

平面拟合操作步骤及图示如表 6.1.4 所示。

表 6.1.4　平面拟合操作步骤及图示

步骤名称	操作步骤	图示
表面拟合	表面拟合的作用是将一片三维点云拟合成一个平面，在 3D 测量与搬运模块中主要用作拟合 Z 轴的基准平面。由于表面拟合是 3D 测量与搬运模块中最为关键的操作，其设置不当会严重影响测量的精度及搬运操作中 Z 轴下降的高度，甚至会造成机械的碰撞，因此在 3D 测量与搬运模块中单独添加一个表面拟合工具组，工具组中仅添加表面拟合一个工具，如图所示	

续表

步骤名称	操作步骤	图示
表面拟合	将表面拟合的基础参数中的Z图像连接至变量引用3D图像采集与处理中3D相机的“输出参数.Z图像”。同时由于表面拟合在3D测量与搬运模块中主要用作拟合Z轴的基准平面，故在设置SearchROI时需利用方形工具框选Z图像中没有物料和凸起的平面区域，且平面区域越大，表面拟合的Z轴基准平面越准确，如图所示，图中框选了4处没有放置3D物料的平面作为表面拟合区域	

工程经验

1）需求明确。在着手建立3D视觉系统之前，必须清晰地了解应用需求。明确目标，包括所需的3D精度、数据处理速度、成本预算等因素。

2）合适的硬件选择。选择适用于特定任务的硬件组件至关重要。相机、光源、镜头和传感器的选择应考虑到系统需求和环境条件。

3）相机标定的重要性。相机标定是3D视觉系统的基础。精确的相机参数估计直接影响重建精度。需要定期校准和维护相机以确保其准确性。

4）图像处理的关键。图像处理包括特征提取、匹配、去畸变和配准等步骤，对于点云生成至关重要。选择合适的图像处理算法和工具是必不可少的。

5）点云生成和处理。选择适当的点云生成方法（如立体视觉、结构光等）和点云处理技术（如滤波、配准、分割）是确保3D数据质量的关键。

实战演练

1. 实战任务

实战任务如表6.1.5所示。

表 6.1.5　实战任务

任务描述	图示
通过本任务的学习，试对摆放多高度物块场景进行 3D 标定	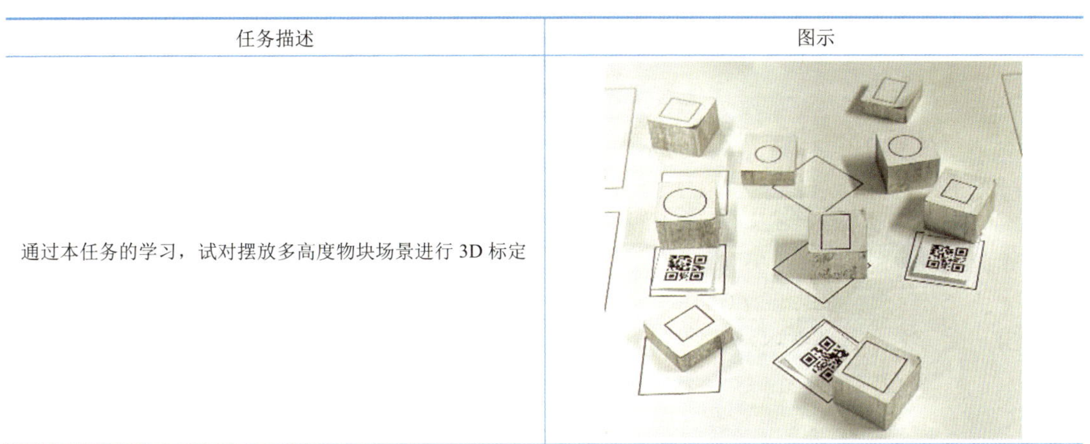

2. 实战操作

实战操作步骤与结果记录如表 6.1.6 所示。

表 6.1.6　实战操作步骤与结果记录

操作步骤	结果

考核评价

对本任务的考核评价如表 6.1.7 所示。

表 6.1.7　考核评价

考核内容		考核评分		
项目	内容	配分	得分	批注
工作准备（10%）	能够正确理解工作任务内容、范围及工作指令	2		
	能够查阅和理解参数表，确认要求	2		
	个人防护用品使用得当，衣着适宜	2		
	确认设备及工量具，检查是否安全及正常工作	2		
	准备工作场地与器材，能够识别安全隐患	2		

续表

考核内容		考核评分		
项目	内容	配分	得分	批注
任务实施（80%）	能够正确安装相机	10		
	能够正确调节曝光和增益	10		
	能够正确采集 3D 点云数据	10		
	能够正确采集灰度图像	10		
	能够正确设置点云参数	10		
	能够正确获取点云数据	10		
	能够正确完成 3D 标定	10		
	安全、无事故并在规定时间内完成任务	10		
完工清理（10%）	收集和储存未使用的原材料	2		
	整理和清洁工作区域	2		
	对工具、设备进行清洁	2		
	按照工作程序完成工单	4		
考核成绩		考评员签字：______________ 日期：________年____月____日		

综合评价：

杰出青年

黄源浩：让所有终端都能看懂世界

为了不被“卡脖子”，奥比中光科技集团股份有限公司（以下简称奥比中光）创始人、深圳十大杰出青年黄源浩带领团队自主研发了“一芯一线”，即 3D 感知深度算法的核心芯片和 3D 传感摄像头模组的生产线，从底层实现核心技术的自主可控。这种埋头苦干的付出很快有了回报。2015 年 7 月，奥比中光首颗自主知识产权的 3D 深度引擎芯片 MX400 研发成功，这标志着，中国企业终于拥有了自己的 3D 视觉感知核心技术。仅两个月后，首条 3D 摄像头生产线投产，奥比中光成为可以量产消费级 3D 传感摄像头的企业。到如今，奥比中光的产品广泛应用于智能手机、智能家居、机器人等领域，不仅在国内市场取得了巨大成功，还在国际市场上获得了好评。

任务 6.2 3D 物块分拣

任务描述

在完成 3D 相机标定之后，小张需要对物料高度、位置进行检测，以实现对不同高度物体的定位与抓取，现有两块待检测物料，一块尺寸为 5mm×5mm×7mm，另一块尺寸为 5mm×5mm×14mm，需要将 7mm 高度物料搬运至视野左侧料盘，将 14mm 高度物料搬运至视野右侧料盘。

任务目标

1. 理解 3D 相机的基本原理。

2. 能够使用 3D 测量技术来实现物体的三维搬运和定位；掌握机器视觉和自动化系统的应用，以实现物体定位和搬运的自动化。

任务分析

首先进行视觉采集，使用 3D 视觉系统（如激光扫描、立体相机或结构光）捕获物体的三维形状和特征。这通常涉及在传送带上或特定位置对物块进行扫描或拍摄。接着，对捕获的 3D 数据进行数据处理和点云生成，创建三维点云或三维模型，以此来表示物体。这包括点云的滤波、去噪、配准和分割等处理步骤。然后进行特征提取：从点云数据中提取物体的特定特征或属性，如形状、颜色、尺寸、纹理等。之后，基于提取的特征，使用机器学习算法、模式识别或规则引擎等方法来决定物块应该被分拣到哪个类别或位置。这可能涉及多类别分类或二进制决策。最后进行搬运和分拣：一旦分类决策被做出，机械装置（如机械臂、输送带、气动装置等）就将物块从原始位置搬移到相应的容器、位置或区域中。

知识准备

1. 3D 相机知识原理

(1) 3D 技术简介

3D 是英文 three dimensions 的简称，中文指三维、3 个维度、3 个坐标，即长、宽、高。3D 检测测量技术普遍应用在各行各业。例如，在汽车行业，通过使用 3D 传感器对生产线上的车身进行快速扫描，可以精确测出车身外形尺寸误差，极大提高产品质量和生产效率，如图 6.2.1 所示。

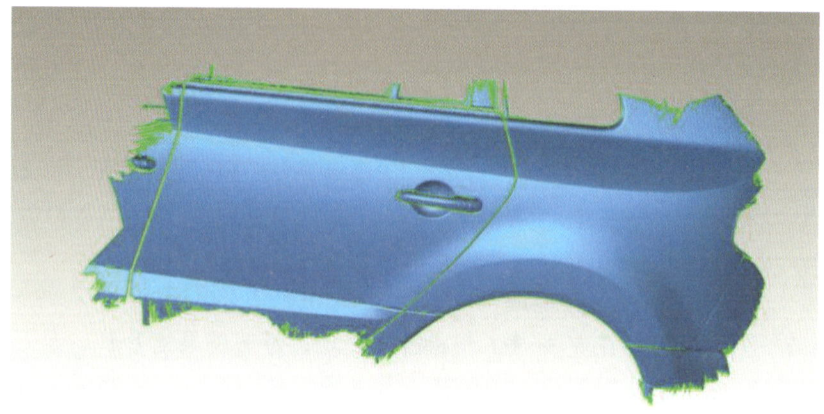

图 6.2.1　在汽车行业的 3D 技术应用

在轨道交通检测行业中，3D 技术具有普遍应用。如图 6.2.2 所示，视觉系统使用 3D 传感器扫描出铁轨的表面轮廓，采集到 3D 表面信息后传递给处理软件，通过比对铁轨表面轮廓的标准数据，可以判断出铁轨是否已经磨损过大，是否需要修复打磨。

图 6.2.2　轨道交通行业的 3D 技术应用

如图 6.2.3 所示，在物流行业，通过对包裹的识别进行分拣与分类，可以减少人工分拣时出现的损坏物品现象。使用机器视觉配合机器人分拣与分类可极大地减少损坏率，还可以提高效率，减少人工成本。

图 6.2.3　3D 技术在物流行业的应用

（2）3D 相机介绍

3D 相机（又称深度相机）能够检测拍摄空间的距离信息，这也是其与普通摄像头的主要区别。普通的彩色相机拍摄到的图像能够显示相机视角内的所有物体，但是其所记录的数据不包含这些物体与相机之间的距离，只能通过图像的语义分析来判断哪些物体比较远，哪些物体比较近，并没有确切的数据。而 3D 相机能够解决该问题，如图 6.2.3 所示。通过 3D 相机获取的数据可准确知道图像中每一个点与摄像头的距离，这样结合该点在 2D 图像中的 *XY* 坐标，就能得到图像中每个点的三维空间坐标。3D 相机按照成像方法不同主要分为主动式相机、被动式相机和基于 RGB-D 相机 3 类，如图 6.2.4 所示。

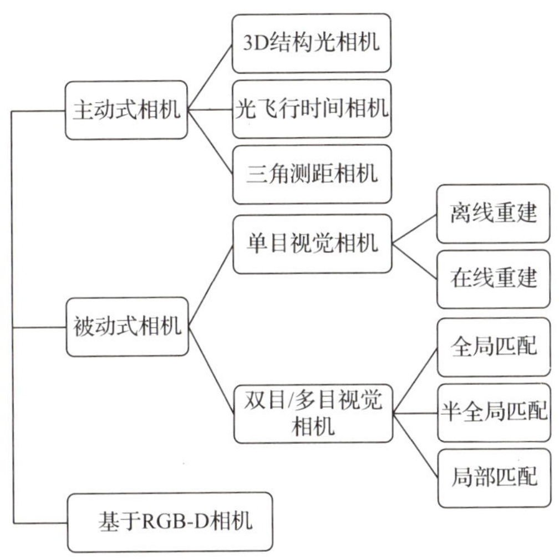

图 6.2.4　3D 相机成像方法

1）3D 结构光相机：如图 6.2.5（a）所示，通常采用特定波长的不可见激光作为光源，它发射出来的光带有编码信息，投射在物体上，通过计算返回的编码图案的畸变，能够获取物体的位置和深度信息。

2）光飞行时间（time of flight，TOF）相机：如图 6.2.5（b）所示，利用测量光的飞行时间来获取距离，简单来说就是，发出一道经过处理的光，光碰到物体后反射回来，通过捕捉光往返的时间，并结合已知的光速和调制光的波长，能够快速、准确地计算出发光点到物体的距离。

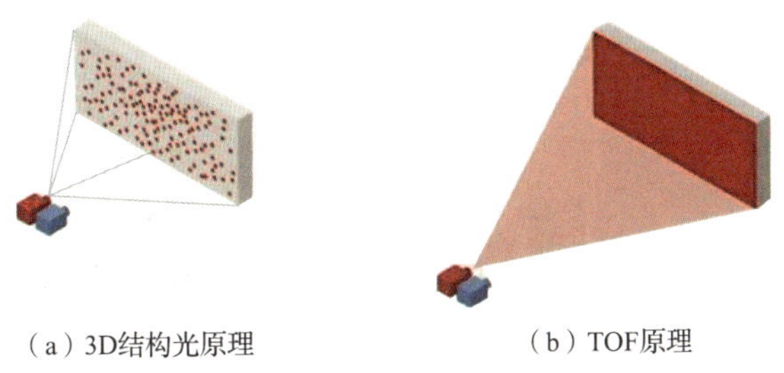

（a）3D结构光原理　　（b）TOF原理

图 6.2.5　3D 结构光相机与 TOF 相机测距原理

3）双目视觉相机：如图 6.2.6 所示，基于视差原理并利用成像设备从不同的位置获取被测物体的两幅图像，然后从两幅图像中分别提取出对应的匹配点并计算匹配点之间的视差，最后利用三角几何原理从视差信息中解算出定量的三维几何信息，进而获得物体的三维信息。

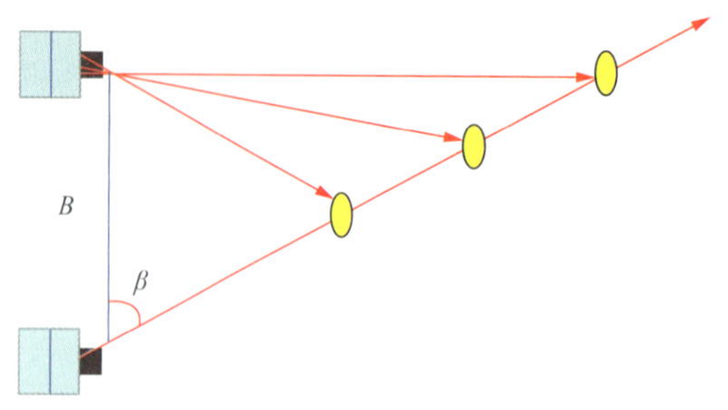

图 6.2.6　双目视觉相机测距原理

如表 6.2.1 所示，对 3D 结构光、TOF、双目视觉 3 种立体视觉相机进行比较。

表 6.2.1　立体视觉相机比较

比较项目	3D 结构光相机	TOF 相机	双目视觉相机
原理	投影光栅的编解码	红外光反射时间差	图像特征点匹配
响应时间	慢	快	中
低光环境表现	良	良	差
强光环境表现	差	中	良
深度精确度	优	差	良
工作距离	长	短	短
缺点	易受环境光影响	分辨率精度低	不适于低光照、少纹理

（3）双目视觉摄像机测距原理

双目视觉仅仅依靠图像进行特征匹配，对附加设备要求低，在使用双目视觉相机前必须对双目中两个摄像头的位置进行精确标定。图 6.2.6 简单阐述了双目相机如何获取物体的 Z 值（深度数据）。同一直线上的 3 个点在下端的相机上都投影到 CMOS/CCD 相机上的同一个点，该相机无法分辨这 3 个点的距离，但是这 3 个点在上端相机的投影位置不同，通过三角测量方法，结合两个相机的基线距离 B，我们就可以计算出这 3 个点距相机平面的距离。

视差：从有一定距离的两个点上观察同一个目标所产生的方向差异。如图 6.2.7 所示，从目标看两个点之间的夹角，称为这两个点的视差角，这两点之间的连线称为基线。只要知道视差角度和基线长度，就可以计算出目标和观测者之间的距离。例如，当你伸出一根手指放在眼前时，先闭上右眼用左眼看它，再闭上左眼用右眼看它，就会发现手指的位置发生了变化，这就是从不同角度去看同一点产生的视差。

图 6.2.7　视差图

2. 3D 相机坐标系原理

3D 相机坐标系是指相机内部的一个坐标系，用于描述从相机视角看到的真实世界中的场景。其原理涉及相机成像原理和几何关系等知识。

在 3D 相机坐标系中，通常采用右手坐标系，即 x 轴向右，y 轴向下，z 轴指向屏幕内部，与屏幕法向量方向相反。其中，x、y 轴构成了相机平面，z 轴则垂直于相机平面。

在用相机拍摄场景时，光线经过相机镜头进入相机内部，最终被传感器所接收并转换为数字信号。这个过程可以看作将三维空间中的点映射到二维平面上的投影，因此需要考虑相机的焦距、视角、图像分辨率等因素，并通过相关公式计算出三维空间中点的坐标。

在相机坐标系中，每个点都可以表示为(x, y, z)，其中 x 和 y 表示点在相机平面上的位置，z 表示点与相机的距离。这个距离可以通过三角形相似关系进行计算，即

$$z = fB / d$$

其中，f 表示相机的焦距，B 表示物体在相机坐标系中的宽度，d 表示物体在图像上的宽度。通过这个公式，可以计算出相机与物体之间的距离。

在实际应用中，通常会用到相机矩阵（camera matrix），该矩阵包含相机的内参和外参信息。通过相机矩阵，可以将相机捕捉到的三维世界中的点映射到二维图像平面上，或者反过来，将二维图像平面上的点映射到三维世界坐标系中。

任务实施

1. 3D 测量与搬运模块——物块一测量与搬运

物块一测量与搬运的操作步骤及图示如表 6.2.2 所示。

表 6.2.2　物块一测量与搬运的操作步骤及图示

步骤名称	操作步骤	图示
3D 测量与搬运模块：物块一测量与搬运	“物块一测量与搬运”工具组包括物块一体积测量、物块一用户变量、物块一 3D 坐标转换、物块一定位、开真空、上升、移动到目标位置等 7 个工具。该工具组的主要作用是定位和测量物块一的体积、高度等数据，然后基于定位数据和测量的高度控制 X、Y、Z 轴的运动，将物块一搬运至指定位置。物块一测量与搬运工具组如图所示	流程图 <5 3D搬运 <4 物块一测量与搬运 0 物块一体积测量 1 物块一用户变量 2 物块一3D坐标转换 3 物块一定位 4 开真空 5 上升 6 移动到目标位置

续表

步骤名称	操作步骤	图示
物块一体积测量	向物块一测量与搬运工具组中添加体积测量工具，并将该工具命名为“物块一体积测量”。将物块一体积测量的引用工具连接至 3D 图像采集与处理工具组中 3D 图像采集与处理的“物块一点云处理”，基准平面连接至表面拟合工具中表面拟合的“输出参数.基准平面”，并设置合理的阈值上下限和面积上下限。本例中设置的阈值上下限和面积上下限分别为 10～120 和 1000～10000000。 参数设置完成后单击“执行”按钮，体积测量工具会自动找出阈值范围内的物块。在物块一体积测量工具的输出参数中可以输出物块中心在 X、Y、Z 轴上的坐标及长、宽、高、体积等。这里应将相关单位转换为像素单位，以便于后续的 PLC 运动控制。物块一体积测量工具的输出如图所示	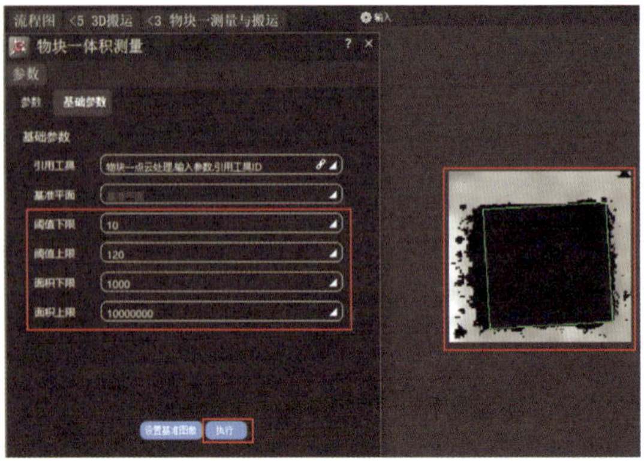
添加物块一用户变量	向“物块一测量与搬运”工具组中添加用户变量工具，并将该工具命名为“物块一用户变量”。在物块一用户变量工具的输出参数中创建一个长浮点列表 DoubleList 型变量，并且将用户变量值乘以 1000，如图所示	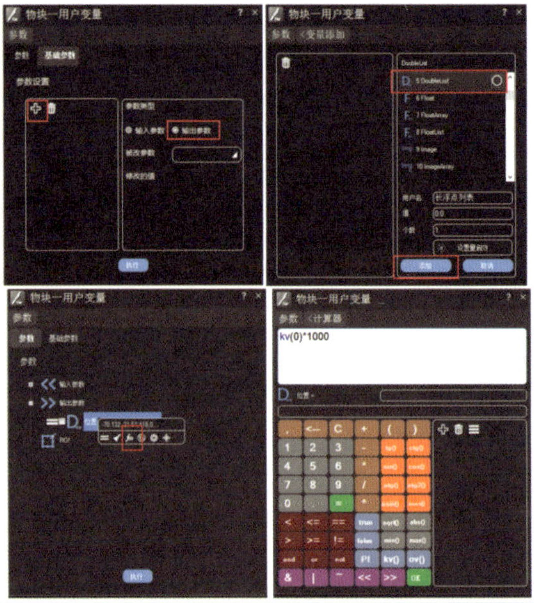
	双击物块一用户变量工具输出参数中“长浮点列表”的文字处，为该长浮点列表中添加 3 个变量，并在输出参数中将该长浮点列表中的 3 个变量分别依次连接变量赋值物块一体积测量中的“输出参数.中心 X 坐标”“输出参数.中心 Y 坐标”“输出参数.中心 Z 坐标”，即该浮点数列表用于存储物块一体积测量输出的中心点 X、Y、Z 轴的像素坐标。物块一用户变量的连接如图所示	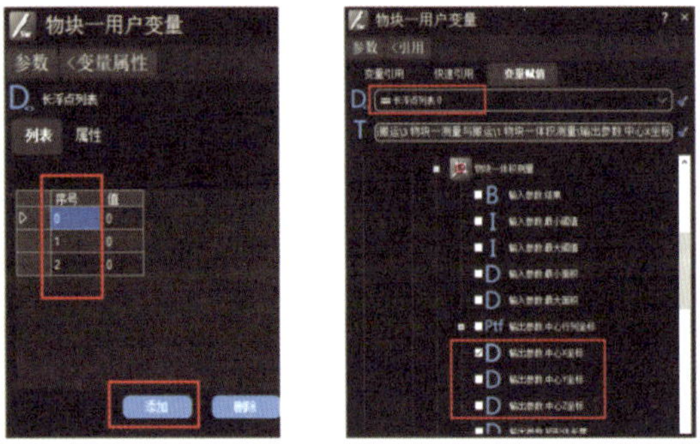

续表

步骤名称	操作步骤	图示
物块一 3D 坐标转换	向“物块一测量与搬运”工具组中添加 3D 坐标转换工具，并将该工具命名为“物块一 3D 坐标转换”，物块一 3D 坐标转换工具主要是为了实现物块一中心点 *X*、*Y*、*Z* 轴的图像坐标到工具坐标的位姿转换。 设置工具的输入位姿连接至物块一用户变量中的“输出参数.长浮点列表”，转换位姿连接至 3D 标定工具组中 3D 手眼标定工具的“输出参数.标定位姿”，然后单击“执行”按钮，即实现了图像坐标到工具坐标的转换，物块一 3D 坐标转换的设置如图所示	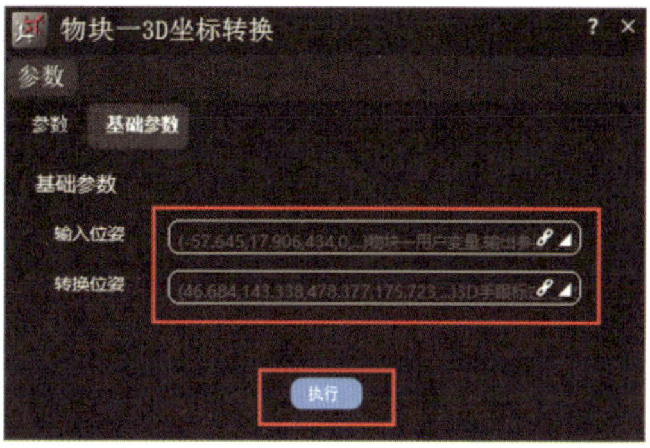
移动至物块一的 PLC 控制及开真空	向“物块一测量与搬运”工具组中添加 PLC 控制工具，将该工具命名为“移动至物块一并开真空”，并依次添加 *X* 轴、*Y* 轴、*Z* 轴和吸嘴开真空操作，该工具用于控制 *X*、*Y*、*Z* 轴将真空吸嘴移动至物块一的中心点处并执行吸取，如图所示	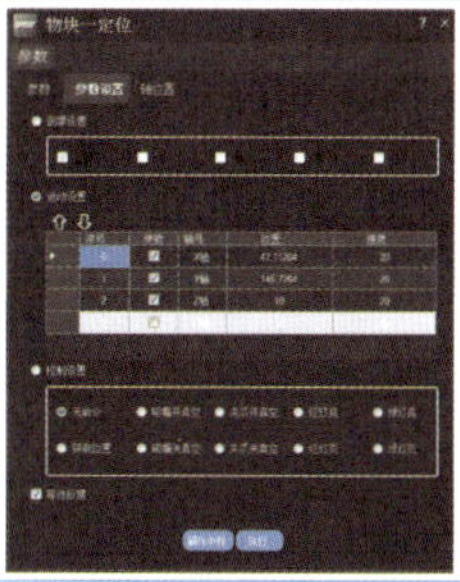 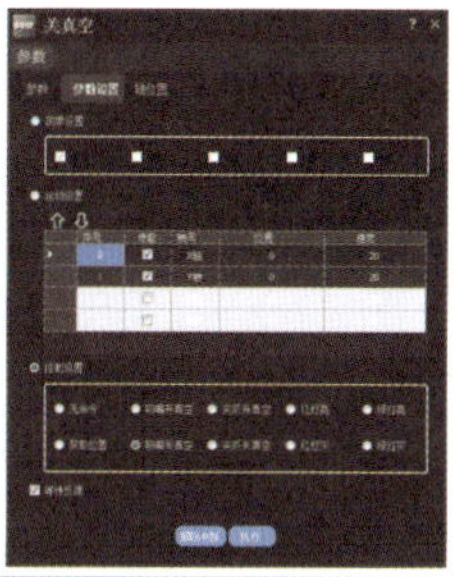
	在运动设置中将 *X* 轴的位置连接至变量赋值物块一 3D 坐标转换的“输出参数.输出位姿”中的“输出位姿.0”，该“输出位姿.0”为物块一中心点 *X* 轴的工具坐标；同理，在运动设置中将 *Y* 轴的位置连接至变量赋值物块一 3D 坐标转换的“输出参数.输出位姿”中的“输出位姿.1”，该“输出位姿.1”为物块一中心点 *Y* 轴的工具坐标，*X* 轴的位置连接如图所示	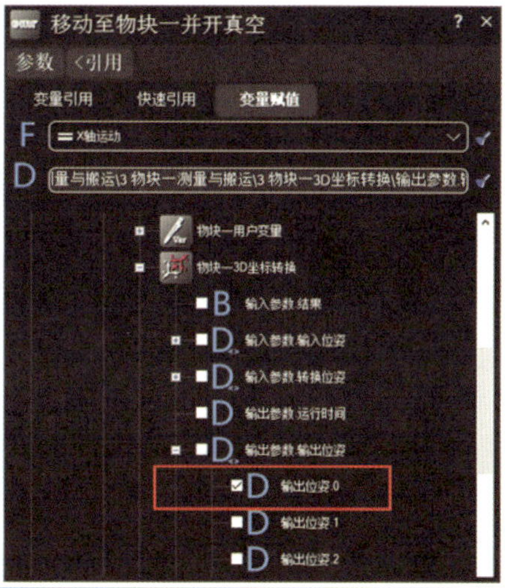
上升并移动至目标位的 PLC 控制及放置	物块一吸取后需控制 *X*、*Y* 轴移动至目标位，故向物块一测量与搬运工具组中添加 PLC 控制工具，将该工具命名为“抬升并移动至目标位”，并依次添加 *Z* 轴、*X* 轴和 *Y* 轴运动操作，该工具用于控制运动 *X*、*Y*、*Z* 轴将物块一抬升并移动至目标位上方，其中 *Z* 轴的位置设置为 0，目标位 *X*、*Y* 轴的位置通过示教得出，抬升并移动至目标位 PLC，之后移动至目标位上方后需进行放置，即下降 *Z* 轴进行控制，如图所示	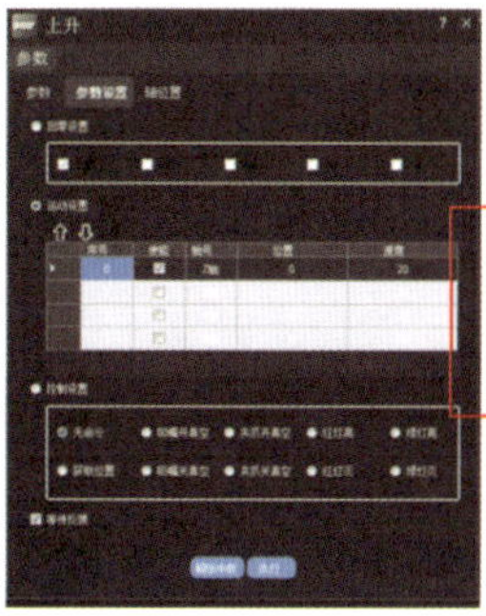 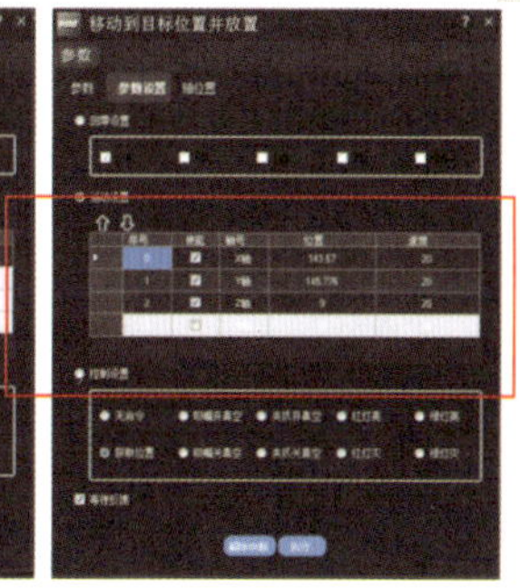

续表

步骤名称	操作步骤	图示
关真空的PLC控制	关真空即关闭真空吸嘴。因此，向搬运工具组中加入PLC控制工具，将该工具命名为“关真空”，并在该工具中按照Z轴、吸嘴关真空的移动顺序添加运动控制。关真空的PLC控制如图所示	
抬起的PLC控制	物块一搬运的最后一步操作为抬起Z轴，等待下个运动指令。因此，向搬运工具组中加入PLC控制工具，将该工具命名为“抬起”，并在该工具的运动设置中设置Z轴的位置为“0”，至此即完成了物块一测量与搬运的全过程	

2. 3D测量与搬运模块——物块二测量与搬运

物块二测量与搬运的操作步骤及图示如表6.2.3所示。

表6.2.3 物块二测量与搬运的操作步骤及图示

步骤名称	操作步骤	图示
物块二体积测量	“物块二测量与搬运”工具组包括物块二体积测量、物块二用户变量、物块二3D坐标转换、物块二定位、开真空、上升、移动到目标位置等7个工具，如图所示。该工具组的主要作用是定位和测量物块二的面积、体积、高度等数据，然后控制PLC将物块二搬运至指定位置。物块二与物块一测量与搬运工具组的操作方法类似	

续表

步骤名称	操作步骤	图示
物块二体积测量	添加“物块二体积测量”工具，引用工具连接至“物块二点云处理”，基准平面连接至表面拟合的“输出参数.基准平面”，设置合理的阈值上下限和面积上下限	
物块二用户变量	在“输出参数”中创建一个长浮点列表 DoubleList 型变量，为该长浮点列表添加 3 个变量，在“输出参数”中将该长浮点列表中的 3 个变量依次连接变量赋值物块二体积测量中的“输出参数.中心 X 坐标”“输出参数.中心 Y 坐标”“输出参数.中心 Z 坐标”，并在输出中通过计算器为物块中心的 *X*、*Y*、*Z* 轴图像坐标乘以 1000	
物块二 3D 坐标转换	输入位姿连接物块二用户变量中的“输出参数.长浮点列表”，转换位姿连接 3D 标定工具组中 3D 手眼标定工具的“输出参数.标定位姿”，实现从图像坐标到工具坐标的转换	
定位至物块二并开真空的 PLC 控制	在“运动设置”选项组中依次将 *X* 轴、*Y* 轴、*Z* 轴的位置连接至变量赋值中物块二 3D 坐标转换的“输出位姿.0”、“输出位姿.1”和计算公式“42-OV(0)”，其中 OV(0)为“物块二体积测量.输出参数.矩形体高度”，最后在“控制设置”选项组中设置吸嘴开真空。该工具用于控制 *X*、*Y*、*Z* 轴将真空吸嘴移动至物块二的中心点处并执行吸取操作。移动至物块二并开真空的 PLC 控制如图所示	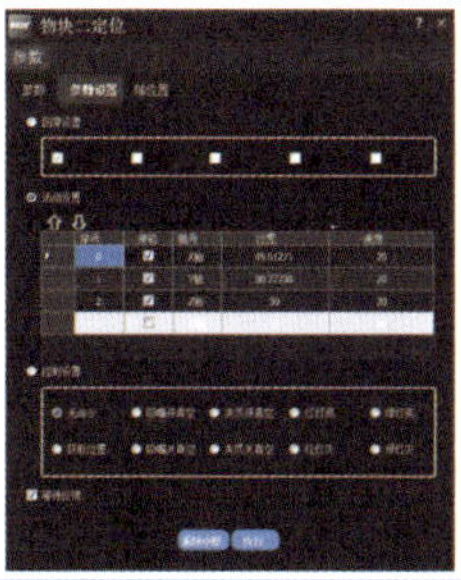 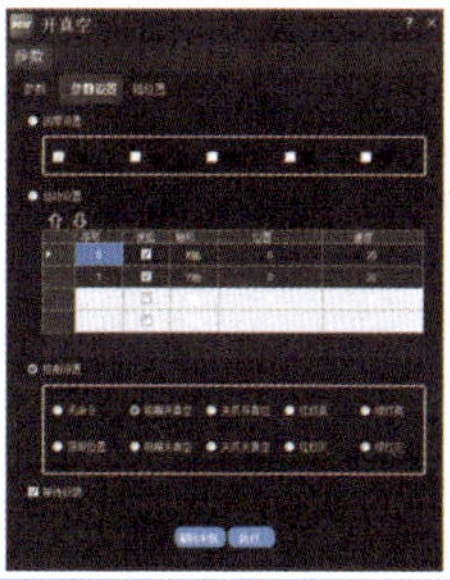
抬升并移动至目标位的 PLC 控制并放置	在“运动设置”选项组中依次添加 *Z* 轴、*X* 轴和 *Y* 轴运动操作，该工具用于控制 *X*、*Y*、*Z* 轴将物块一抬升并移动至目标位上方，其中 *Z* 轴位置为 0，目标位 *X*、*Y* 轴位置通过示教得出	
关真空的 PLC 控制	在“运动设置”选项组中依次按照 *Z* 轴、吸嘴关真空的移动顺序添加运动控制，最后选中“控制设置”选项组中的“吸嘴关真空”单选按钮	
抬起的 PLC 控制	在“运动设置”选项组中设置 *Z* 轴的位置为“0”，至此即完成了物块二测量与搬运的全过程	

工程经验

本任务通过一个典型应用案例，展示了如何应用 3D 手眼标定、3D 图像处理工具中的图像采集功能，使用 KImage 软件进行 3D 物料检测与分拣的控制流程。其实在工业应用中，2D 相机与 3D 相机可以互相配合，实现对物料的颜色和高度进行综合分拣。

实战演练

1. 实战任务

实战任务如表 6.2.4 所示。

表 6.2.4 实战任务

任务描述	图示
料盘与物料如图所示，物料图案不影响搬运判断，仅以高度做筛选，其中高度为 7mm 的物块有 3 块，高度为 14mm 的物料有 6 块，需搬运 2 块 7mm 的物料至料盘 1、2 号仓位，搬运 2 块 14mm 的物料至料盘 3、4 号仓位	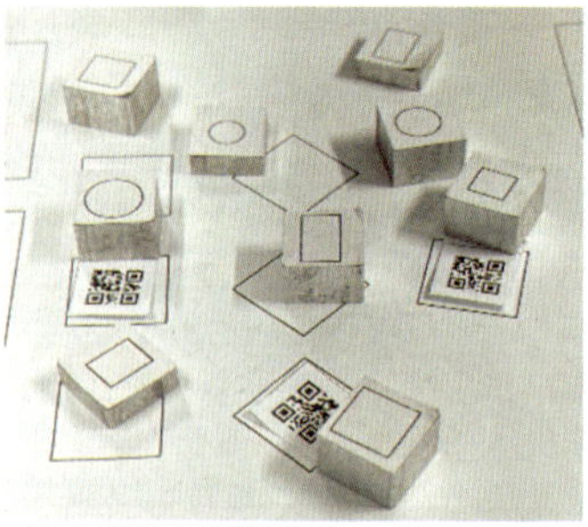 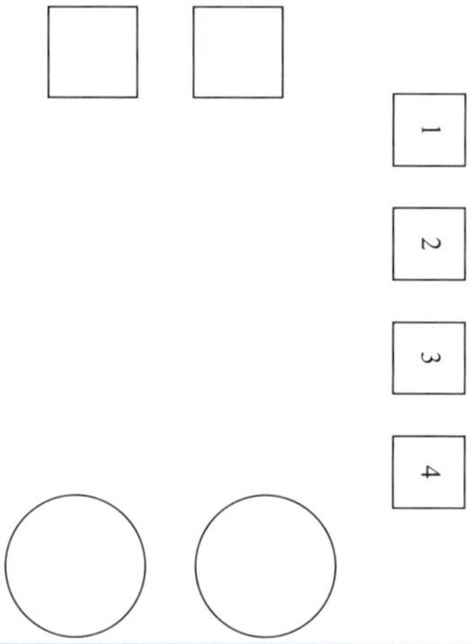

2. 实战操作

实战操作步骤与结果记录如表 6.2.5 所示。

表 6.2.5 实战操作步骤与结果记录

操作步骤	结果

考核评价

对本任务的考核评价如表6.2.6所示。

表6.2.6　考核评价

考核内容		考核评分		
项目	内容	配分	得分	批注
工作准备（10%）	能够正确理解工作任务内容、范围及工作指令	2		
	能够查阅和理解参数表，确认要求	2		
	个人防护用品使用得当，衣着适宜	2		
	确认设备及工量具，检查是否安全及正常工作	2		
	准备工作场地与器材，能够识别安全隐患	2		
任务实施（80%）	能够进行3D标定	10		
	能够识别7mm物料	10		
	能够识别14mm物料	10		
	能够抓取7mm物料	10		
	能够抓取14mm物料	10		
	能够正确搬运7mm物料	10		
	能够正确搬运14mm物料	10		
	安全、无事故并在规定时间内完成任务	10		
完工清理（10%）	收集和储存未使用的原材料	2		
	整理和清洁工作区域	2		
	对工具、设备进行清洁	2		
	按照工作程序完成工单	4		
考核成绩		考评员签字：＿＿＿＿＿＿ 日期：＿＿＿＿年＿＿月＿＿日		
综合评价：				

业界大师

夏坚白：中国当代测绘事业开拓者

武汉大学测绘学院创始人之一、首任院长、学部委员夏坚白先生，是我国著名的大地测量学家、大地天文学奠基人，同时也是杰出的社会活动家和杰出的教育家。

夏坚白先生将自己的一生无私地奉献给了测绘事业。他在中华人民共和国成立前就开始研究现代测绘科技，致力于改进测绘技术和测绘教育；在中华人民共和国成立后，他引进世界先进的测绘科技，结合我国实际情况，使我国测绘教育和测绘事业得到了空前的发展。夏坚白先生在发展中国当代测绘科学事业、创建和重建中国测绘体制［国家测绘总局（现已不再保留）、国家测绘局测绘科学研究所（现为中国测绘科学院）、中国科学院测量与地球物理研究所、武汉测绘学院］等方面倾注了毕生心血，做出了不可磨灭的贡献。

在晚年，尽管与病魔作斗争，夏坚白先生依然关心我国测绘教育、测绘科技和测绘事业的发展远景，希望自己还能为我国测绘事业贡献力量。1977 年，在迎接中国共产党成立 56 周年之际，他在向党表决心的书中说："我要活到老，改造到老，在科技现代化上起一个螺丝钉的作用。"即使在弥留之际，他仍惦念全国科学大会的召开，关心着祖国四个现代化的实现，以及我国测绘科学技术教育事业和武汉测绘学院的进步。

夏坚白先生忠诚于测绘事业，有着不惜牺牲个人利益来完成事业的决心。他忠诚于党的教育事业，坚决贯彻德智体全面发展的教育方针。他的一生，是为振兴和开拓我国现代测绘教育和现代测绘事业艰苦奋斗、不断进取的光辉历程。

项目 7 C#视觉程序开发

项目导读

KImage 平台软件采用模块化的实现方式，提供了相应的 C#二次开发接口，允许用户添加功能模块。“找线”工具用于查找视野内不固定位置的目标物上的线特征，显示线轮廓，并输出线坐标。“矩形卡尺”工具用于测量工件边缘点之间的距离，将待测物置于矩形卡尺框中，即可得出各边缘点之间的距离。

学习目标

知识目标

1. 了解 KImage 平台二次开发实现方式。
2. 掌握 KImage 平台软件二次开发环境搭建方法。
3. 掌握 KImage 平台 C#类库生成方法。

能力目标

1. 掌握工具开发基本流程。
2. 掌握“找线”工具开发方法。
3. 掌握“矩形卡尺”工具开发方法。

思政目标

1. 强化专注、细致、严谨、负责的工作态度。
2. 强化吃苦耐劳、专注执着的工匠精神，提升职业素养和信息素养。

任务7.1 开发环境搭建

☞ 任务描述

小张是某职业学校工业机器人技术专业三年级学生，他正在某机器视觉应用公司进行工业视觉系统运维员跟岗实习，并参与到公司的 KImage 平台功能模块的二次开发项目中。根据《职业学校学生实习管理规定》（教职成〔2021〕4 号）的要求，小张需要在视觉工程师的指导下，认真地完成开发环境搭建和调试环境配置工作，这是整个项目的首要环节。

☞ 任务目标

1. 了解 KImage 平台二次开发实现方式。
2. 掌握 KImage 平台软件二次开发环境搭建方法。
3. 掌握 KImage 平台 C#类库生成方法。

任务分析

要进行 KImage 平台功能模块的二次开发，就需要了解具体的实现方式，知道开发环境是如何搭建的，调试环境是如何配置的。本任务需要完成 VS 编程工具的安装、使用和 C#类库的创建、编译及生成，为后续工具开发奠定基础。

知识准备

KImage 平台功能模块的二次开发主要编程语言为 C#。C#语言是微软公司发布的一种基于 C 和 C++编程语言的面向对象的、运行于.NET Framework 之上的高级程序设计语言。它在继承 C 和 C++强大功能的同时抛弃了一些它们的复杂特性，综合了 VB 简单的可视化操作和 C++的高运行效率，以其强大的操作能力、优雅的语法风格、创新的语言特性和便捷的面向组件编程的支持成为.NET 开发的首选语言。

1. 基类

类（class）是最基础的 C#类型。在面向对象设计中，被定义为包含所有实体共性的 class 类型称为“基类”。客观世界中既有共性又有差别的两个类别以上的实体是不可能被抽象成一个 class 类型来描述的，编程者往往采用继承的方法：首先定义一个包含所有实体共性的 class 类型作为“基类”；然后从该基类中继承所有信息；最后添加新的信息来构成新的类。在构建新类的过程中，新建立的类被称为“子类”或“派生类”；而被继承的包含相同特征的类称为“父类”或“基类”。派生类继承了基类的全部成员，并且可以增加基类所没有的数据成员和成员函数，以满足描述新对象的需求。

2. 继承

继承是面向对象程序设计的一个最重要的概念。继承允许在软件系统的层次结构中利用已有的类并对其进行扩展，以支持新的功能。这种机制类似于生活中的父子关系，子类继承了父类的所有特征，同时子类也有父类所没有的一些特点。通过继承，编程者只需要在新类中定义那些在已有类中不存在的部分，从而大大提高了软件的可重用性和可维护性。

在 KImage 中，要将新工具添加到平台中，必须使工具类继承 KTool 才行。需要注意的是，新工具类不能继承基类 KTools，只有继承 KTool 才能确保新工具在运行 KImage 平台时能够成功加载。除此之外，由于基类 KVisionTool 继承自 KTool，新工具也可以选择直接继承 KVisionTool。

3. 软件开发平台

Microsoft Visual Studio（简称 VS）是微软公司的开发的一套工具集。VS 提供了一个全面的开发环境，包括整个软件生命周期所需要的大部分工具，如 UML 工具、代码管控工具、集成开发环境（IDE）。使用 VS 编写的目标代码适用于微软支持的所有平台。VS 集成开发环境特别适合 C#编程，能够帮助开发者将用 C#高级语言编写的程序快速编译成计算机可识别的语言。

在 C#语言中，开发者通常会按一定规则将功能相似的代码封装在同一个.dll（动态链接库）文件中，以便管理、维护及重用。这个文件即 C#的类库，定义了应用程序调用的类型和方法。KImage 平台工具二次开发基于 C#类库。在编译完成后，将工具的.dll 文件放入平台的 ToolGroup 文件夹中，即可实现将工具添加到 KImage 平台中。

任务实施

1. 安装开发软件

KImage 平台功能模块的 C#二次开发需使用 VS 2010 及以上版本的 Microsoft Visual Studio 软件，本任务以 VS 2015 版本为例进行介绍。VS 2015 软件的安装步骤及图示如表 7.1.1 所示。

表 7.1.1　VS 2015 软件的安装步骤及图示

安装步骤	图示
打开安装文件所在的文件夹，双击 vs_community.exe	packages Standalone Profiler autorun.inf vs_community.exe

续表

安装步骤	图示
选择安装位置和安装类型（选择默认值），单击“安装”按钮	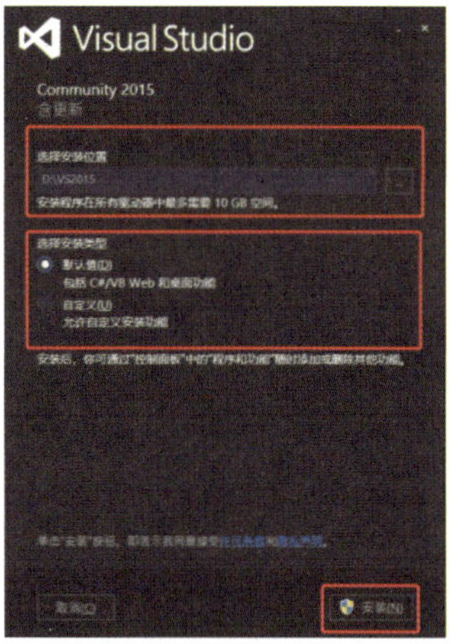
等待安装完成	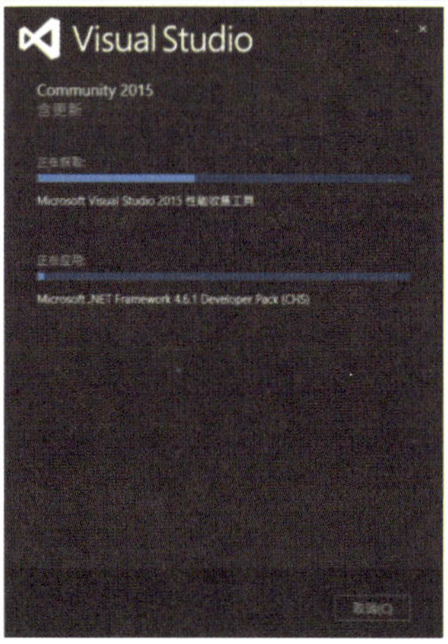
安装成功后启动 VS 2015 软件，“开发设置”选择“常规”，选择喜欢的颜色主题，单击“启动 Visual Studio”按钮	

续表

安装步骤	图示
启动 VS 2015，进入软件主界面，在该界面中首先看到的是起始页，其中会显示最近打开的项目，并可以进行新建项目、打开项目等操作	
选择“文件”→“新建”→“项目”选项或者在起始页单击“新建项目”链接，完成一个新项目的创建	

2. 生成 KImage 平台 C#类库

类库是指独立提供的组件。类库本身不能运行，只能被其他程序调用。我们一般常说的类库是指.dll 的文件。本任务以 VS 2015 版本为例介绍生成 KImage 平台 C#类库的步骤，如表 7.1.2 所示。

表 7.1.2　生成 KImage 平台 C#类库的步骤及图示

安装步骤	图示
新建 C#类库，为类库和项目的解决方案命名，并选择保存位置，完成后单击“确定”按钮	

续表

安装步骤	图示
在解决方案资源管理器中修改类名，右击Class1.cs，在弹出的快捷菜单中选择“重命名”选项	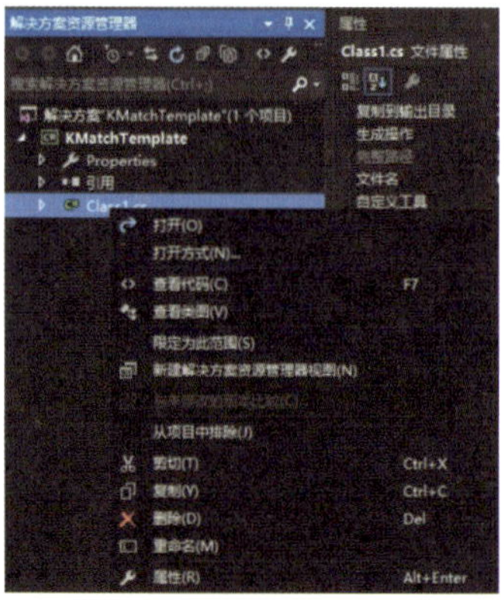
右击解决方案资源管理器中的“引用”标签，在弹出的快捷菜单中选择“添加引用”选项，打开“引用管理器”界面，在该界面中选择需要引用的.dll 文件	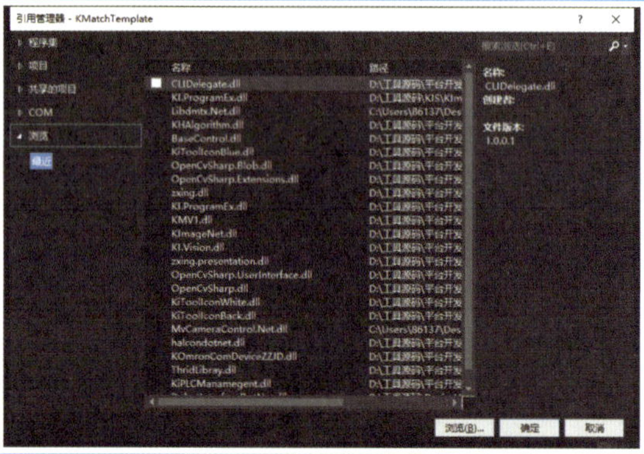
在项目属性中将“应用程序”的“目标框架”修改为“.NET Framework 4”，生成的目标平台选择为“活动（Any CPU）”选项	 

续表

安装步骤	图示
在 C#应用程序中定义的所有名称，包括变量名，都包含在名称空间中。添加需要用到的名称空间，根据名称的名称空间来进行限定，以便访问它们	using System; using System.ComponentModel; using System.Drawing.Imaging; using System.Drawing; using System.IO; using KI.ProgramEx.Tool; using KI.ProgramEx.ObjectValue; using KI.ProgramEx.ROI; using KI.ProgramEx.ResourceInfo.MsgBox; using KI.Vision.VisionTool; using OpenCvSharp; using OpenCvSharp.Extensions;
想要将新工具类库添加到平台中，需要工具类继承 KTool。因为基类 KVisionTool 继承了基类 KTool，所以在新工具中同样可以选择直接继承基类 KVisionTool。编辑类代码，并继承基类 KVisionTool	namespace KiMatchTemplate { 1 个引用 public class KMatchTemplate : KVisionTool {
选择“生成”→“生成解决方案”选项，输出栏提示生成.dll 文件，并且也提示了该文件所在的目录	

工程经验

目标框架需要选择为“.NET Framework 4”，否则可能会导致 KImage 软件无法调用新开发好的工具 DLL。生成的目标平台需要设置为“活动（Any CPU）”，否则需要根据计算机系统设置为 x86 或 x64。类中必须包含一个主函数 Main，否则会导致生成失败。方法名和类名都需要使用 public 关键字定义为公有，否则在其他项目中将无法访问这些类或方法。

实战演练

1. 实战任务

在生成 C#类库的基础上，再生成一个特定功能（功能自定义）的类库，并在其他项目中调用该类库。

2. 实战操作

实战操作步骤与结果记录如表 7.1.3 所示。

表 7.1.3　实战操作步骤与结果记录

操作步骤	结果

考核评价

对本任务的考核评价如表 7.1.4 所示。

表 7.1.4　考核评价

考核内容		考核评分		
项目	内容	配分	得分	批注
工作准备（10%）	能够正确理解工作任务内容、范围及工作指令	2		
	能够查阅和理解参数表，确认要求	2		
	个人防护用品使用得当，衣着适宜	2		
	确认设备及工量具，检查是否安全及正常工作	2		
	准备工作场地与器材，能够识别安全隐患	2		
任务实施（80%）	能够正确安装软件	10		
	能够正确创建新项目	20		
	能够正确完成类库的生成	20		
	能够正确完成类库的调用	20		
	安全、无事故并在规定时间内完成任务	10		
完工清理（10%）	整理和清洁工作区域	3		
	对工具、设备进行清洁	3		
	按照工作程序，完成实训报告	4		
考核成绩		考评员签字：______________ 日期：__________年_____月_____日		

综合评价：

工匠点滴

代码中的工匠精神与热情

我国的软件行业已进入高速发展的时代。在这个时代，代码质量不仅是基本要求，更是竞争优势的关键。随着越来越多的公司围绕软件展开竞争，开发软件的人——软件工程师的角色显得愈发重要。编程和其他任何职业一样，唯有怀有真正的热情，才能取得卓越成就。优秀的软件工程师犹如工匠，他们将热情、独创性和创造力融入每一行代码中。伟大的工程师知道何时该把代码雕琢至完美，何时把大型系统像拼图一样组装到一块。热爱编程的工程师从构建软件中获得满足，就好比一位作曲家在完成一部交响乐后感到的欣喜。正是这种兴奋感和成就感，造就了那些喜爱编程的明星工程师。

任务 7.2 “找线”工具开发

任务描述

小张是某职业学校工业机器人技术专业三年级学生，他正在某机器视觉应用公司进行工业视觉系统运维员跟岗实习，并参与到公司的“找线”工具的二次开发项目。根据《职业学校学生实习管理规定》（教职成〔2021〕4 号）的要求，小张需要在视觉工程师的指导下，认真地完成“找线”工具的需求分析和功能开发。

任务目标

1. 掌握工具开发基本流程。
2. 掌握“找线”工具开发方法。

任务分析

要进行 KImage 平台功能模块的二次开发，就需要分析工具所需具备的功能，知道需要添加的功能模块、输入/输出参数及 OpenCV 算子。本任务需要完成“找线”工具的程序编写，编译生成 DLL 文件并导入 KImage 平台中。

知识准备

1. Canny 边缘检测

Canny 边缘检测算子是 John F. Canny 于 1986 年开发出来的一种多级边缘检测算法。该算法旨在实现以下 3 个主要目标。①低错误率：意味着只有现有边缘的良好检测。②良好的定位：检测到的边缘像素与实际边缘像素之间的距离必须最小化。③最小响应：每个边缘只有一个检测器响应。

通常边缘检测的目的是，在保留原有图像属性的情况下显著减少图像的数据规模。虽然当前已有多种算法可以进行边缘检测，但 Canny 算法凭借其有限性和鲁棒性，在研究中仍被广泛使用，尤其是在计算机视觉和图像处理领域。

（1）最优边缘准则

Canny 的目标是找到一个最优的边缘检测算法。最优边缘检测的含义是：算法能够尽可能多地标识出图像中的实际边缘，漏检真实边缘的概率和误检非边缘的概率都尽可能小；检测到的边缘点的位置距离实际边缘点的位置最近，或者是由于噪声影响引起检测出的边缘偏离物体的真实边缘的程度最小，算子检测的边缘点与实际边缘点应该是一一对应的。为了满足这些要求，Canny 使用了变分法，这是一种寻找优化特定功能函数的方法。最优检测使用 4 个指数函数项表示，非常近似于高斯函数的一阶导数。

（2）算法的实现步骤

Canny 边缘检测算法可以分为以下 5 个步骤：

1）应用高斯滤波来平滑图像，以去除噪声。

2）找寻图像的强度梯度（intensity gradients）。

3）应用非最大抑制（non-maximum suppression）技术来消除边误检（本来不是但检测出来是）。

4）应用双阈值方法来决定可能的（潜在的）边界。

5）利用滞后技术来跟踪边界。

2. 霍夫变换

霍夫变换（Hough transform）是一种特征检测，广泛应用在图像分析、计算机视觉及数位影像处理领域。霍夫变换用来辨别物件中的几何特征，如直线、圆等。霍夫变换通过将几何形状的检测问题转化为参数空间中的投票问题，进而识别图像中的目标形状。

现在广泛使用的霍夫变换是由 RichardDuda 和 PeterHart 在 1972 年发明的，称为广义霍夫变换，该变换与 1962 年的 PaulHough 的专利有关。早期的经典霍夫变换主要用于检测图片中的直线，但它的应用目前已扩展到识别更多的几何形状，如圆形、椭圆形。

3. 最小二乘法拟合直线

最小二乘法（又称最小平方法）是一种数学优化技术。它通过最小化预测值与实际值之间的误差平方和来寻找最佳拟合的函数模型。利用最小二乘法可以简便地求得未知的数据，并使这些求得的数据与实际数据之间误差的平方和最小。最小二乘法还可用于曲线拟合，如多项式拟合、指数拟合等。其他优化问题也可通过最小二乘法来解决，如通过最小化能量或最大化熵来优化物理系统或统计模型。

任务实施

1. 项目配置

根据任务 7.1 中的 KImage 平台 C#类库生成步骤，完成“找线”工具的类库项目创建和配置，具体步骤如下：

1）新建 C#类库，并命名为“KLineFind”。

2）引用第三方库。在解决方案资源管理器中修改类名，右击 Class1.cs，在弹出的快捷菜单中选择“重命名”选项，并重命名为 KLineFind。右击解决方案资源管理器中的引用名字，在弹出的快捷菜单中选择“添加引用”选项，打开“引用管理器”界面，在该界面中选择“浏览”选项，在 KImage 软件文件夹中找到并选择如图 7.2.1 所示的.dll 文件。

3）修改目标框架和生成的目标平台。在项目属性中修改“应用程序”中的“目标框架”为“.NET Framework 4”，生成的目标平台选择为“活动（Any CPU）”。

4）引用名称空间。“找线”工具需要用到的名称空间如图 7.2.2 所示。

5）类间继承。KLineFind 工具类继承基类 KVisionTool。

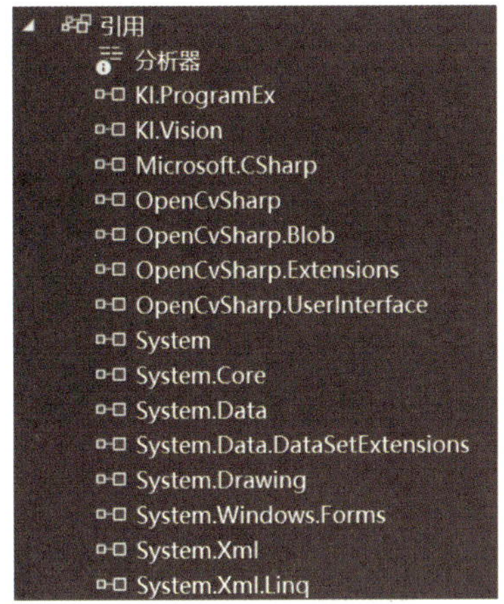

图 7.2.1　“找线”工具所需引用的.dll 文件

```
using System;
using KI.ProgramEx.Tool;
using KI.ProgramEx.ROI;
using System.ComponentModel;
using KI.ProgramEx.ObjectValue;
using KI.Vision.VisionTool;
using OpenCvSharp;
using System.Drawing.Imaging;
using System.Drawing;
using OpenCvSharp.Extensions;
using System.Runtime.InteropServices;
using KI.ProgramEx.ResourceInfo.MsgBox;
using System.IO;
using System.Collections.Generic;
using KI.ProgramEx.Algorithm;
```

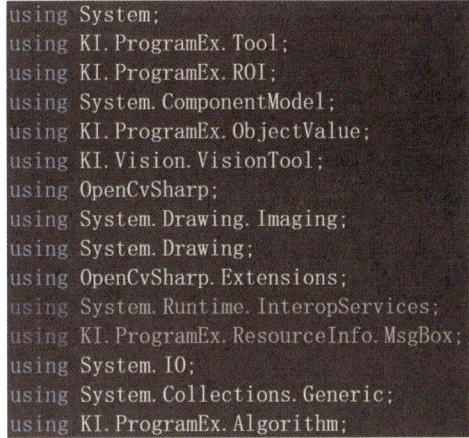

图 7.2.2　“找线”工具需要用到的名称空间

2. 添加属性

“找线”工具中包含的输入参数和输出参数如图 7.2.3 所示。

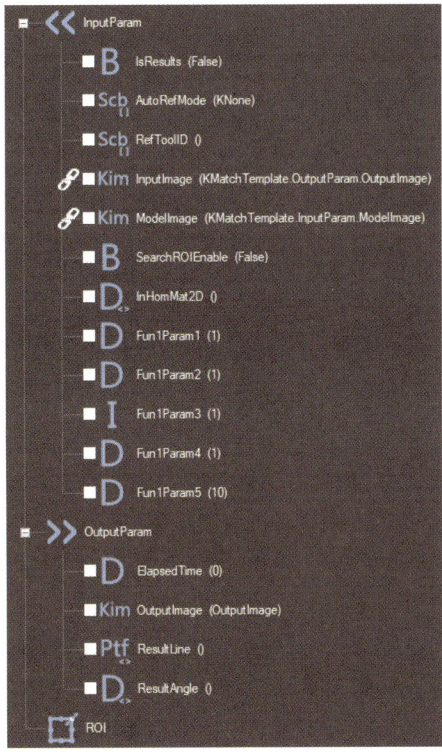

图 7.2.3　“找线”工具中包含的输入、输出参数

其中，IsResults、AutoRefMode、RefToolID、InputImage、ModelImage、SearchROIEnable、InHomMat2D 这 7 个输入参数均已在基类中被添加，因此这里需要额外添加的输入参数只有 Fun1Param1、Fun1Param2、Fun1Param3、Fun1Param4、Fun1Param5。参数 Fun1Param1

的属性如图 7.2.4 所示，其余参数的属性与 Fun1Param1 的属性类似。

```
public double Function1Param1
{
    get
    {
        IObjectValue ov = InputParam.get("Fun1Param1");
        if (ov == null)
        {
            ov = InputParam.add("Fun1Param1", 0D);
            ov.Identity.Infor = "函数1参数1";
        }
        if (!ov.IsDouble) return 0;
        return ov.Double;
    }
    set
    {
        IObjectValue ov = InputParam.get("Fun1Param1");
        if (ov == null)
        {
            ov = InputParam.add("Fun1Param1", 0D);
            ov.Identity.Infor = "函数1参数1";
        }
        if (!ov.IsDouble) return;
        ov.Double = value;
    }
}
```

图 7.2.4　参数 Fun1Param1 的属性

其中，ElapsedTime、OutputImage 这 2 个输出参数均已在基类中被添加，因此这里需要额外添加的输出参数只有 ResultLine、ResultAngle，其属性如图 7.2.5 和图 7.2.6 所示。

```
public List<PointF> ResultLine
{
    get
    {
        IObjectValue ov = OutputParam.get("ResultLine");
        if (ov == null)
        {
            ov = OutputParam.add("ResultLine", new List<PointF>());
            ov.Identity.Infor = "直线坐标";
        }
        if (!ov.IsPointFList) return new List<PointF>();
        return ov.PointFList;
    }
    set
    {
        IObjectValue ov = OutputParam.get("ResultLine");
        if (ov == null)
        {
            ov = OutputParam.add("ResultLine", new List<PointF>());
            ov.Identity.Infor = "直线坐标";
        }
        if (!ov.IsPointFList) return;
        ov.PointFList = value;
    }
}
```

图 7.2.5　参数 ResultLine 的属性

```
public List<double> ResultAngle
{
    get
    {
        IObjectValue ov = OutputParam.get("ResultAngle");
        if (ov == null)
        {
            ov = OutputParam.add("ResultAngle", new List<double>());
            ov.Identity.Infor = "直线角度";
        }
        if (!ov.IsDoubleList) return new List<double>();
        return ov.DoubleList;
    }
    set
    {
        IObjectValue ov = OutputParam.get("ResultAngle");
        if (ov == null)
        {
            ov = OutputParam.add("ResultAngle", new List<double>());
            ov.Identity.Infor = "直线角度";
        }
        if (!ov.IsDoubleList) return;
        ov.DoubleList = value;
    }
}
```

图 7.2.6　参数 ResultAngle 的属性

3. 添加方法

“找线”工具实现的具体步骤如下：

1）输入图像。

2）进行边缘检测，得到包含边缘轮廓的图像。

3）从边缘轮廓图像中进行霍夫直线检测，得到包含所有直线点的点集。

4）利用模板 ROI 对直线点集进行筛选，只获取坐标在模板 ROI 范围内的点，得到新的点集。

5）利用最小二乘法对新点集进行直线拟合，最终得到结果直线。

为了实现上述检测过程，需要在程序中添加相应的方法。其中，关键方法有图像转换、直线检测、添加显示结果直线、判断点是否在 ROI 内、拟合直线。“找线”工具中包含的方法如图 7.2.7 所示。

```
#region "功能函数"

/// <summary> KImage转mat
1 个引用
public Mat KImageToMat(KImage image)[...]

/// <summary> 功能：直线检测
1 个引用
public Mat Function1(Mat inMat, double inFun1Param1, double inFun1Param2, int inFun1Param3, double inFun1Para4, double inFun1Para5)[...]

/// <summary> 添加结果直线
1 个引用
private void Function2(List<PointF> pts)[...]

/// <summary> 判断点是否在感兴趣区域内
2 个引用
private void Function3(List<PointF> pts, IROI modelRoi)[...]
/// <summary> 拟合直线
2 个引用
private List<PointF> Function4(List<PointF> pts, IROI modelRoi)[...]
```

图 7.2.7　“找线”工具中包含的方法

图像转换的方法原型为 public Mat KImageToMat(KImage image)，如图 7.2.8 所示。其中，参数 image 为输入图像，参数 KImage 为类型，方法返回 Mat 类型图像。

```
public Mat KImageToMat(KImage image)
{
    if ((image == null) || (!image.IsValid())) return null;
    if (image.PixelFormat == PixelFormat.Format8bppIndexed)
    {
        Mat TempImg = new Mat(image.Height, image.Width, MatType.CV_8UC1, image.IntPtrData);//共内存
        return TempImg;
    }
    else if (image.PixelFormat == PixelFormat.Format24bppRgb)
    {
        Mat TempImg = new Mat(image.Height, image.Width, MatType.CV_8UC3, image.IntPtrData);//共内存
        return TempImg;
    }
    else if (image.PixelFormat == PixelFormat.Format32bppArgb)
    {
        Mat TempImg = new Mat(image.Height, image.Width, MatType.CV_8UC4, image.IntPtrData);//共内存
        return TempImg;
    }
    else
    {
        Bitmap btmap = new Bitmap(image.Image);//1.不共内存，这种方法转过来的bitmap不管kimage是彩色还是黑白，bitmap都是彩色的
        // Bitmap btmap = ( Bitmap)(image.Image);//2.共内存，bitmap能与kimage保持一样的类型
        Mat TempImg = BitmapConverter.ToMat(btmap);//不共内存，如如使用方法2，这里转换的时间会长20ms左右，
        return TempImg;
    }
}
```

图 7.2.8　图像转换方法

直线检测的方法原型为 public Mat Function1（Mat inMat，double inFun1Param1，double inFun1Param2，int inFun1Param3，double inFun1Para4，double inFun1Para5），如图 7.2.9 所示。其中参数 inMat 为 Mat 类型的输入图像；参数 inFun1Param1 为累加器的距离分辨率（以像素为单位）生成极坐标时的像素扫描步长；参数 inFun1Param2 为累加器的角度分辨率（以弧度为单位）生成极坐标时的角度步长，一般取值 CV_PI/180 =1°；参数 inFun1Param3 为累加器阈值参数，连续像素个数大于该阈值才能被看作直线；参数 inFun1Param4 为最小线段长度，设置最小线段由几个像素点组成；参数 inFun1Param5 为同一直线上的像素之间所允许的最大间隔（默认情况下是 0）。方法返回 Mat 类型的包含边缘轮廓的图像。

```
public Mat Function1(Mat inMat, double inFun1Param1, double inFun1Param2, int inFun1Param3, double inFun1Para4, double inFun1Para5)
{
    if (inMat.Channels() != 1)
    {
        Cv2.CvtColor(inMat, inMat, ColorConversionCodes.BGR2GRAY);
    }
    // 1:边缘检测
    Mat canyy = new Mat(inMat.Size(), inMat.Type());
    Cv2.Canny(inMat, canyy, 60, 200, 3, false);

    LineSegmentPoint[] linePiont = Cv2.HoughLinesP(canyy, inFun1Param1, inFun1Param2, inFun1Param3, inFun1Para4, inFun1Para5);//只能输入单通道图像
    PointF pt = new PointF();
    if (null == ResultLine)
        ResultLine = new List<PointF>();
    List<PointF> linePts = new List<PointF>();
    for (int i = 0; i < linePiont.Length; i++)
    {
        pt.X = linePiont[i].P1.X;
        pt.Y = linePiont[i].P1.Y;
        linePts.Add(pt);
        pt.X = linePiont[i].P2.X;
        pt.Y = linePiont[i].P2.Y;
        linePts.Add(pt);
    }
    Function3(linePts, PoseTransRoi);
    ResultLine = Function4(ResultLine, PoseTransRoi);
    Function2(ResultLine);
    return canyy;
}
```

图 7.2.9　直线检测方法

添加显示结果直线的方法原型为 private void Function2(List<PointF> pts)，如图 7.2.10 所示。其中，参数 pts 为直线点集。

```
private void Function2(List<PointF> pts)
{
    try
    {
        OutputROI.Clear();
        IROI iroi = null;
        for(int i=0;i< pts.Count-1; i++)
        {
            if ((i + 1) >= pts.Count) break;
            iroi = ROIFactory.CreateLine(pts[i], pts[i+1]);
            iroi.Color = Color.Lime;
            OutputROI.AddNewROI(iroi);
        }
    }
    catch
    {

    }
}
```

图 7.2.10　添加显示结果直线方法

判断点是否在 ROI 内的方法原型为 private void Function3(List<PointF>pts,IROI modelRoi)，如图 7.2.11 所示。其中，参数 pts 为直线点集，参数 modelRoi 为 ROI。

```
private void Function3(List<PointF> pts, IROI modelRoi)
{
    try
    {
        if (pts == null) return;
        if (modelRoi == null) return;
        if (modelRoi.IsROIs)
        {
            for (int i = 0; i < modelRoi.ROICount; i++)
            {
                IROI tRoi = modelRoi.GetROI(i);
                if (tRoi == null) continue;
                Function3(pts, tRoi);
            }
        }
        else
        {
            PointF pt = new PointF();
            bool flag = false;
            for (int j = 0; j < pts.Count; j++)
            {
                pt.X = pts[j].X;
                pt.Y = pts[j].Y;
                flag = KAlgorithm.Geometry.PtInROI(modelRoi, pt);
                if (flag)
                {
                    ResultLine.Add(pt);
                }

            }


        }
    }
    catch
    {

    }
}
```

图 7.2.11　判断点是否在 ROI 方法

拟合直线的方法原型为 private List<PointF> Function4(List<PointF>pts, IROI modelRoi)，如图 7.2.12 所示。其中，参数 pts 为直线点集，参数 modelRoi 为 ROI，方法返回直线端点坐标。

```
private List<PointF> Function4(List<PointF> pts, IROI modelRoi)
{
    try
    {
        if (pts == null) return null;
        if (modelRoi == null) return null;
        List<PointF> resultLine = new List<PointF>();
        if (modelRoi.IsROIs)
        {
            for (int i = 0; i < modelRoi.ROICount; i++)
            {
                IROI tRoi = modelRoi.GetROI(i);
                if (tRoi == null) continue;
                resultLine.AddRange(Function4(pts, tRoi));
            }
            return resultLine;
        }
        else
        {
            List<Point2f> points = new List<Point2f>();
            Point2f pt = new Point2f();
            for (int i = 0; i < pts.Count; i++)
            {
                pt.X = pts[i].X;
                pt.Y = pts[i].Y;
                points.Add(pt);
            }
            Line2D line = Cv2.FitLine(points, DistanceTypes.L2, 0, 0.01, 0.01);
            double k = line.Vy / line.Vx;
            //计算直线的端点(y = k(x - x0) + y0)
            PointF point1 = new PointF();
            PointF point2 = new PointF();
            point1.X = modelRoi.BoundingRectangleF.Left;
            point1.Y = (float)(k * (point1.X - line.X1) + line.Y1);
            point2.X = modelRoi.BoundingRectangleF.Right;
            point2.Y = (float)(k * (point2.X - line.X1) + line.Y1);
            resultLine.Add(point1);
            resultLine.Add(point2);
            // 计算直线与水平轴的夹角
            double angle = KAlgorithm.Geometry.GetAngle(point1, point2);
            ResultAngle.Add(angle);
            return resultLine;
        }

    }
    catch
    {
        return null;
    }
}
```

图 7.2.12　拟合直线方法

工程经验

1）确保正确安装 OpenCV 库。确保正确安装了 OpenCV 库，并将其集成到项目中。可以从 OpenCV 官方网站下载适用于 C#的库。

2）引入合适的命名空间。在使用 CV 库时，需要引入正确的命名空间来调用相关的函数和类。常用的命名空间包括“OpenCvSharp”和“OpenCvSharp.Extensions”。

3）了解图像处理基础知识。在进行线条检测之前，需要掌握一些基础的图像处理知识，如滤波、二值化、边缘检测等。这些知识有助于选择合适的图像处理方法，从而获得更好的线条检测结果。

4）调试和优化算法。线条检测算法的效果可能与图像质量、光照条件、线条粗细等因素有关。因此，在开发过程中，需要不断调试和优化算法，以确保线条检测的准确性和稳定性。

实战演练

1. 实战任务

实战任务如表 7.2.1 所示。

表 7.2.1　实战任务

任务描述	图示
编写“找线”工具，并识别该零件上任意一条直线	

2. 实战操作

实战操作步骤与结果记录如表 7.2.2 所示。

表 7.2.2　实战操作步骤与结果记录

操作步骤	结果

考核评价

对本任务的考核评价如表 7.2.3 所示。

表 7.2.3　考核评价

考核内容		考核评分		
项目	内容	配分	得分	批注
工作准备（10%）	能够正确理解工作任务内容、范围及工作指令	2		
	能够查阅和理解参数表，确认要求	2		
	个人防护用品使用得当，衣着适宜	2		
	确认设备及工量具，检查是否安全及正常工作	2		
	准备工作场地与器材，能够识别安全隐患	2		

续表

考核内容		考核评分		
项目	内容	配分	得分	批注
任务实施（80%）	能够完成项目配置	10		
	能够正确添加属性	10		
	能够实现图像转换方法	10		
	能够实现直线检测方法	10		
	能够实现添加显示结果直线方法	10		
	能够实现判断点是否在 ROI 内的方法	10		
	能够实现拟合直线方法	10		
	安全、无事故并在规定时间内完成任务	10		
完工清理（10%）	整理和清洁工作区域	3		
	对工具、设备进行清洁	3		
	按照工作程序，完成实训报告	4		
考核成绩		考评员签字： 日期：______年____月____日		

综合评价：

工匠精神

追求卓越的执着与热爱

工匠精神是一种追求卓越、精益求精的精神，体现了对工作的执着和热爱。工匠们通过在专业领域的不断精进与突破，展现了“能人所不能”的精湛技艺，这得益于他们对完美和极致的追求。工匠们笃实专注、严谨执着的匠心，使他们从小到一枚螺丝钉、一根电缆的打磨，到大型飞机、高铁等大国重器的锻造中，都展现出“偏毫厘不敢安”的一丝不苟。相信只要我们在工作中保持这种精神，不断追求卓越，就能创造出更多更好的作品。

任务 7.3 矩形卡尺工具开发

任务描述

小张是某职业学校工业机器人技术专业三年级学生，他正在某机器视觉应用公司进行工业视觉系统运维员跟岗实习，并参与到公司的“矩形卡尺”工具的二次开发项目。根据《职业学校学生实习管理规定》(教职成〔2021〕4 号)的要求，小张需要在视觉工程师的指导下，认真地完成“矩形卡尺”工具的需求分析和功能开发。

任务目标

1. 掌握工具开发的基本流程。
2. 掌握“矩形卡尺”工具的开发方法。

任务分析

要进行 KImage 平台功能模块的二次开发，就需要分析工具所需要具备的功能，知道需要添加的功能模块、输入输出参数及 OpenCV 算子。本任务需要完成“矩形卡尺”工具的程序编写，编译生成 DLL 文件并导入 KImage 平台中。

知识准备

1. 卡尺

将待测物置于卡尺测量爪之间，当待测物与量爪紧紧相贴时，即可读数。图 7.3.1 所示为卡尺工具。矩形卡尺的实现原理在于按照一定的间隔，查找工件待测边缘的所有边缘点对，并计算边缘点对之间的平均距离，将其作为工件边缘距离，如图 7.3.2 所示。

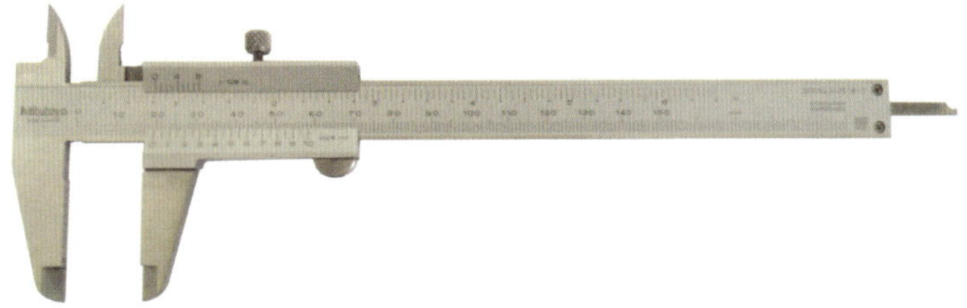

图 7.3.1　卡尺工具

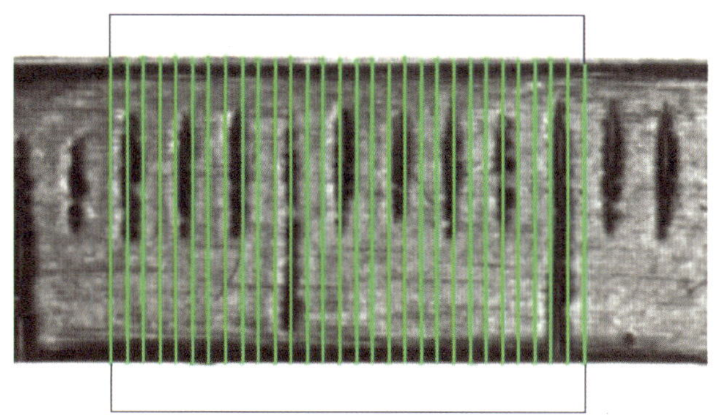

图 7.3.2　矩形卡尺

2. 边缘点检测

要实现矩形卡尺的测量功能，关键在于边缘点的检测。如图 7.3.3 所示，边缘点的检测方法：沿着两点之间的连线方向做直线插补运动，遍历直线上像素点的值，在遍历过程中寻找相邻两点像素值之差大于设定阈值的点，若能找到则认为该点为边缘点。

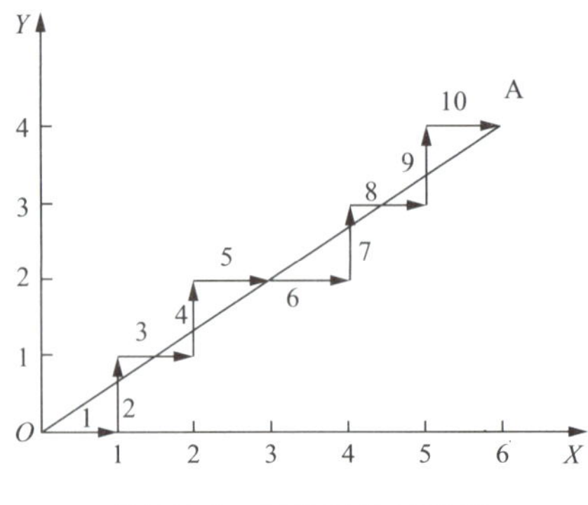

图 7.3.3　插补运动示意图

任务实施

1. 项目配置

根据任务 7.1 中的 KImage 平台 C#类库的生成步骤，完成矩形卡尺工具的类库项目创建和配置，具体步骤如下：

1）新建 C#类库，并命名为 KRectCalipe。

2）引用第三方库。在解决方案资源管理器中修改类名，右击 Class1.cs，在弹出的快捷菜单中选择“重命名”选项，并重命名为“KRectCalipe”。右击解决方案资源管理器中的引用名字，在弹出的快捷菜单中选择“添加引用”选项，打开“引用管理器”界面，在该界面中选择“浏览”选项，在 KImage 软件文件夹中找到并选择如图 7.3.4 所示的.dll 文件。

图 7.3.4　“矩形卡尺”工具需引用的.dll 文件

3）修改目标框架和生成的目标平台。在项目属性中修改“应用程序”的“目标框架”为“.NET Framework 4”，生成的目标平台选择为“活动（Any CPU）”。

4）引用名称空间。“矩形卡尺”工具需要用到的名称空间如图 7.3.5 所示。

```
using System;
using KI.ProgramEx.Tool;
using KI.ProgramEx.ROI;
using System.ComponentModel;
using KI.ProgramEx.ObjectValue;
using KI.Vision.VisionTool;
using OpenCvSharp;
using System.Drawing.Imaging;
using System.Drawing;
using OpenCvSharp.Extensions;
using System.Runtime.InteropServices;
using KI.ProgramEx.ResourceInfo.MsgBox;
using System.Collections.Generic;
using KI.ProgramEx.Algorithm;
```

图 7.3.5　“矩形卡尺”工具需使用到的名称空间

5）类间继承。KRectCalipe 工具类继承基类 KVisionTool。

2. 添加属性

“矩形卡尺”工具中包含的输入参数和输出参数如图 7.3.6 所示。

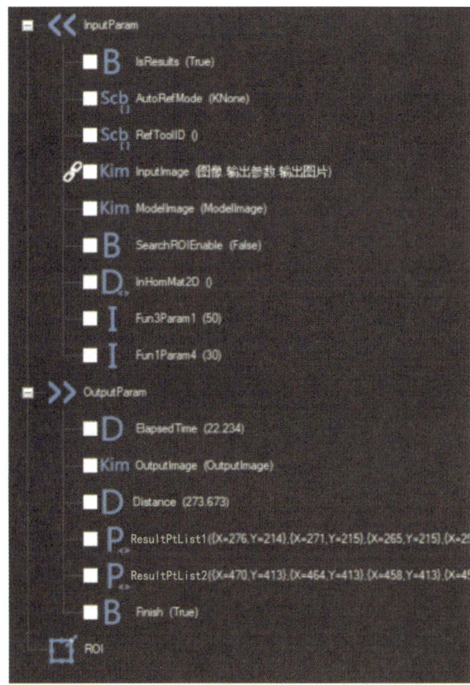

图 7.3.6　“矩形卡尺”工具中包含的输入参数和输出参数

其中，IsResults、AutoRefMode、RefToolID、InputImage、ModelImage、SearchROIEnable、InHomMat2D 这 7 个输入参数均已在基类中被添加，因此这里需要额外添加的输入参数只有 Fun1Param4、Fun3Param1，它们的属性分别如图 7.3.7 和图 7.3.8 所示。

```
/// <summary>
/// 阈值
/// </summary>
3 个引用
public int Function1Param4
{
    get
    {
        IObjectValue ov = InputParam.get("Fun1Param4");
        if (ov==null)
        {
            ov = InputParam.add("Fun1Param4", 0);
            ov.Identity.Infor = "函数1参数4";
        }
        if (!ov.IsInt)
        {
            return 30;
        }
        return ov.Int;
    }
    set
    {
        IObjectValue ov = InputParam.get("Fun1Param4");
        if (ov == null)
        {
            ov = InputParam.add("Fun1Param4", 0);
            ov.Identity.Infor = "函数1参数4";
        }
        if (!ov.IsInt)
        {
            return;
        }
        ov.Int = value;
    }
}
```

图 7.3.7　参数 Fun1Param4 的属性

```
/// <summary>
/// 点对数
/// </summary>
2 个引用
public int Function3Param1
{
    get
    {
        IObjectValue ov = InputParam.get("Fun3Param1");
        if (ov == null)
        {
            ov = InputParam.add("Fun3Param1", 0);
            ov.Identity.Infor = "函数1参数4";
        }
        if (!ov.IsInt)
        {
            return 5;
        }
        return ov.Int;
    }
    set
    {
        IObjectValue ov = InputParam.get("Fun3Param1");
        if (ov == null)
        {
            ov = InputParam.add("Fun3Param1", 0);
            ov.Identity.Infor = "函数1参数4";
        }
        if (!ov.IsInt)
        {
            return;
        }
        ov.Int = value;
    }
}
```

图 7.3.8　参数 Fun3Param1 的属性

其中，ElapsedTime、OutputImage 这 2 个输出参数均已在基类中被添加，因此这里需要额外添加的输出参数只有 Distance、ResultPtList1、ResultPtList2，它们的属性分别如图 7.3.9～图 7.3.11 所示。

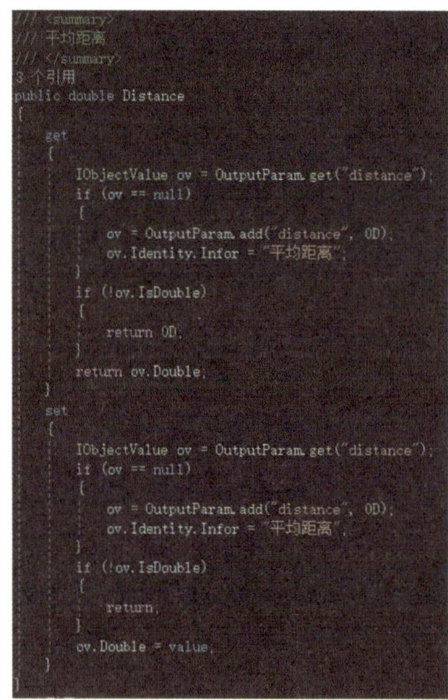

```
/// <summary>
/// 平均距离
/// </summary>
3 个引用
public double Distance
{
    get
    {
        IObjectValue ov = OutputParam.get("distance");
        if (ov == null)
        {
            ov = OutputParam.add("distance", 0D);
            ov.Identity.Infor = "平均距离";
        }
        if (!ov.IsDouble)
        {
            return 0D;
        }
        return ov.Double;
    }
    set
    {
        IObjectValue ov = OutputParam.get("distance");
        if (ov == null)
        {
            ov = OutputParam.add("distance", 0D);
            ov.Identity.Infor = "平均距离";
        }
        if (!ov.IsDouble)
        {
            return;
        }
        ov.Double = value;
    }
}
```

图 7.3.9　参数 Distance 的属性

```
/// <summary>
/// 点集结果1
/// </summary>
6 个引用
public List<System.Drawing.Point> ResultPtList1
{
    get
    {
        IObjectValue ov = OutputParam.get("resultPointsList1");
        if (ov == null)
        {
            ov = OutputParam.add("resultPointsList1", new List<System.Drawing.Point>());
            ov.Identity.Infor = "点集结果1";
        }
        if (!ov.IsPointList)
        {
            return new List<System.Drawing.Point>();
        }
        return ov.PointList;
    }
    set
    {
        IObjectValue ov = OutputParam.get("resultPointsList1");
        if (ov == null)
        {
            ov = OutputParam.add("resultPointsList1", new List<System.Drawing.Point>());
            ov.Identity.Infor = "点集结果1";
        }
        if (!ov.IsPointList)
        {
            return;
        }
        ov.PointList = value;
    }
}
```

图 7.3.10　参数 ResultPtList1 的属性

```
/// <summary>
/// 点集结果2
/// </summary>
6 个引用
public List<System.Drawing.Point> ResultPtList2
{
    get
    {
        IObjectValue ov = OutputParam.get("resultPointsList2");
        if (ov == null)
        {
            ov = OutputParam.add("resultPointsList2", new List<System.Drawing.Point>());
            ov.Identity.Infor = "点集结果2";
        }
        if (!ov.IsPointList)
        {
            return new List<System.Drawing.Point>();
        }
        return ov.PointList;
    }
    set
    {
        IObjectValue ov = OutputParam.get("resultPointsList2");
        if (ov == null)
        {
            ov = OutputParam.add("resultPointsList2", new List<System.Drawing.Point>());
            ov.Identity.Infor = "点集结果2";
        }
        if (!ov.IsPointList)
        {
            return;
        }
        ov.PointList = value;
    }
}
```

图 7.3.11　参数 ResultPtList2 的属性

3. 添加方法

“矩形卡尺”工具实现的具体步骤如下：

1）输入图像。

2）在矩形 ROI 的上边线和下边线按相同的间隔生成点对。

3）沿着点对连线方向寻找待测物的边缘点对。

4）计算检测出的边缘点对之间的直线距离与平均距离，该平均距离即为该“矩形卡尺”工具的测量结果。

为了实现上述检测过程，需要在程序中添加相应的方法。其中，关键方法有单步插补、找边缘点、卡尺执行测量。“矩形卡尺”工具中包含的方法如图 7.3.12 所示。

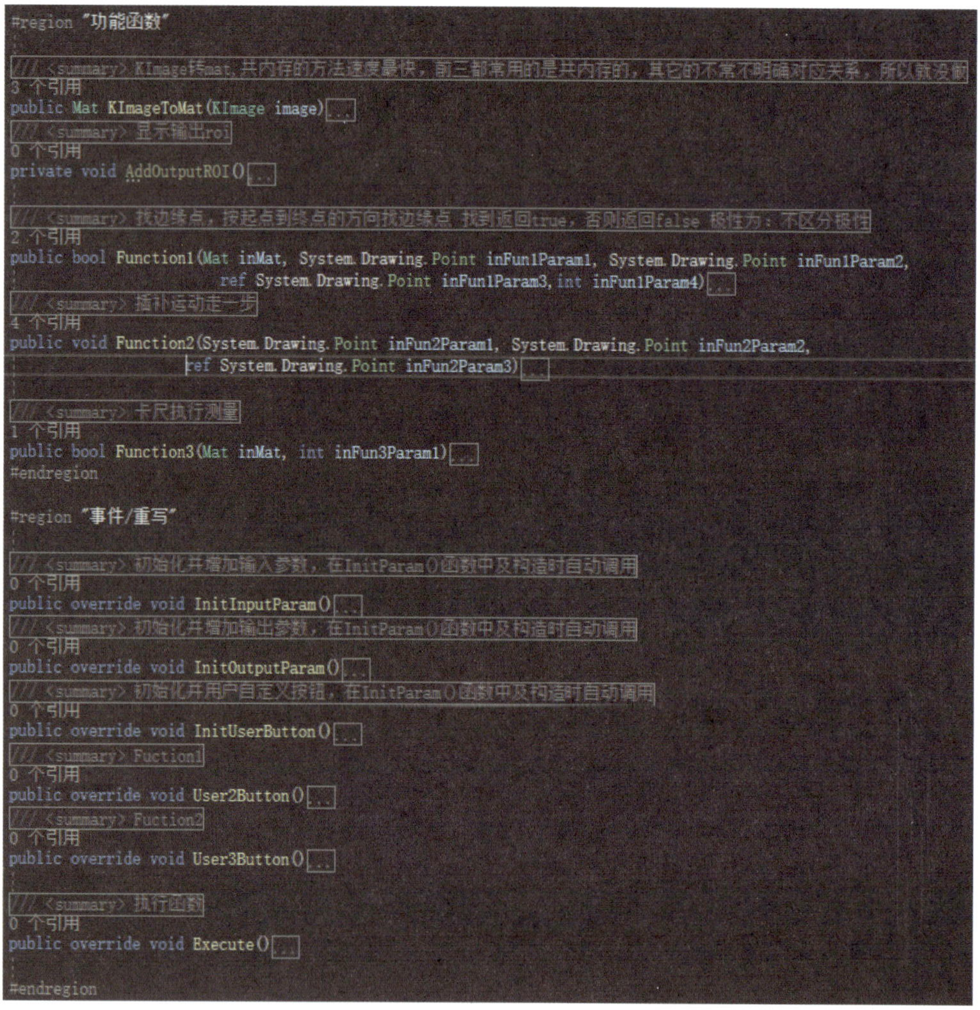

```
#region "功能函数"

/// <summary> KImage转mat,共内存的方法速度最快，前三都常用的是共内存的，其它的不常不明确对应关系，所以就没
3 个引用
public Mat KImageToMat(KImage image)[...]
/// <summary> 显示输出roi
0 个引用
private void AddOutputROI()[...]

/// <summary> 找边缘点，按起点到终点的方向找边缘点 找到返回true，否则返回false 极性为：不区分极性
2 个引用
public bool Function1(Mat inMat, System.Drawing.Point inFun1Param1, System.Drawing.Point inFun1Param2,
                    ref System.Drawing.Point inFun1Param3, int inFun1Param4)[...]
/// <summary> 插补运动走一步
4 个引用
public void Function2(System.Drawing.Point inFun2Param1, System.Drawing.Point inFun2Param2,
                ref System.Drawing.Point inFun2Param3)[...]

/// <summary> 卡尺执行测量
1 个引用
public bool Function3(Mat inMat, int inFun3Param1)[...]
#endregion

#region "事件/重写"

/// <summary> 初始化并增加输入参数，在InitParam()函数中及构造时自动调用
0 个引用
public override void InitInputParam()[...]
/// <summary> 初始化并增加输出参数，在InitParam()函数中及构造时自动调用
0 个引用
public override void InitOutputParam()[...]
/// <summary> 初始化并用户自定义按钮，在InitParam()函数中及构造时自动调用
0 个引用
public override void InitUserButton()[...]
/// <summary> Fuction1
0 个引用
public override void User2Button()[...]
/// <summary> Fuction2
0 个引用
public override void User3Button()[...]

/// <summary> 执行函数
0 个引用
public override void Execute()[...]

#endregion
```

图 7.3.12 “矩形卡尺”工具中包含的方法

单步插补的方法原型为 public void Function2(System.Drawing.Point inFun2Param1, System.Drawing.Point inFun2Param2,ref System.Drawing.Point inFun2Param3)，如图 7.3.13 所示。其中，参数 inFun2Param1 为起始点，参数 inFun2Param2 为终点，参数 inFun2Param3 为当前点。

```
/// 插补运动走一步
/// </summary>
/// <param name="inFun2Param1">起始点</param>
/// <param name="inFun2Param2">终点</param>
/// <param name="inFun2Param3">当前点</param>
4 个引用
public void Function2(System.Drawing.Point inFun2Param1, System.Drawing.Point inFun2Param2,
                      ref System.Drawing.Point inFun2Param3)
{
    //选手在此处添加代码

    //起点与终点连线，该直线与X轴之间的夹角
    double angle_k = KAlgorithm.Geometry.GetAngle(inFun2Param1, inFun2Param2);
    int signX, signY;//单步运动的X、Y方向
    //判断X轴向的步进方向
    if (inFun2Param2.X - inFun2Param1.X >= 0)
    {
        signX = 1;
    }
    else
    {
        signX = -1;
    }
    //判断Y轴向的步进方向
    if (inFun2Param2.Y - inFun2Param1.Y >= 0)
    {
        signY = 1;
    }
    else
    {
        signY = -1;
    }

    //System.Drawing.Point temp = new System.Drawing.Point(inFun2Param1.X, inFun2Param1.Y);
    //判断当前点是否为起始点
    if (inFun2Param3 == inFun2Param1)
    {
        inFun2Param3.Offset(signX, signY);
        return;
    }
    //当前点与起点连线，计算该直线与X轴之间的夹角
    double angle = KAlgorithm.Geometry.GetAngle(inFun2Param1, inFun2Param3);
    if (signX * signY > 0)
    {
        if (angle <= angle_k)
        {
            inFun2Param3.Offset(0, signY);
        }
        else
        {
            inFun2Param3.Offset(signX, 0);
        }
    }
    else
    {
        if (angle <= angle_k)
        {
            inFun2Param3.Offset(signX, 0);
        }
        else
        {
            inFun2Param3.Offset(0, signY);
        }
    }
}
```

图 7.3.13　单步插补方法

找边缘点的方法原型为 public bool Function1(Mat inMat,System.Drawing.Point inFun1Param1, System.Drawing.Point inFun1Param2,ref System.Drawing.Point inFun1Param3, int inFun1Param4)，如图 7.3.14 所示。其中，参数 inMat 为输入图像，参数 inFun1Param1 为起点，参数 inFun1Param2 为终点，参数 inFun1Param3 为找到的边缘点，参数 inFun1Param4 为阈值。方法返回 bool 类型，若找到边缘点则返回 true，否则返回 false。

```
public bool Function1(Mat inMat, System.Drawing.Point inFun1Param1, System.Drawing.Point inFun1Param2,
                      ref System.Drawing.Point inFun1Param3, int inFun1Param4)
{
    //选手在此处添加代码
    if (inMat.Channels() != 1)
    {
        //若输入图像不为单通道图像，则将其转为灰度图
        Cv2.CvtColor(inMat, inMat, ColorConversionCodes.BGR2GRAY);
    }
    //准备一个Point数组，用于存放存放插补运动的连续三个点
    System.Drawing.Point[] temp = new System.Drawing.Point[3];
    temp[0] = new System.Drawing.Point(inFun1Param1.X, inFun1Param1.Y); //temp[0]获得第起点
    Function2(inFun1Param1, inFun1Param2, ref temp[0]);//对temp[0]点沿直线方向往前插补一步
    temp[1] = new System.Drawing.Point(temp[0].X, temp[0].Y);//temp[1]点获得当前temp[0]点
    Function2(inFun1Param1, inFun1Param2, ref temp[1]);//对temp[1]点沿直线方往前插补一步
    temp[2] = new System.Drawing.Point(temp[1].X, temp[1].Y);//temp[2]点点获得当前temp[1]点
    Function2(inFun1Param1, inFun1Param2, ref temp[2]);//对temp[2]点沿直线方往前插补一步
    while (true)
    {
        temp[0] = temp[1];
        temp[1] = temp[2];
        temp[2] = new System.Drawing.Point(temp[2].X, temp[2].Y);
        Function2(inFun1Param1, inFun1Param2, ref temp[2]);

        int[] difference = new int[2];//准备一个int数组，该数组大小为2，用于记录相邻像素值之间的差
        for (int i = 1; i < temp.Length; i++)
        {
            //计算沿直线方向上相邻两点的像素值之差的绝对值
            difference[i-1] = System.Math.Abs(inMat.Get<byte>(temp[0].Y, temp[0].X) -
                                              inMat.Get<byte>(temp[i].Y, temp[i].X));
        }

        //判断直线方向上相邻两点像素值之差的绝对值是否大于设定阈值
        //若大于设定阈值则输出该点并返回true，意为找到边缘远点，执行成功
        if (difference[0] >= inFun1Param4 && difference[1] >= inFun1Param4)
        {
            inFun1Param3 = temp[1];
            return true;
        }
        //判断是否遍历到终点
        //若已经遍历到终点则返回false，意为没找到边缘点
        if (temp[0].X - inFun1Param2.X == 0 && temp[0].Y - inFun1Param2.Y == 0)
        {
            return false;
        }
    }
}
```

图 7.3.14　找边缘点方法

卡尺执行测量的方法原型为 public bool Function3(Mat inMat,int inFun3Param1)，如图 7.3.15 所示。其中，参数 inMat 为输入图像，参数 inFun3Param1 为边缘点对数。方法返回 bool 类型，执行测量成功返回 true，否则返回 false。

```
public bool Function3(Mat inMat, int inFun3Param1)
{
    IROI rectModel = null;
    for (int i = 0; i < ModelROI.ROICount; i++)
    {
        if (ModelROI.GetROI(i).ROIType == KROIType.RectangleF)
        {
            rectModel = ModelROI.GetROI(i);//从ModelROI中获得矩形的roi
        }
    }
    PointF[] pts = rectModel.ToPointFArray();//获得矩形ROI的各个角点
    double gapX = (pts[1].X - pts[0].X) / (inFun3Param1 - 1);
    double gapY = (pts[1].Y - pts[0].Y) / (inFun3Param1 - 1);
    List<PointF> ptList1 = new List<PointF>();
    List<PointF> ptList2 = new List<PointF>();
    for (int i = 0; i < inFun3Param1; i++)
    {
        ptList1.Add(new PointF((float)(i * gapX + pts[0].X), (float)(i * gapY + pts[0].Y)));
        ptList2.Add(new PointF((float)(i * gapX + pts[3].X), (float)(i * gapY + pts[3].Y)));
    }
    //List<System.Drawing.Point> resultPtList1 = new List<System.Drawing.Point>();
    //List<System.Drawing.Point> resultPtList2 = new List<System.Drawing.Point>();
    System.Drawing.Point p = new System.Drawing.Point();
    int accumulator = 0;
    Distance = 0;
    Contour.Clear();
    Contour.AddNewROI(rectModel);//addroi
    ResultPtList1.Clear();
    ResultPtList2.Clear();
    for (int i = 0; i < inFun3Param1; i++)
    {
        //查找边缘点，并将边缘点存储于ResultPtList1中
        if (Function1(inMat, System.Drawing.Point.Round(ptList1[i]),
            System.Drawing.Point.Round(ptList2[i]), ref p, Function1Param4))
        {
            ResultPtList1.Add(p);
        }
        else
        {
            ResultPtList1.Add(System.Drawing.Point.Empty);
        }
        //查找边缘点，并将边缘点存储于ResultPtList2中
        if (Function1(inMat, System.Drawing.Point.Round(ptList2[i]),
            System.Drawing.Point.Round(ptList1[i]), ref p, Function1Param4))
        {
            ResultPtList2.Add(p);
        }
        else
        {
            ResultPtList2.Add(System.Drawing.Point.Empty);
        }
        //计算边缘点对之间的平均距离
        if (ResultPtList1[i] != System.Drawing.Point.Empty &&
            ResultPtList2[i] != System.Drawing.Point.Empty)
        {
            Distance += KAlgorithm.Geometry.GetPointToPointDistance(ResultPtList1[i], ResultPtList2[i]);
            accumulator++;
            IROI lineRoi = ROIFactory.CreateLine(ResultPtList1[i], ResultPtList2[i]);
            lineRoi.Color = Color.Lime;
            lineRoi.PenWidth = 2;
            Contour.AddROI(lineRoi);
        }
    }
    if (accumulator == 0)
    {
        return false;
    }
    Distance /= accumulator;
    return true;
}
```

图 7.3.15　卡尺执行测量方法

工程经验

1）函数的参数命名和说明应规范准确。保证函数的参数命名和说明清晰易懂，以便其他开发人员能够轻松地理解和使用该函数。

2）应在函数内部对传递的参数进行合法性检查。例如，可以检查 inMat 是否为空，以避免潜在的空引用错误。

3）函数应根据测量结果返回状态。如果测量成功，则函数应返回 true；如果测量失败，则应返回 false，以指示矩形卡尺测量是否成功执行。

4）明确 inFun3Param1 参数的含义和用途。inFun3Param1 参数的含义和用途应清晰明了，所选取的值应与矩形卡尺测量算法的需求相符。

实战演练

1. 实战任务

实战任务如表 7.3.1 所示。

表 7.3.1　实战任务

任务描述	图示
编写“矩形卡尺”工具，测量机械零件中红框位置的平均宽度	

2. 实战操作

实战操作步骤与结果记录如表 7.3.2 所示。

表 7.3.2　实战操作步骤与结果记录

操作步骤	结果

考核评价

对本任务的考核评价如表7.3.3所示。

表7.3.3　考核评价

考核内容		考核评分		
项目	内容	配分	得分	批注
工作准备（10%）	能够正确理解工作任务内容、范围及工作指令	2		
	能够查阅和理解参数表，确认要求	2		
	个人防护用品使用得当，衣着适宜	2		
	确认设备及工量具，检查是否安全及正常工作	2		
	准备工作场地与器材，能够识别安全隐患	2		
任务实施（80%）	能够完成项目配置	10		
	能够正确添加属性	10		
	能够实现单步插补方法	20		
	能够实现找边缘点方法	20		
	能够实现卡尺执行测量方法	10		
	安全、无事故并在规定时间内完成任务	10		
完工清理（10%）	整理和清洁工作区域	3		
	对工具、设备进行清洁	3		
	按照工作程序，完成实训报告	4		
考核成绩		考评员签字：__________ 日期：______年____月____日		

综合评价：

大国工匠

许振超——起重机上的大国工匠

许振超被誉为“起重机上的大国工匠”，他是青岛港的一名桥吊司机。他在平凡的岗位上，用实际行动诠释了工匠精神。

他从事桥吊司机工作多年，不仅技术精湛，还不断创新。他发明了“单吊索具快速换装法”，使换装效率提高了60%以上；他提出的“桥吊空箱防抖法”显著提高了桥吊作业的稳定性和安全性。此外，许振超还参与了多项港口机械设备的技术改造和创新项目，为青岛港成为全球效率较高的港口之一做出了重要贡献。

许振超的事迹不仅展示了个人的奋斗和智慧，也体现了中国工人严谨、专注、创新的职业素养。他的精神激励着无数青年，树立了新时代工匠的榜样。

项目8 机器视觉综合应用

项目导读

机器视觉的综合应用是将控制机器的能力和视觉传感技术相结合，通过运算能力对相机拍摄的视觉图像进行测量和判断，将图像信号转换成相关的数字信号，从而控制自动化设备执行任务，实现现代全自动化生产线的高效运行。

基于机器视觉技术的机械零件尺寸测量与装配方法具有成本低、精度高、安装简易等优点，其非接触性、实时性、灵活性和精确性等特点可以有效地解决传统检测与装配方法中存在的问题。同时，尺寸测量与装配行业是机器视觉技术应用最广泛的领域之一，尤其是在自动化制造行业中，机器视觉常用于测量零件的各种尺寸参数，如长度、圆度、角度、弧度等，检测零件的基本几何特征，以进行精准装配。

在芯片生产中，运用机器视觉技术对芯片进行严格的外观尺寸检测是非常重要的环节，有利于提高后续加工的效率。芯片尺寸检测系统经过简单设定后，即可自动进行检测和计算，如有异常发生，则可提示报警或控制机器停机。若检测出工件不符合要求，则输出 NG 信号。

在印刷和包装行业中，机器视觉技术用于质量检测的基本工作原理是：利用摄像机拍摄（采集）印刷品上的图像，并在计算机中与该印品的标准图像（模板）进行匹配比较，如果发现差异超出设定的公差范围，则判定为不合格产品，并操纵自动化机械臂完成分拣和搬运的工作。

学习目标

知识目标

1. 掌握机器视觉技术在机械零件尺寸测量中的应用方法。
2. 掌握机器视觉技术在装配领域中的应用方法。

能力目标

1. 掌握硬件检测与安装、配置设备、手眼标定、3D 分拣技术。
2. 能自己设计完成测量与分拣任务。

思政目标

1. 强化规范意识、安全意识，严格按照安全操作规程作业。
2. 强化质量意识，培养专注、细致、严谨、负责的工作态度。

任务 8.1 机械零件尺寸测量与装配

任务描述

小张是某职业学校工业机器人技术专业三年级学生，他正在某机器视觉应用公司进行工业视觉系统运维员跟岗实习。根据《职业学校学生实习管理规定》（教职成〔2021〕4号）的要求，小张需要利用机器视觉对机械零件进行测量和检测，其中主要包括以下环节：对所用设备进行选型和安装，通过标定板完成3D手眼标定、2D手眼标定、图像坐标与世界坐标的标定及PLC运动控制平台的运动测试，选择合适的视觉工具，从而实现零件的分拣、测量和组装功能。

本任务要求机器视觉系统定位4个小圆块的位置、角度信息并识别各个小圆块的颜色；示教4个机械零件的拍照位，进行尺寸测量，尺寸测量的内容包括每个机械零件的圆直径、角度、线间距、点到线距离、圆心距，将测量得到的每个机械零件的数据与标准值并结合允许的公差进行数据比较，判断机械零件的尺寸；通过吸嘴将小圆块组装在机械零件的大圆孔内。在测量结果合格（OK）的机械零件的大圆孔上组装上绿色小圆块，在测量结果不合格（NG）的机械零件的大圆孔上组装上红色小圆块。

本任务治具及样品如图8.1.1所示。

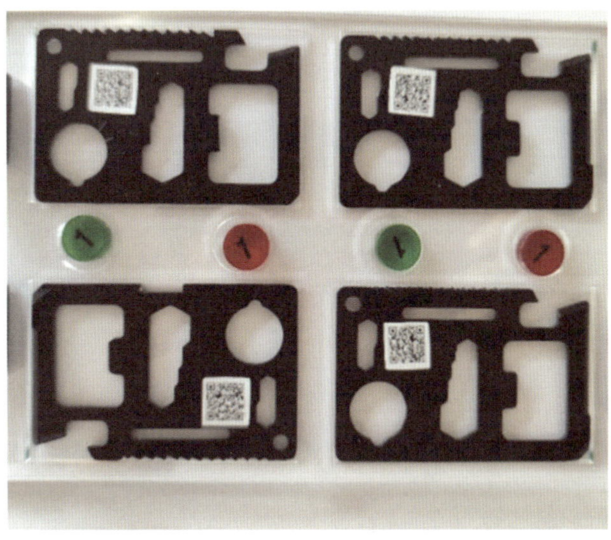

图8.1.1　本任务治具及样品

任务目标

1. 学习并掌握机器视觉技术在机械零件尺寸测量与装配领域中的应用与方法。
2. 掌握硬件检测与安装、配置设备、尺寸测量与装配技术。
3. 培养图像感知与分析方面的创造性思维。
4. 能够根据检测项数值判断零件状态。

任务分析

利用 PLC 控制工具的 X、Y 轴移动料盘，将各机械零件依次移动到拍照位，测量相关尺寸，识别二维码，比较数据，判断机械零件是否合格。接着将小圆块组装在机械零件的大圆孔内，在测量结果合格的机械零件的大圆孔上组装上绿色小圆块，在测量结果不合格的机械零件的大圆孔上组装上红色小圆块，并将小圆块居中组装在大圆孔内，小圆块上表面的“1”统一朝向大圆孔的缺口。

知识准备

1. 硬件工具

本任务使用的硬件工具如表 8.1.1 所示。

表 8.1.1 本任务使用的硬件工具

所用工具	数量/个	性能参数
3D 零件	4	9mm 高度 2 个、18mm 高度 2 个
机械零件	4	大小为 69mm×45mm、高度为 2mm±0.2mm、2 个尺寸合格、2 个尺寸不合格
小圆块	4	2 个绿色、2 个红色
料盘	1	透明亚克力、大小为 202mm×121mm、高度为 6mm、下沉深度为 3mm
3D 相机	1	分辨率为 1920×1080 像素×2、帧率>10 帧/s、曝光模式为滚动、芯片大小为 1/4.9″、像元尺寸为 1.4μm
LED 光源	1	背光源、发光面积为 169mm×145mm、颜色为白色
镜头	4	编号分别为 12mm、25mm、35mm 焦距的定焦镜头及一个 0.3×放大倍率的远心镜头
标定板	2	标定板 A 为三合一，外框尺寸分别为 100mm×100mm、50mm×50mm、20mm×20mm，圆/格间距分别为 20mm、10mm、4mm，外圆环直径分别为 5mm、2.5mm、1mm，内圆环直径分别为 3mm、1.5mm、0.6mm。标定板 B 的外框尺寸为 180mm×120mm，方格边长为 15mm，方格数量为 11×7
线缆	6	相机线缆：2D 相机 USB 数据线一根、3D 相机数据线一根、电源线（含触发和输出信号）一根、千兆网相机通信线一根（带锁）、网络通信线一根（3m 扁线）、光源延长线一根
吸嘴	3	SP-06、SP-08、SP-10

2. 软件工具

本任务的使用软件工具如表 8.1.2 所示。

表 8.1.2 本任务使用的软件工具

类型	工具
系统类	服务器客户端通信工具、串口工具、PLC 读写工具、机器人控制工具、信号源工具
图像源类	图像源工具、相机工具、保存图片工具
定位类	仿射变换工具、斑点分析工具、找圆工具、找线工具、边缘点查找工具、形状匹配工具、灰度匹配工具

续表

类型	工具
测量类	圆卡尺工具、夹角工具、边缘卡尺工具、线交点工具、线间距工具、点间距工具、矩形卡尺工具、点线距离工具、坐标转换工具、标定工具
图像处理类	图像转换工具、通道分离工具、颜色提取工具、图像剪切工具、图像处理工具、阈值化工具、轮廓提取工具
识别类	二维码工具、字符识别工具、条码检测工具、缺陷检测工具
对位类	位移计算工具、坐标计算工具、对位平台工具
数据处理类	累加工具、分类工具、保存表格工具、格式转换工具、列表工具、逻辑运算工具、字符串截取工具、用户变量工具

任务实施

1. 机器视觉系统的选型安装

机器视觉系统选型安装过程见任务 6.1。本任务采用的相机为彩色相机，用到 12mm、25mm、35mm 焦距的定焦镜头及一个 0.3X 放大倍率的远心镜头，选用背光源，发光面积为 169mm×145mm，颜色为白色。

2. 拍照位的设置与标定

拍照位的设置与标定过程见任务 6.2。本任务中，在 3D 标定工具组中添加 PLC 控制工具，命名为“拍照位”，在运动平台安装底部背光源和标定板 A，通过修改拍照位 PLC 控制工具中 *X*、*Y* 轴的位置移动运动平台至 3D 相机的正下方。向 3D 标定工具组中添加 3D 手眼标定工具实现 3D 图像坐标与机构坐标的坐标系转换。

3. 3D 零件的识别与分拣

3D 零件的识别与分拣过程见任务 6.2。本任务中，还包括相机选型、PLC 参数设置、相机与镜头设置调整、平台文件配置、3D 零件视觉程序编写。

视频：机械零件屏幕尺寸测量——拍照位一的设置

视频：机械零件屏幕尺寸测量——拍照位二的设置

视频：机械零件屏幕尺寸测量——完整程序配置

4. 机械零件尺寸测量

机械零件尺寸测量操作步骤及图示如表 8.1.3 所示。

表 8.1.3　机械零件尺寸测量操作步骤及图示

步骤名称	操作步骤	图示
零件放置	机械零件初始位置由学生随机放置在检测区，但互相不能重叠	检测工位一 检测工位二 检测工位三 检测工位四

续表

步骤名称	操作步骤	图示
尺寸测量	测量零件上大圆的直径，如标记 f，公差为±0.5mm	
	测量零件上大圆-中圆圆心距，如标记 a，公差为±0.5mm	
	测量零件上小圆-小圆圆心距，如标记 e，公差为±0.5mm	
	测量零件上点线距离，如标记 b，公差为±0.5mm	

续表

步骤名称	操作步骤	图示
尺寸测量	测量零件上线边距离，如标记c，公差为±0.5mm	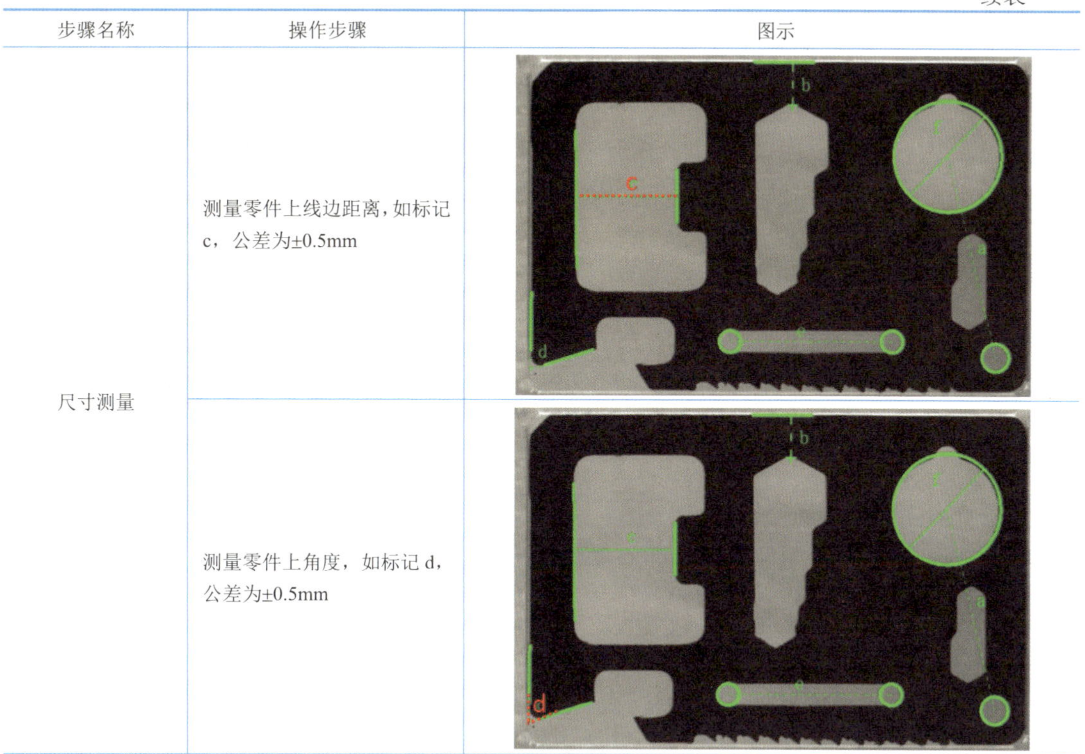
	测量零件上角度，如标记d，公差为±0.5mm	

5. 零件装配

零件装配操作步骤及图示如表 8.1.4 所示。

表 8.1.4　零件装配操作步骤及图示

步骤名称	操作步骤	图示
判断是否为良品	编写视觉和运动控制程序，首先判断被测机械零件是否为良品。如果为良品，则控制运动吸嘴将绿色圆块吸起，装配至大圆中；如果为次品，则吸取红色圆块进行装配	
手眼标定	本任务需要控制吸盘和机台进行装配，因此需要进行相机手眼标定。此外，由于本任务存在多个工位，每个工位都需要进行一次手眼标定	

续表

步骤名称	操作步骤	图示
放置零件	机械零件随机放置到检测区，每块机械零件不重叠、不超出检测区的范围	
运行控制程序	运行视觉和运动控制程序，触发背光光源点亮，同时触发相机拍照，完成尺寸综合测量，对零件是否为良品进行判断，根据判断结果装配红色或绿色方块到大圆中。控制 X、Y 平台运动到拍照位，重复以上工作内容，直到 4 个机械零件检测完毕	

工程经验

首先，需要对视觉软件的 PLC 控制工具进行测试，设置合适的检测区拍照位置。接着，确认光源控制器正常工作，能控制多个光源亮灭，并能调节不同光源的亮度值。然后，检查相机的连接是否正常，确保其能正常采集图像，并验证相机标定结果的准确性。同时，测试模板匹配功能是否能准确识别目标，测量工具是否能准确测量零件尺寸，以及颜色识别功能是否能准确分辨红色和绿色方块。

考核评价

对本任务的考核评价如表 8.1.5 所示。

表 8.1.5　考核评价

考核内容		考核评分		
项目	内容	配分	得分	批注
工作准备（10%）	能够正确理解工作任务内容、范围及工作指令	2		
	能够查阅和理解参数表，确认要求	2		
	个人防护用品使用得当，衣着适宜	2		
	确认设备及工量具，检查是否安全及正常工作	2		
	准备工作场地与器材，能够识别安全隐患	2		
任务实施（80%）	能够正确对视觉系统进行选型与安装	10		
	能够正确进行拍照位设置与相机标定任务	15		
	能够正确进行 3D 零件的识别与分拣	15		
	能够正确测量各零件尺寸	15		
	能够正确完成零件装配任务	15		
	安全、无事故并在规定时间内完成任务	10		

续表

考核内容		考核评分		
项目	内容	配分	得分	批注
完工清理（10%）	收集和储存未使用的原材料	2		
	整理和清洁工作区域	2		
	对工具、设备进行清洁	2		
	按照工作程序完成实训报告	4		
考核成绩		考评员签字：____________ 日期：________年____月____日		

综合评价：

技术强国

3D 视觉技术：驱动技术强国崛起的新机遇

3D 视觉技术是一种利用计算机图形学和计算机视觉技术实现对三维物体的感知和重建的技术。它不仅广泛应用于电影、游戏和虚拟现实等领域，还在工业制造、医疗诊断、城市规划等领域展现出巨大的潜力。

在工业制造领域，3D 视觉技术为技术强国的发展带来了新机遇。它可以提高产品设计、装配和质量检测的精确度和效果。例如，在汽车制造中，3D 视觉技术可以实现对汽车零部件的三维检测和测量，从而提高产品的质量和可靠性。在航空航天制造中，3D 视觉技术可以实现对飞机零部件的三维重建和组装，从而提高飞机的安全性和功能性。

技术强国的崛起离不开 3D 视觉技术的支持。通过 3D 视觉技术的应用，工业制造和医疗诊断等领域的效率和产品/服务质量得到了显著提升。然而，3D 视觉技术的发展还需要克服一些挑战，需要进一步加强相关技术的研发和创新。相信在不久的将来，3D 视觉技术将为技术强国的发展带来更多的机遇和突破。

任务 8.2　IC 芯片的测量与分拣

任务描述

小张是某职业学校工业机器人技术专业三年级学生，目前在某机器视觉应用公司进行工业视觉系统运维员跟岗实习。根据《职业学校学生实习管理规定》（教职成〔2021〕4 号）的要求，小张需要利用机器视觉对IC芯片进行测量和检测，其中主要包括以下环节：对所用设备进行选型和安装，创建视觉系统的检测和分拣任务，对客户端编程，并将结果进行输出，实现IC芯片分拣与测量任务。

本任务提供：盒盖4个，7mm高度和14mm高度的各2个；IC芯片12个，按照型号分为5K26、5N26、5M26三种，每种有3个合格品，1个不合格品。盒盖的规格分为两种：①大小为48mm×42mm，高度为7mm±0.2mm；②大小为48mm×42mm，高度为14mm±0.2mm。IC芯片的规格：大小为19.5mm×9mm。

测试时，将12个IC芯片随机放置到检测区中，然后将4个盒盖随机放置在检测区的凹槽上。

本任务要求使用3D相机测量盒盖的高度，定位盒盖的位置，引导吸嘴自动分拣4个盒盖，分拣要求：将4个盒盖从左往右、从低到高依次分拣至盒盖放置区，盒盖表面箭头指向机台左侧，且不影响后续的测量和搬运；测量开始前将IC芯片随机放入检测区的放置位中；示教每个放置位的拍照位，对IC芯片进行字符识别，区分IC芯片型号，对IC芯片进行尺寸测量；将每个IC芯片测量得到的引脚间距平均值数据与给定的标准值（4.65～4.95mm^2）并结合允许的误差进行数据比较，并以此为依据判断IC芯片是否合格，并在窗口中对应位置显示OK或NG。IC芯片尺寸测量的内容为每个IC芯片的引脚间距及表面图案黄色部分（不含黑色边框）的面积，通过视觉软件计算每个IC芯片的引脚间距平均值，记录每个IC的引脚间距平均值和图案面积。

任务目标

1. 掌握硬件检测与安装、配置设备、手眼标定、3D分拣技术。
2. 能够根据检测项数值，完成视觉系统操作、图像处理，实现芯片分拣。

任务分析

进行IC芯片测量与分拣，需要先对机器视觉系统进行安装和调试，包括相机、镜头、光源、旋转轴安装，确保满足3D相机的工作距离需求，并且工作距离（镜头前端与IC垂直距离）不在108～112mm。创建工具组及手眼标定，输出数值，创建检测、分拣任务，在机台视觉软件的窗口中显示IC芯片表面图案（图案面积要在4.65～4.95mm^2），并将合格的芯片与不合格的芯片分别抓取放至合格区和残次品区，同时在机台界面显示并将结果进行输出。需要注意的是，应显示IC芯片的完整图像并显示IC芯片表面图案的测量轮廓、引脚间距的标记线，测量该芯片的引脚间距平均值、芯片表面图案面积、该芯片的检测结果（OK/NG）。最后对客户端进行编程，完成数据传输。待检测IC芯片如图8.2.1所示，合格IC芯片界面显示如图8.2.2所示。

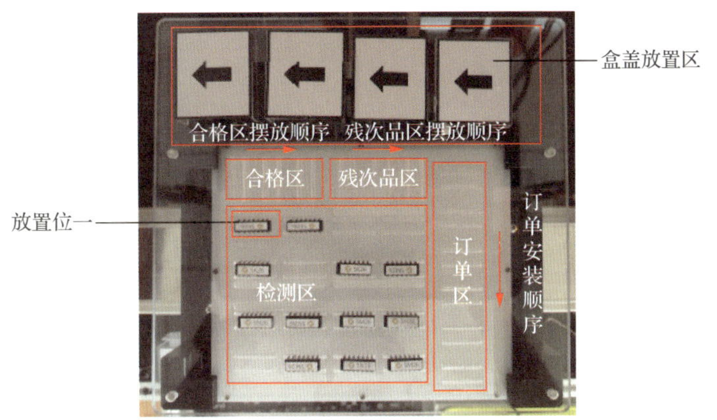

图 8.2.1　待检测 IC 芯片

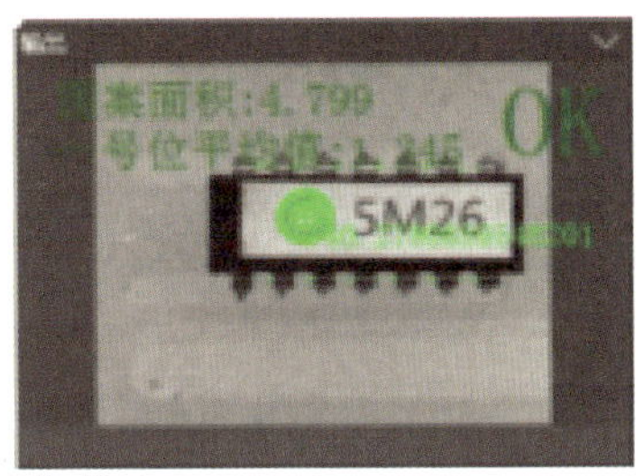

图 8.2.2　合格 IC 芯片界面显示

知识准备

1. 硬件工具

本任务使用的硬件工具如表 8.2.1 所示。

表 8.2.1　本任务使用的硬件工具

所用工具	数量/个	性能参数
3D 零件	4	9mm 高度 2 个、18mm 高度 2 个
机械零件	4	大小为 69mm×45mm、高度为 2mm±0.2mm、2 个尺寸合格、2 个尺寸不合格
小圆块	4	2 个绿色、2 个红色
料盘	1	透明亚克力、大小为 202mm×121mm、高度为 6mm、下沉深度为 3mm
3D 相机	1	分辨率为 1920×1080 像素×2、帧率>10 帧/s、曝光模式为滚动、芯片大小为 1/4.9″、像元尺寸为 1.4μm
LED 光源	1	背光源、发光面积为 169mm×145mm、颜色为白色
镜头	4	编号分别为 12mm、25mm、35mm 焦距的定焦镜头及一个 0.3X 放大倍率的远心镜头
标定板	2	标定板 A 为三合一，外框尺寸分别为 100mm×100mm、50mm×50mm、20mm×20mm，圆/格间距分别为 20mm、10mm、4mm，外圆环直径分别为 5mm、2.5mm、1mm，内圆环直径分别为 3mm、1.5mm、0.6mm。标定板 B 的外框尺寸为 180mm×120mm，方格边长为 15mm，方格数量为 11×7
线缆	7	相机线缆：2D 相机 USB 数据线一根、3D 相机数据线一根、电源线（含触发和输出信号）一根、千兆网相机通信线一根（带锁）、网络通信线一根（3m 扁线）、光源延长线一根；3D 相机光源电源线一根
吸嘴	3	SP-06、SP-08、SP-10

2. 软件工具

本任务使用的软件工具如表 8.1.2 所示。

任务实施

1. 机器视觉系统的选型安装

与任务 8.1 中相同。

2. 拍照位的设置与标定

与任务 8.1 中相同。

3. 盒盖的抓取摆放

盒盖抓取摆放的操作步骤及图示如表 8.2.2 所示。

表 8.2.2 盒盖抓取摆放的操作步骤及图示

步骤名称	操作步骤	图示
识别放置区物料高度	①建立拆垛模块，设置循环为 4 次，在 3D 拍照工具组中创建 3D 相机和点云处理，设置点云处理 ROI 覆盖 4 个盒盖区。②添加“体积测量”工具。已知盒盖高度分别为 7mm 和 14mm，先找出 14mm 的盒盖，设置“阈值上限”“阈值下限”“面积上限”“面积下限”，使单击“执行”按钮后输出的绿色矩形 ROI 能刚好覆盖一个 14mm 盒盖。因为 3D 体积测量工具会优先寻找较高的物块，所以循环执行 4 次会逐个识别 4 个盒盖，顺序为 14mm、14mm、7mm、7mm。③新建用户变量和 3D 坐标转换，分别引用体积测量中的中心 X、Y、Z 坐标，转换输出的 3D 坐标为实际坐标	将体积测量识别到的现实坐标通过3D标定转换为相机坐标 调试阈值使该工具只能识别到高物块即可
抓取	①在拍照工具组后新建抓取工具组，添加 PLC 工具，赋值“X”“Y”“Z”分别为“3D 坐标转换”的输出坐标，计算 PLC Z 轴的下降高度。②添加 PLC 工具，抓取到放置位上方。任务要求盒盖按从左到右、从低到高排序。③移动到最右侧的放置位，记录当前所在坐标。在循环中以此坐标为基础，偏移得到左侧 3 个放置位。移动 PLC，记录偏移量。设置放置位的 X、Y 值，其中 X 值计算引用“当前循环次数”，X=“基础位置”－“偏移量”＋“当前循环次数”×“偏移量”。④移动 Z 轴放置盒盖，重新移动到拍照位，等待拍照	50 + 60 * ov(0)

4. IC 芯片的测量

IC 芯片的测量操作步骤及图示如表 8.2.3 所示。

表 8.2.3　IC 芯片的测量操作步骤及图示

步骤名称	操作步骤	图示
添加图像	移动 PLC 到拍照位 1，拍照后进行形状匹配定位。图案边缘的特征最明显，框选图案为模板图像	
找圆操作	添加“找圆”工具，分别定位圆环的外圆和内圆，以计算圆环的面积。还需要计算缺口的夹角，添加两个“找线”工具，添加“线夹角”工具计算缺口夹角。根据计算得到的圆环面积和缺口夹角计算出图案面积，并添加“判断”，根据图案面积判断是否合格	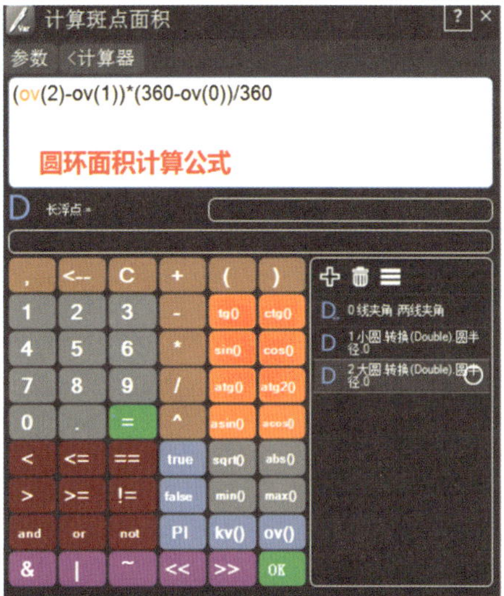 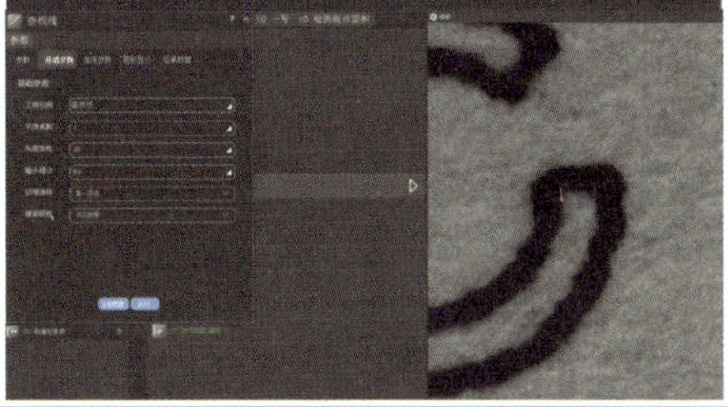
图像处理	添加“图像处理”工具进行图像处理，提高识别精准度。添加“字符识别”工具。注册图像后，框选的旋转图案对准文字书写方向，一般方向是朝右的，如果是图案翻转则要朝左	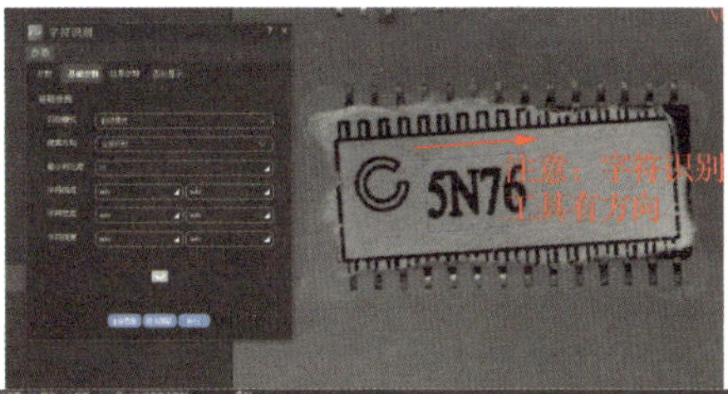 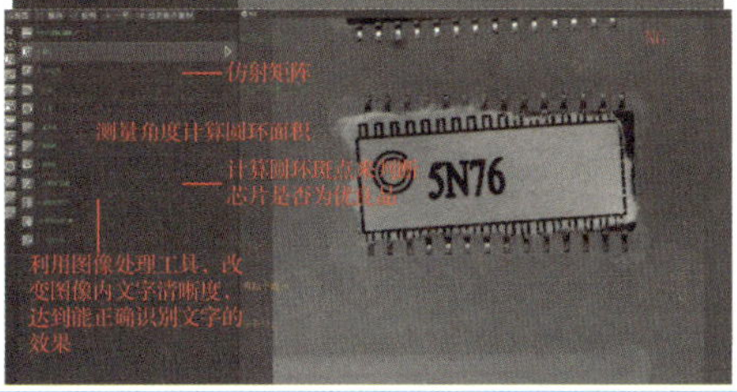

续表

步骤名称	操作步骤	图示
形状匹配	添加“形状匹配”工具，框选引脚间距，修改“模板个数”为引脚间距，执行后会输出所有引脚的边缘。添加两个“找点”工具，分别框选注册区域的引脚边缘点，添加“点间距”工具计算引脚间距，最终输出所有引脚间距的点列表。添加“列表”工具，“输入列表 1”引用点间距输出参数“点到点距离”列表，处理类型为“求极值/平均值”，输出引脚间距平均值	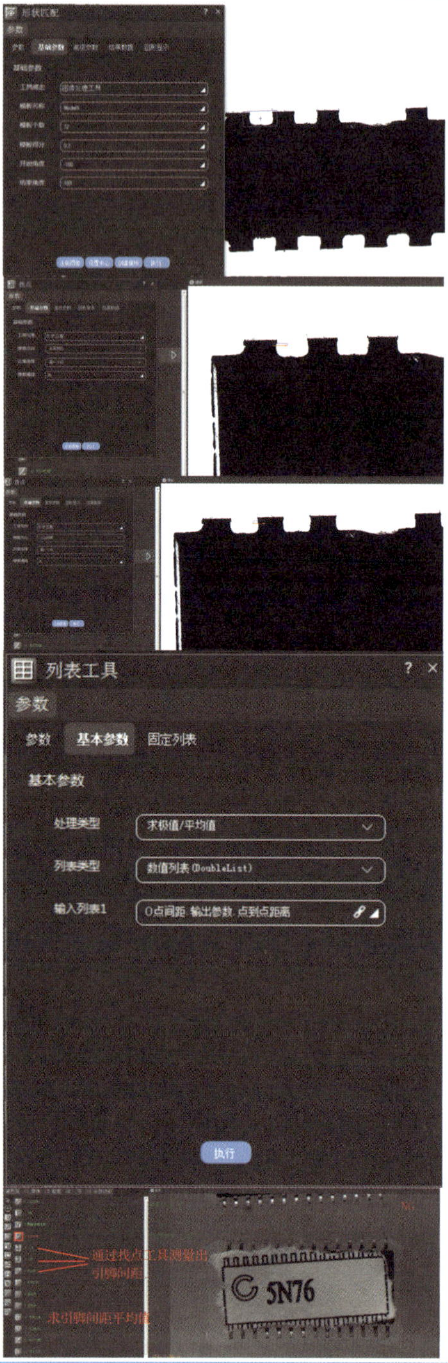

5. 良品、劣品分拣

分拣订单的流程大体分为输入数据、分析订单、跳过无芯片的拍照位、分拣次品、分拣订单、分拣剩余的合格品，重置计数，分拣流程图如图 8.2.3 所示。分拣操作步骤及图示如表 8.2.4 所示。

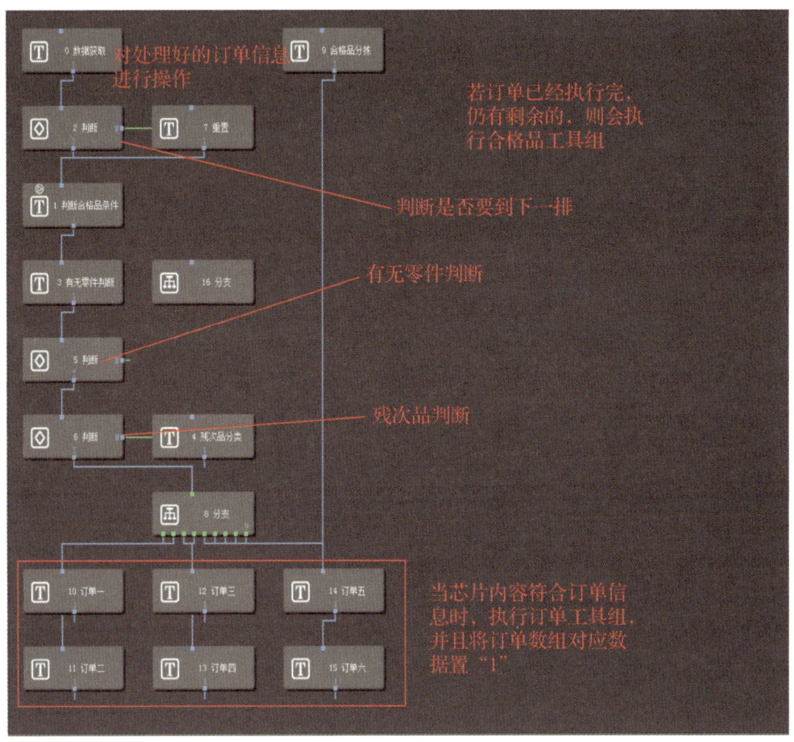

图 8.2.3　分拣流程图

表 8.2.4　分拣操作步骤及图示

步骤名称	操作步骤	图示
获取订单信息	引用网络传输的订单字符信息。使用“字符串截取”工具截取所有订单对应的芯片	
添加循环	添加循环模块，设置循环次数为拍照位数量 16	

续表

步骤名称	操作步骤	图示
设置循环模块	在循环模块中添加工具组，引用赋值抓取，即拍照形状匹配获取的芯片位置坐标列表、角度列表、匹配个数列表、引脚间距平均值列表和订单分析获得的订单字符列表。使用变量转换工具，提取当前循环所需的参数，选择坐标列表、角度列表、匹配个数列表、引脚间距平均值列表，选中“变量序号”复选框，系统自动在输入参数下生成“转换.序号”参数，引用当前循环次数	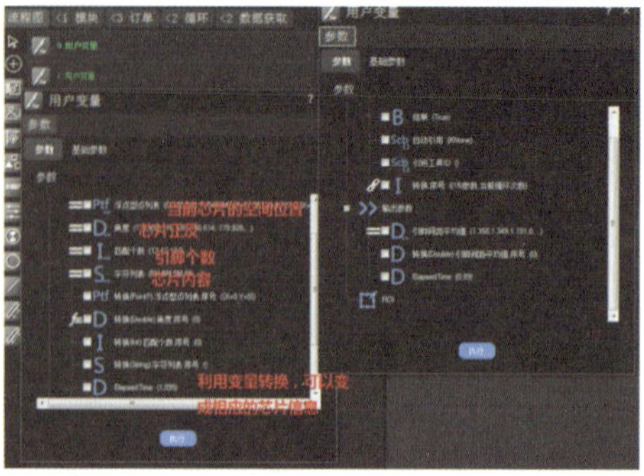 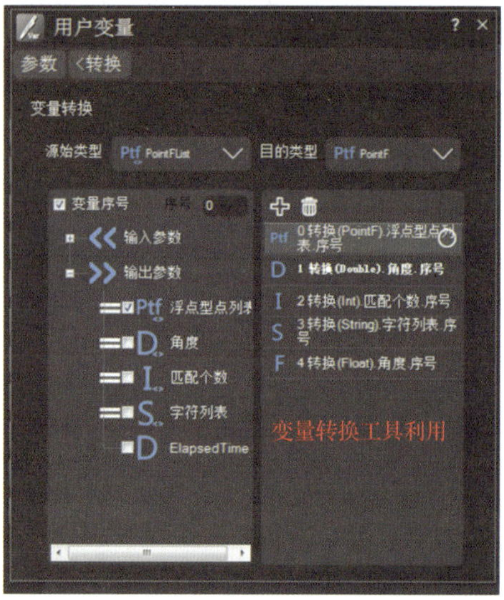 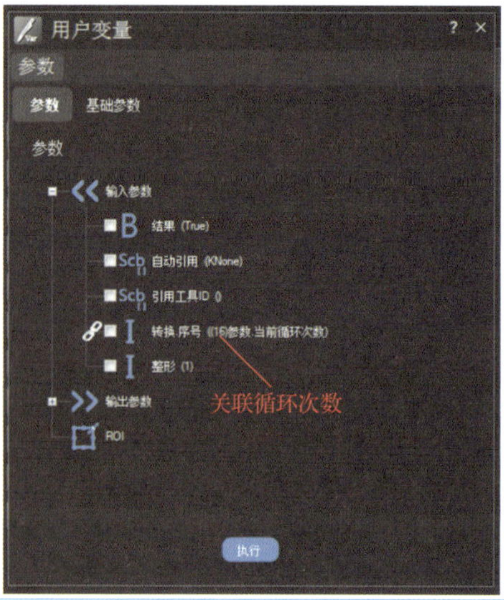

续表

步骤名称	操作步骤	图示
添加累加工具	添加累加工具 *X*，每次循环 *X*+1，获得当前的列数。一列 4 行，共 4 行 4 列，当 *X*=4 时需要重置 *X*，并使 *Y*+1。添加判断工具，判断条件为 *X*≤4，若满足则进行下一步，否则重置 *X*，并使 *Y*+1。在判断 *N* 后添加工具组，添加用户变量用于重置 *X*，添加累加工具计数 *Y* 行	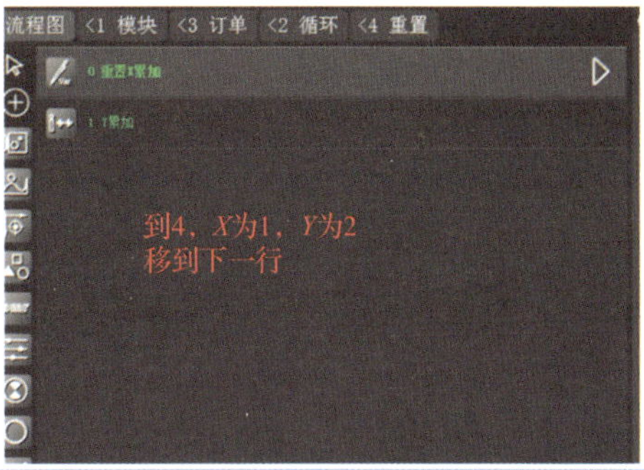 流程图 <1 模块 <3 订单 <2 循环 <4 重置 到4，X为1，Y为2 移到下一行
判断	判断有无零件和是否合格。添加工具，引用数据获取输出参数“引脚间距平均值”，在判断条件中输入合格的范围，判断芯片是否合格。添加工具，引用匹配个数列表，若个数不为 0，则说明存在芯片，否则该拍照位没有芯片。跳过无芯片拍照位，抓取不合格芯片。在流程图中添加两个判断，且检测有无芯片在前。判断条件引用判断有无芯片“用户变量”的结果，若有芯片则继续下一步。同理，在判断模块引用判断芯片合格“用户变量”的结果，若芯片合格则继续下一步	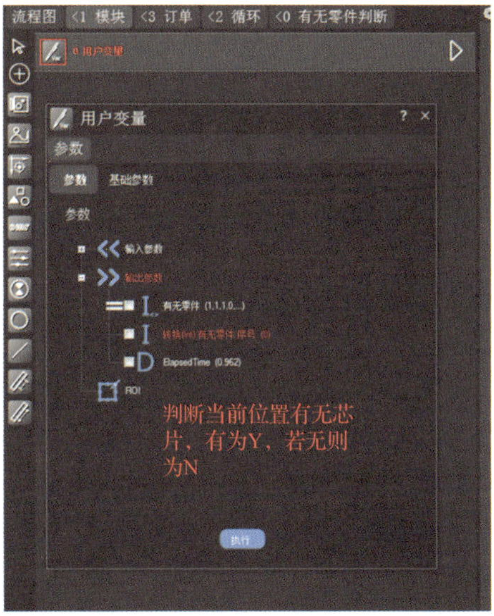 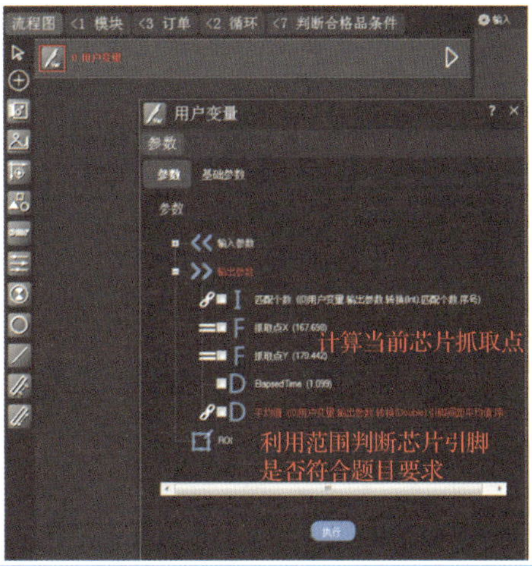 流程图 <1 模块 <3 订单 <2 循环 <0 有无零件判断 用户变量 参数 基础参数 判断当前位置有无芯片，有为Y，若无则为N 执行 流程图 <1 模块 <3 订单 <2 循环 <7 判断合格品条件 用户变量 参数 基础参数 计算当前芯片抓取点 利用范围判断芯片引脚是否符合题目要求 执行

续表

步骤名称	操作步骤	图示
分拣残次品	需要将残次品依次排列在残次品区，通过累加工具计数已放置的残次品数量，示教第一个残次品区的坐标，通过计算获得其他残次品区的坐标	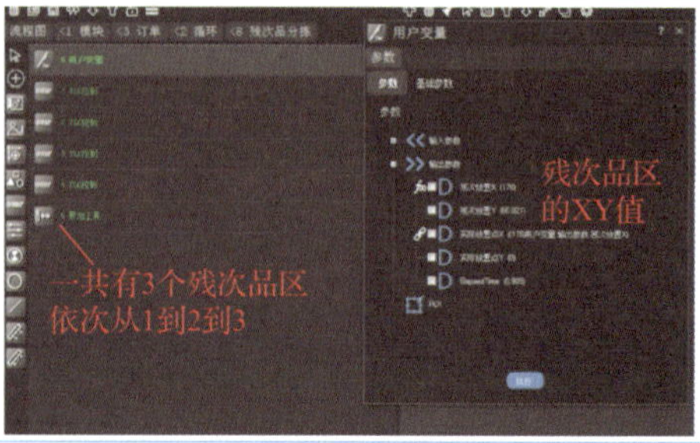
设置分支模块	添加分支模块，用以抓取 6 个订单。单击“分支”按钮，添加 9 个字符串分支，全部引用从数据获取中截取的字符串，即当前拍照位的芯片字符。分别为 9 个分支添加判断，其中前 6 个分支分别引用订单获取中输出的 6 个订单字符串，按照顺序抓取订单，抓取订单后清空订单字符串，避免订单重复抓取。在分拣所有订单后，还剩下合格品需要分拣到合格品区，剩下的合格品共有 3 种情况，即建立 3 个分支，分别设置判断条件为“5N”“5M”“5K”，全部连接到合格品分拣工具组	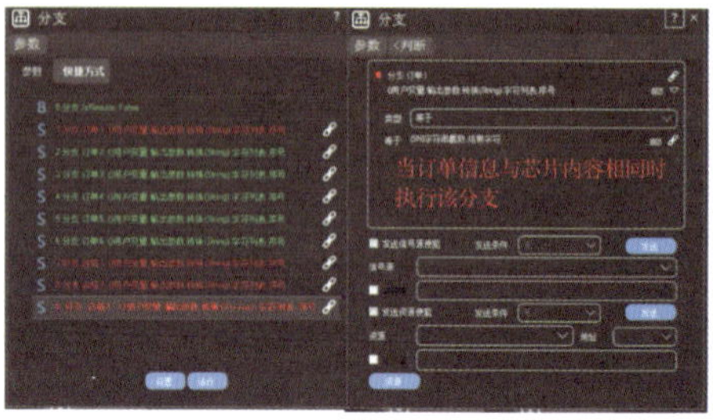
设置工具组	添加 7 个工具组，分别为 6 个订单区和 1 个合格品区。合格品区同残次品区，需要按顺序排列。订单区分别引用输入的芯片坐标，并分拣至已示教的 6 个订单区坐标，在分拣后添加用户变量，清空订单检测中输出的订单字符，避免在下次执行时重复抓取该分支	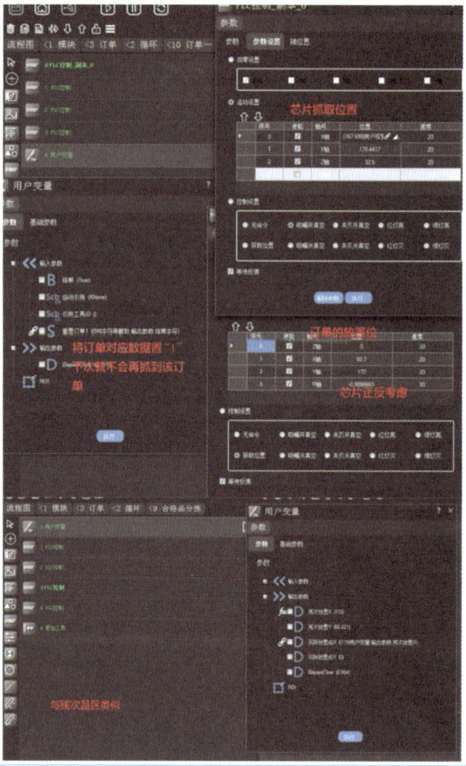
重置计数器	重置计数器，避免下次运行时定位错误	

续表

步骤名称	操作步骤	图示
结果输出	图片显示：分别将需要显示图像的工具或工具组拖到输出图像框中。 表格显示：创建保存表格工具，设置文件名和保存路径。添加输出参数，引用或赋值需要输出的数据，并将文件以 CSV 格式输出到指定目录	

工程经验

在引用订单字符信息之前，要确保字符信息的准确性和完整性，以免影响后续的芯片测量和分拣过程。在添加循环模块时，要确保循环次数和拍照位数量匹配，以保证每个拍照位都能够被正确处理和分拣。在使用工具组时，要仔细确认参数的正确引用和转换，特别是坐标列表、角度列表、匹配个数列表和引脚间距平均值列表，确保每次循环都能获取正确的参数。在任务结束后，要确保计数器被重置和初始化，以便下次运行时能够从正确的起点开始执行。

考核评价

对本任务的考核评价如表 8.2.5 所示。

表 8.2.5　考核评价

考核内容		考核评分		
项目	内容	配分	得分	批注
工作准备（10%）	能够正确理解工作任务内容、范围及工作指令	2		
	能够查阅和理解参数表，确认要求	2		
	个人防护用品使用得当，衣着适宜	2		
	确认设备及工量具，检查是否安全及正常工作	2		
	准备工作场地与器材，能够识别安全隐患	2		
任务实施（80%）	能够正确对视觉系统进行选型与安装	10		
	能够正确进行拍照位设置与相机标定任务	15		
	能够顺利完成盒盖抓取摆放任务	15		
	能够正确测量 IC 芯片	15		
	能够正确完成良品、劣品分拣任务	15		
	安全、无事故并在规定时间内完成任务	10		
完工清理（10%）	收集和存储未使用的原材料	2		
	整理和清洁工作区域	2		
	对工具、设备进行清洁	2		
	按照工作程序，完成选型报告	4		

续表

考核成绩		考评员签字：______________ 日期：__________年_____月_____日

综合评价：

技术强国

科技创新与智能制造

技术强国是指一个国家在科技领域的实力和影响力达到了世界领先水平。中国作为一个拥有悠久历史和文化的大国，一直以来都在不断地追求科技创新和发展。近年来，中国在科技领域取得了长足的进步，成为了世界上最具活力和创新力的国家之一。

技术强国的建设需要全社会的共同努力。政府应该加大对科技领域的投入，鼓励企业加强自主创新，提高科技研发能力。同时，还需要加强人才培养，提高人才素质和创新能力。

我国在制造业领域取得了显著的发展，已成为全球重要的制造业国家之一，但还需要不断提高制造业的水平和质量。应加强对制造业的技术改造和升级，推动制造业向高端化、智能化、绿色化方向发展。

技术强国是一个长期而艰巨的任务，只有不断努力和探索，在科技领域中追求卓越、精益求精，才能够实现中华民族伟大复兴的梦想。

任务 8.3 印刷质量检测与印刷品分拣

任务描述

小张是某职业学校工业机器人技术专业三年级学生，目前在某机器视觉应用公司进行工业视觉系统运维员跟岗实习。根据《职业学校学生实习管理规定》（教职成〔2021〕4 号）的要求，小张需要对印刷品的尺寸和初始放置区域完成视野调焦和镜头对焦，采用 PLC 控制运动平台运动，选择合适的视觉工具，并配置分拣、测量和组装流程，完成测量参数的设置，实现印刷综合检测与分拣任务。印刷品样本如图 8.3.1 所示。

A类印刷品

B类印刷品

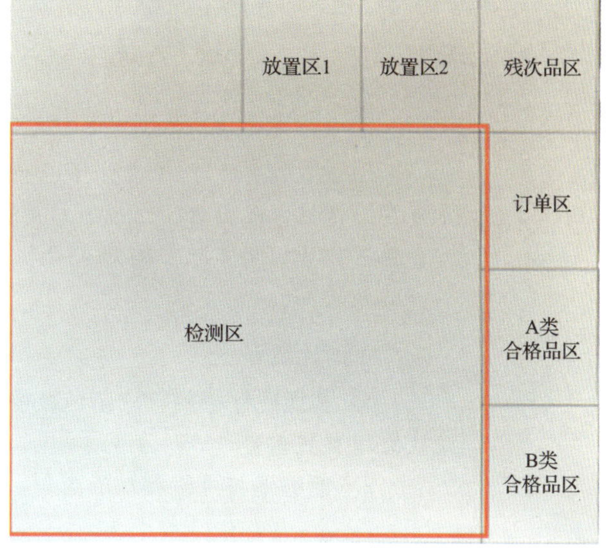

图 8.3.1　印刷品样本

待检测印刷品分为 A 类印刷品(Topic1)和 B 类印刷品(Topic2)，每种印刷品包含 3 个合格品和 3 个残次品。印刷品尺寸规格：38mm×32mm；待检测印刷品从 2 种印刷品中随机抽取 6 个合格品及 3 个残次品，共 9 个印刷品。9 个印刷品随机分堆放置在放置区 1 和放置区 2，每个放置区最多可放置 6 个印刷品。

任务要求：首先利用 3D 相机将放置区 1 中堆叠起来的印刷品依次分拣至检测区，然后将放置区 2 中堆叠起来的印刷品依次分拣至检测区，对印刷品中单词部分进行字符识别，获得识别结果。示教 9 个检测区的拍照位，对印刷品的文字部分进行缺陷检测，对零件图案部分进行偏色检测，缺陷种类为脏版、印刷缺失及偏色（偏色可不使用缺陷检测工具进行检测），对印刷品中零件图案进行尺寸测量，尺寸测量的内容包括圆直径、圆心距、两线距离、两线夹角。

Topic1 测量的内容包括零件图案的圆直径、圆心距、角度。

圆直径：如标记 a，标准值及误差为 3.2mm±0.1mm。

圆心距：如标记 b，标准值及误差为 5.35mm±0.1mm。

角度：如标记 c，标准值及误差为 89°±1°。

Topic2 测量的内容包括零件图案的圆直径、圆心距、线间距。

圆直径：如标记 d，标准值及误差为 2.95mm±0.1mm。

圆心距：如标记 e，标准值及误差为 12.9mm±0.1mm。

线间距：如标记 f，标准值及误差为 3.6mm±0.1mm。

现有印刷业视觉检测系统如图 8.3.2 所示。

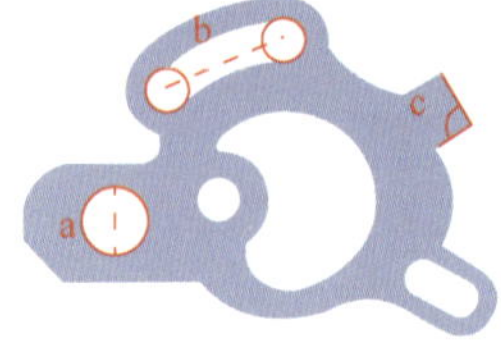

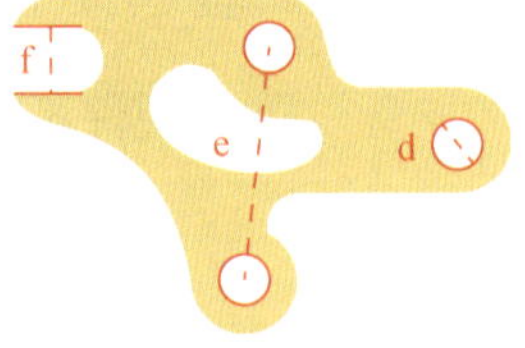

图 8.3.2 现有印刷业视觉检测系统

通过吸嘴将 1 个 A 类合格印刷品、2 个 B 类合格印刷品堆叠放置在订单区；A 类合格区放置订单需求外的 A 类合格印刷品；B 类合格区放置订单需求外的 B 类合格印刷品；残次品区放置两种印刷品的残次品。

任务目标

1. 掌握硬件检测与安装、配置设备方法，能够根据不同印刷机实际情况更换硬件。

2. 能够通过可检测缺陷类型，完成基本质量检测与分拣任务。

任务分析

采用机器视觉系统完成目标任务：首先要合理挑选视觉硬件，并完成设备的安装和调试，确定能够获得相应的图像信息；接着用图形化编程软件以模板图像对拍摄图像进行预处理、手眼标定处理，设置印刷品测量检测的拍照位，单个视野要求满足覆盖一个印刷品的规格尺寸，同时遵循测量精度最高的原则，工作距离要求为 200～260mm；然后识别零件图案与尺寸，尺寸测量的内容包括圆直径、圆心距、两线距离、两线夹角；最后编写在客户端操作自动化设备完成拆垛并将印刷品分拣至不同区域的程序。拆垛结果示意图如图 8.3.3 所示。

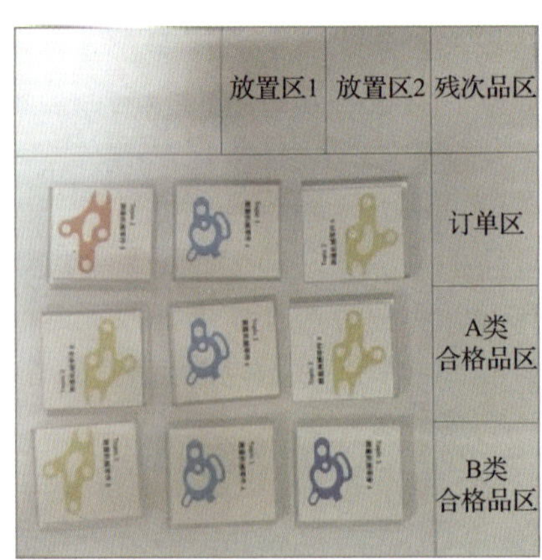

图 8.3.3 拆垛结果示意图

知识准备

1. 硬件工具

本任务使用的硬件工具如表 8.2.1 所示。

2. 软件工具

本任务使用的软件工具如表 8.1.2 所示。

任务实施

1. 机器视觉系统的选型安装

与任务 8.1 中相同。

2. 拍照位的设置与标定

与任务 8.1 中相同。

3. 印刷品拆垛

印刷品拆垛操作步骤及图示如表 8.3.1 所示。

表 8.3.1　印刷品拆垛操作步骤及图示

步骤名称	操作步骤	图示
识别放置区物料高度	建立拆垛模块，创建 3D 相机和点云处理，设置点云处理 ROI 覆盖放置区 1 位置	
	通过体积测量获取放置区 1 的物料总高度，如图中矩形体高度	
	新建用户变量和 3D 坐标转换，分别引用体积测量中的中心 X、Y、Z 坐标，转换输出的 3D 坐标为实际坐标	

续表

步骤名称	操作步骤	图示
识别放置区物料高度	新建用户变量和 3D 坐标转换，分别引用体积测量中的中心 X、Y、Z 坐标，转换输出的 3D 坐标为实际坐标	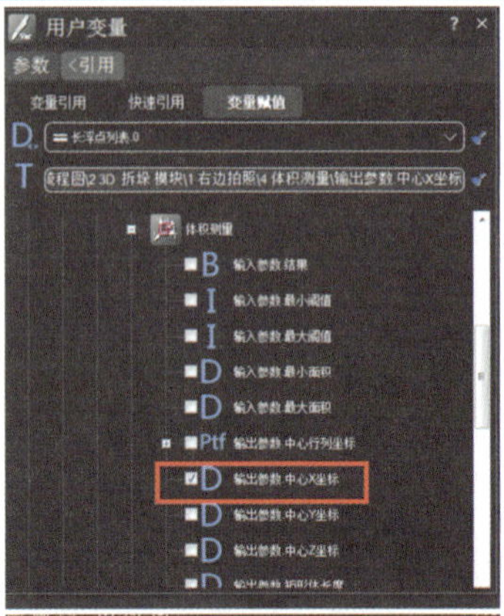 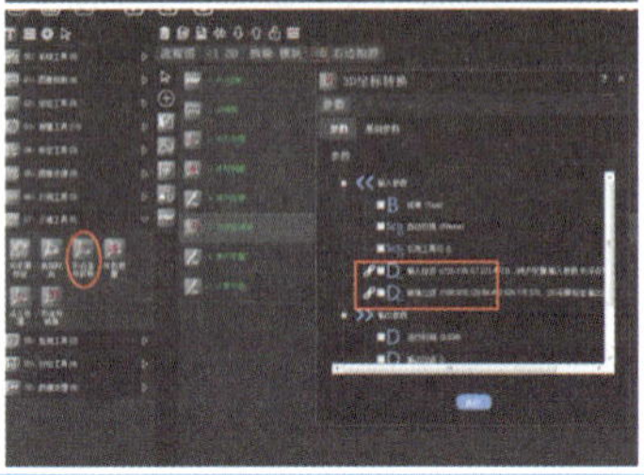
	新建用户变量，添加输出参数，根据已知的单个物块高度计算物块个数	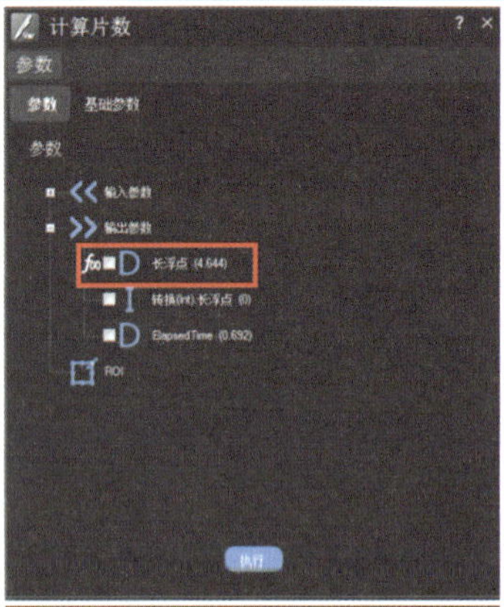 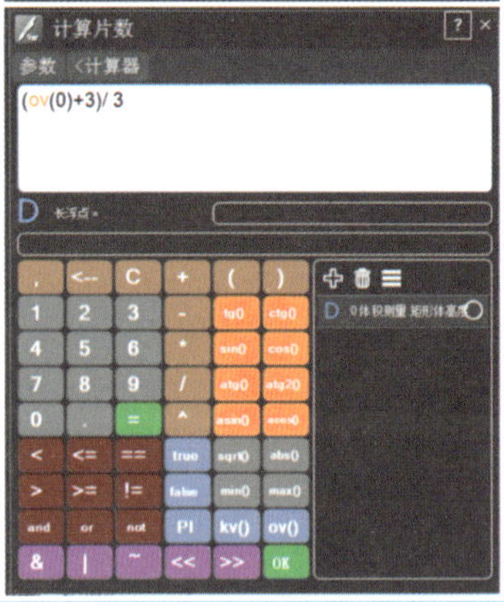
	同上述步骤，检测并输出放置区 2 的物料个数	

续表

步骤名称	操作步骤	图示
拆垛	新建循环模块，设置 for 循环，引用计算所得放置区 1 的物料个数	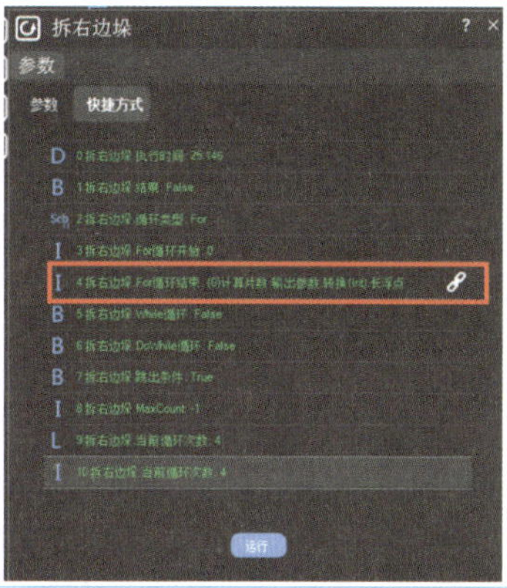
	进入循环模块，新建“累加”工具，输出累加次数为已抓取的物料数量	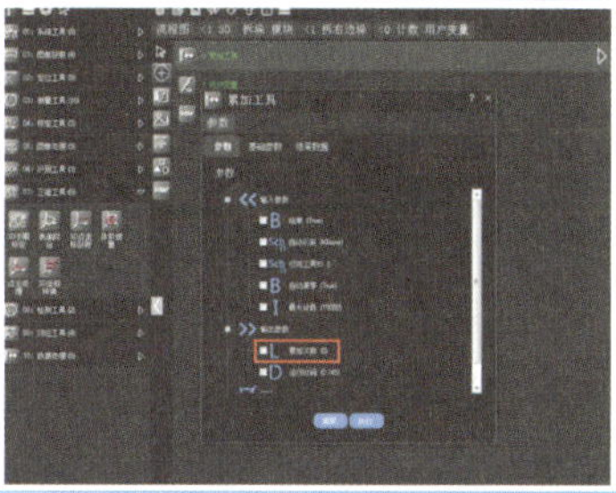
	新建用户变量，添加 1 个整型变量“排数”和 3 个 float 变量“X”“Y”“Z”，分别代表 PLC 下降 Z 轴高度和当前所抓的物块坐标	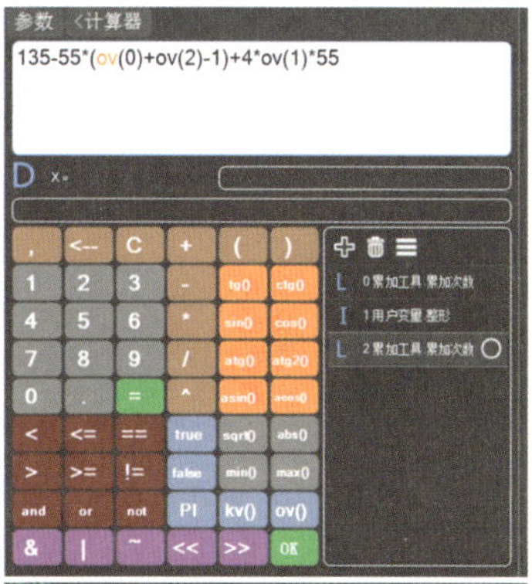 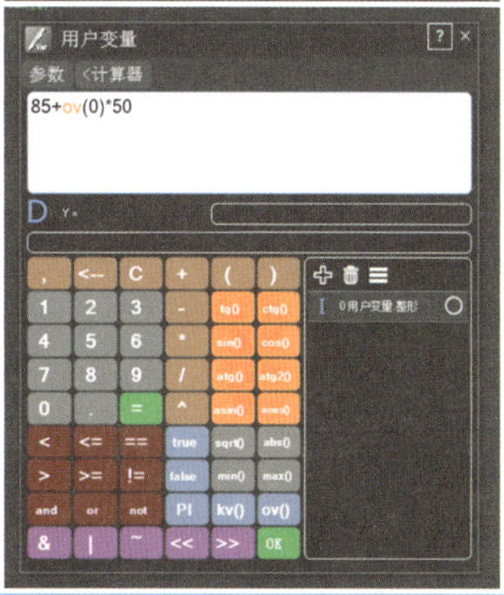

续表

步骤名称	操作步骤	图示
拆垛	新建用户变量，添加 1 个整型变量“排数”和 3 个 float 变量“X”“Y”“Z”，分别代表 PLC 下降 Z 轴高度和当前所抓的物块坐标	
	添加 PLC，使 PLC 回到安全位置，防止碰撞物料	
	创建 PLC 抓取并放置物料，引用计算输出的 X、Y 坐标和 Z 轴下降高度	

续表

步骤名称	操作步骤	图示
拆垛	创建 PLC 抓取并放置物料，引用计算输出的 *X*、*Y* 坐标和 *Z* 轴下降高度	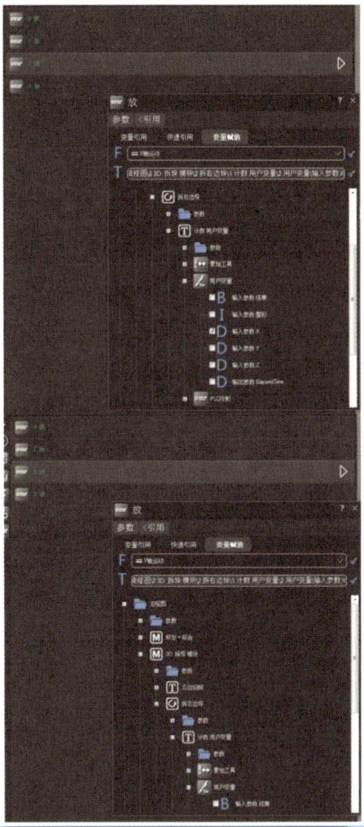
	在放置区 2 复制放置区 1 的模块，重新引用赋值后，将“当前个数”设置为检测到的放置区 1 总个数+放置区 2 累加次数，其余步骤相同	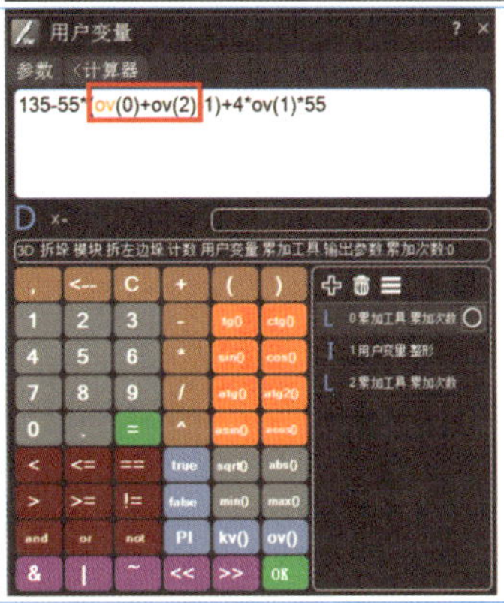

4. 印刷质量检测

创建 9 个模块，分别为 9 个拍照识别区，此处以拍照位 1 为例，其他 8 个拍照位的操作方法相同，具体操作步骤及图示如表 8.3.2 所示。

表 8.3.2　质量检测操作步骤及图示

操作步骤	图示
拍照后，进行形状匹配，获取仿射矩阵用于定位	
添加“字符识别”工具判断当前的物料类型，也可使用颜色提取工具利用颜色判断物料类型。在“变量设置”中判断并输出 bool 型结果参数代表物料类型	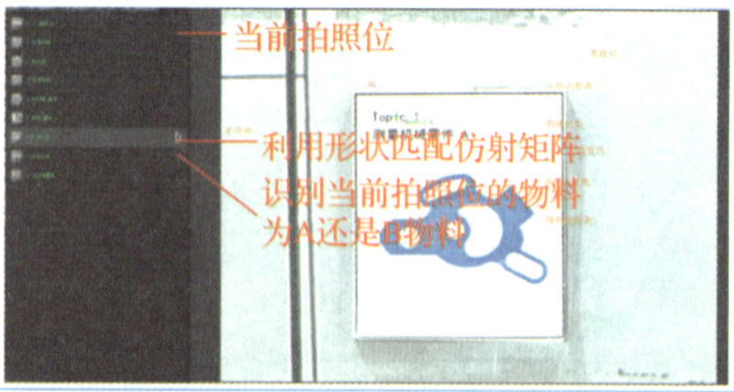
考虑到物料分为 A、B 两种，所以需要根据物料的类型建立分支，分别代表物料 A、B 的检测，此处以物料 A 的检测为例	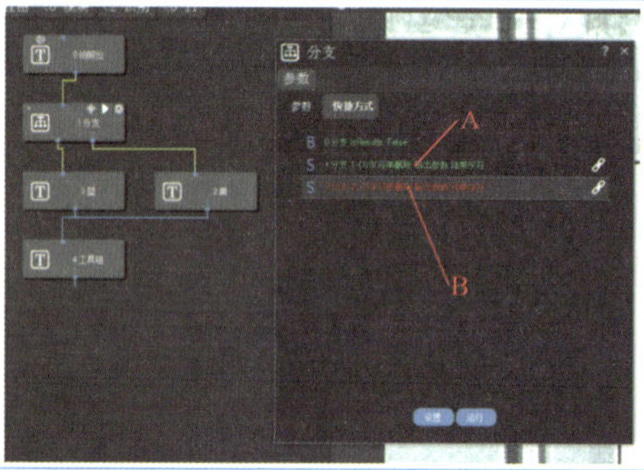
因为印刷品本身质量不高，所以先使用图像处理工具处理图像，以提高图案边缘的清晰度，然后按任务要求定位并获取所需的数据，对输出的数据设置判断区间，以判断物料是否合格，如图中效果	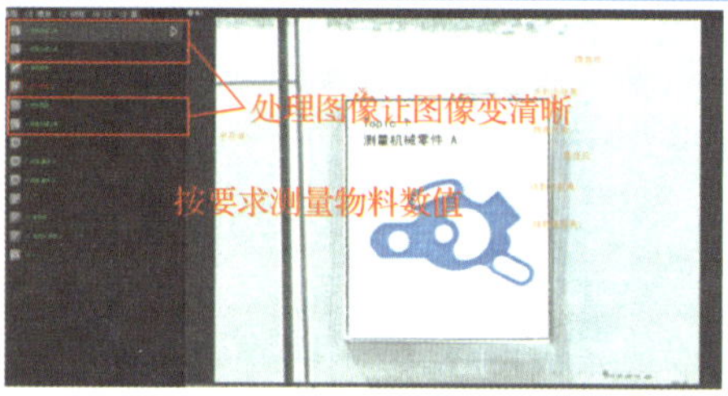 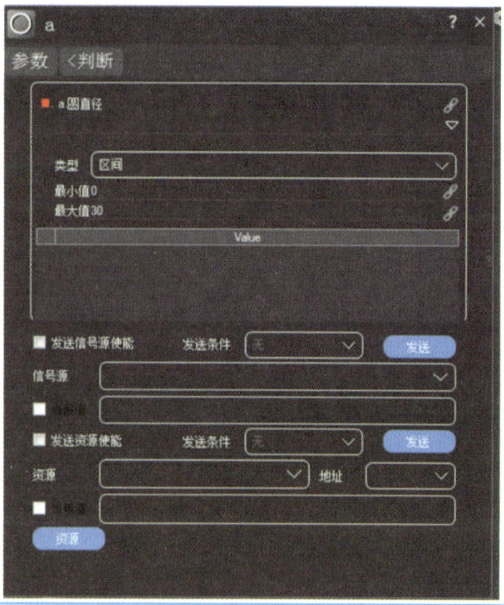

续表

操作步骤	图示
因为前面设置分支，所以在物料 A、B 流程图后连线整合，建立工具组。添加用户变量，引用合并上一步输出的参数。若当前是物料 A，则输出物料 A 是否合格，否则读取物料 B，输出物料 B 是否合格	

5. 良品、劣品分拣

分拣订单的流程大体分为数据输入处理、判断订单是否已被抓取、判断物料种类、判断是否合格、订单抓取。分拣流程图如图 8.3.4 所示，具体操作步骤及图示如表 8.3.3 所示。

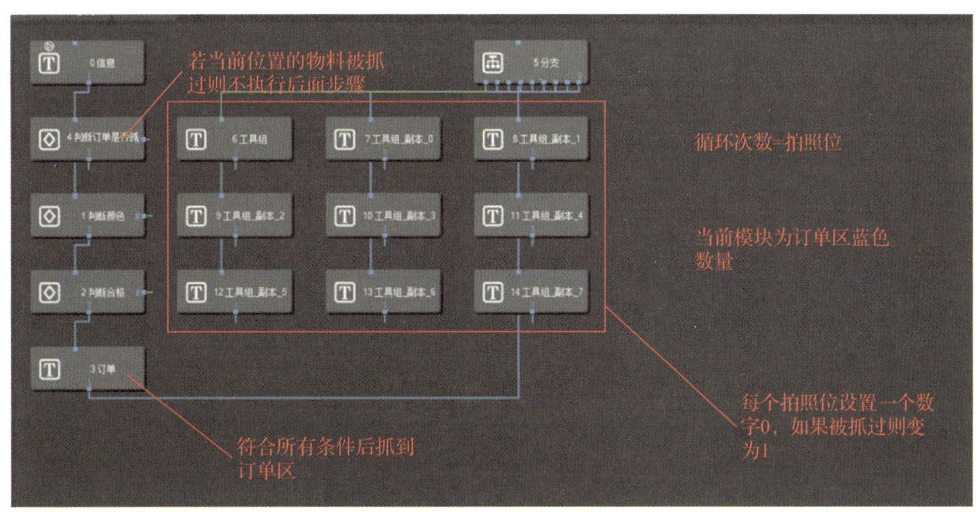

图 8.3.4　分拣流程图

表 8.3.3　分拣操作步骤及图示

操作名称	操作步骤	图示
分析抓取合格订单	分别引用网络传输的订单数据和上一步检测所得的数据列表，使用“变量转换”工具从列表中提取当前所需的数据	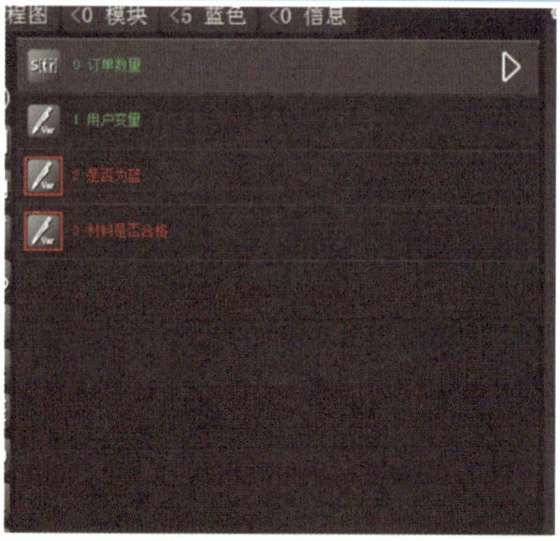 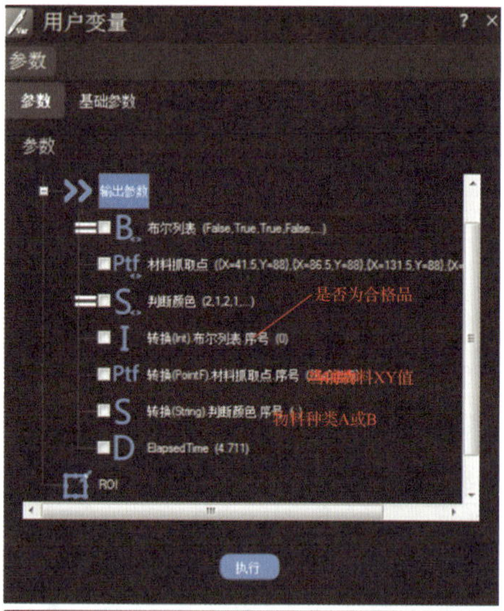 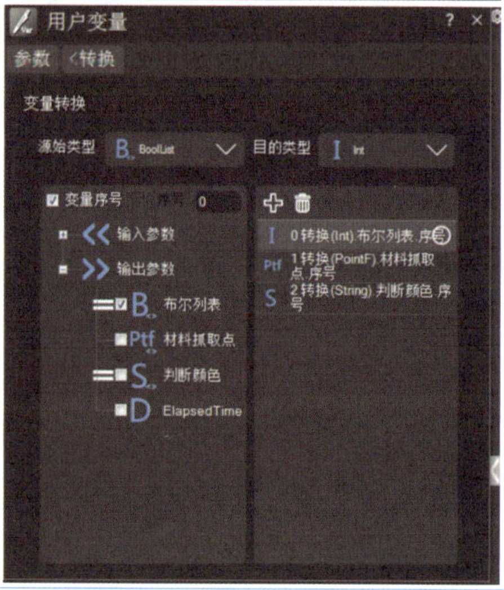

续表

操作名称	操作步骤	图示
分析抓取合格订单	订单数据如“1,2”，使用字符串截取工具分别截取“1”“2”。使用变量转换工具将字符串转换成 int 型数字	
	判断当前拍照位的物料是否符合订单要求、是否合格，然后输出订单类型、物料坐标及判断结果	
	读取输出的物料数据和坐标，将符合订单的物料抓取到订单区，否则跳转到下一循环	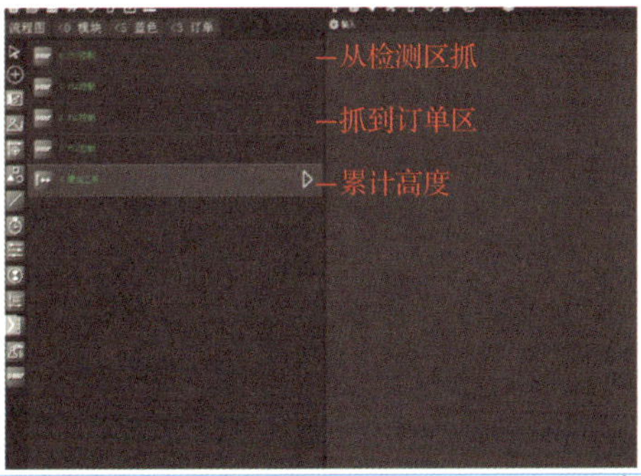
	建立用户变量，将每个拍照位数值设置为“0”；如果当前循环已抓取，则将当前拍照位对应的数值置为“1”	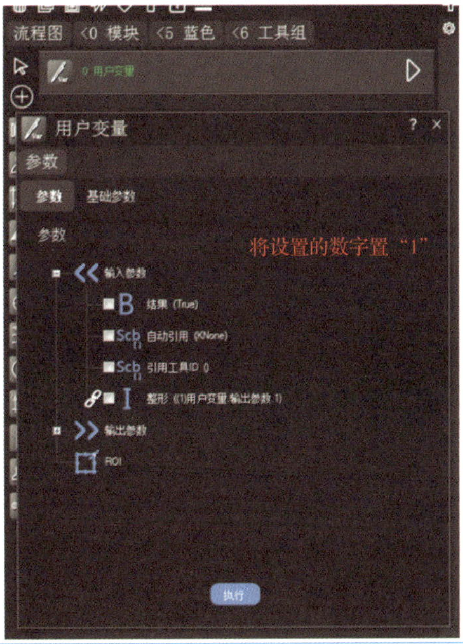

续表

操作名称	操作步骤	图示
抓取剩余物料	创建循环模块，先创建引用变量参数，分别为当前物料坐标、是否合格、是否抓取	
	建立判断模块。若产品已被抓取，则跳入下一循环；若产品不合格，则抓取至不合格点位；若未被抓取且为物料 A，则抓取至 A 点位；若未被抓取且为物料 B，则抓取至 B 点位	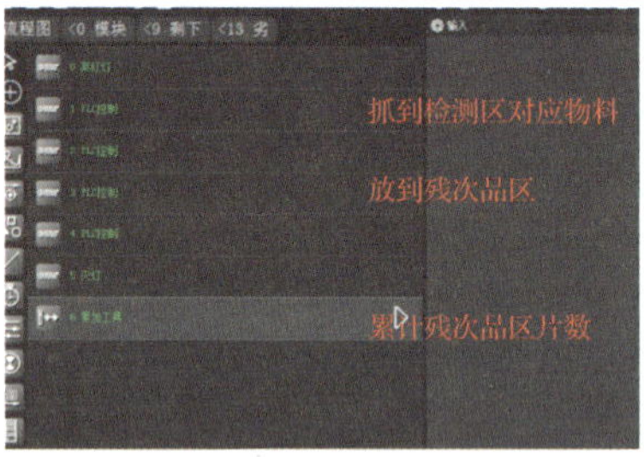 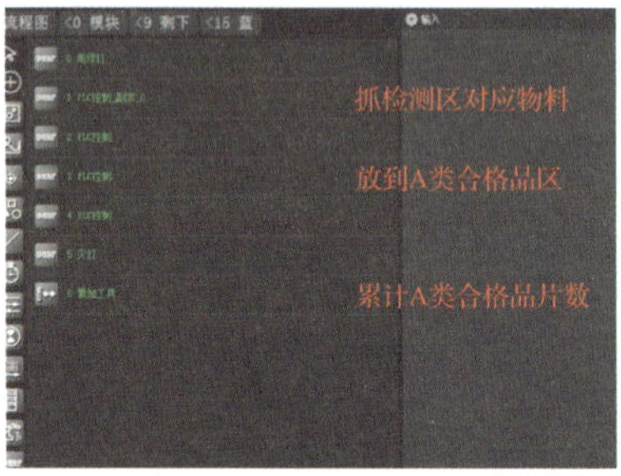 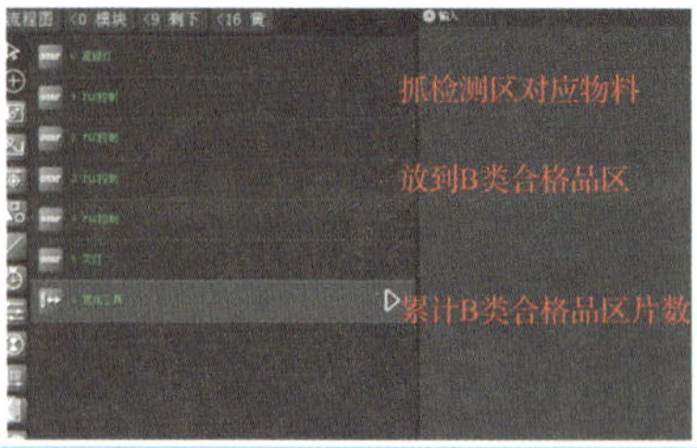

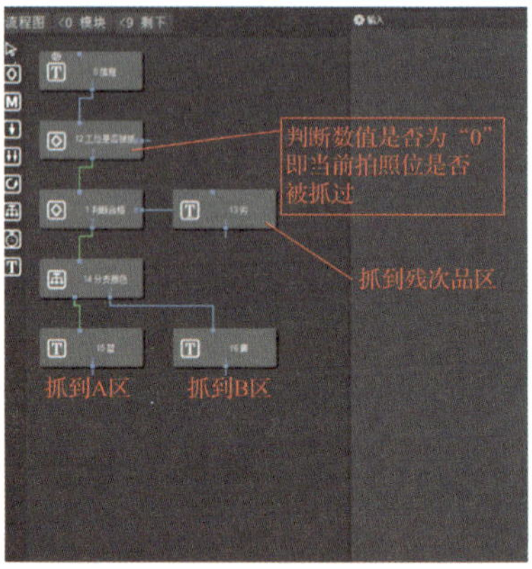

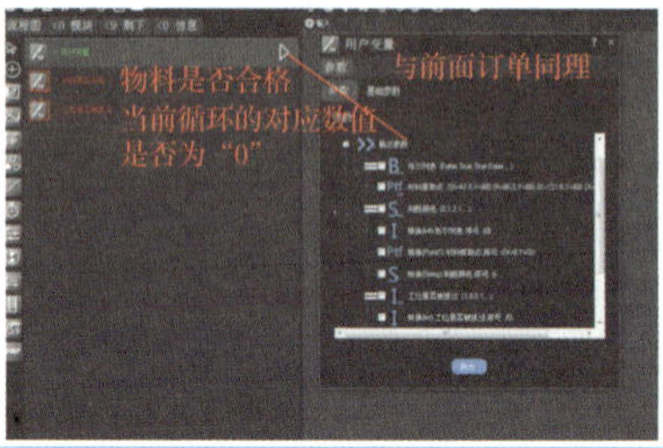

续表

操作名称	操作步骤	图示
结果输出	图片显示：分别将需要显示图像的工具或工具组拖到输出图像框中	
	表格显示：创建保存表格工具，设置文件名和保存路径。添加输出参数，引用或赋值需要输出的数据，并将文件以 CSV 格式输出到指定目录	引用前面测量好的信息 任务要求保存哪里，就双击哪里

工程经验

1）确认拆垛模块和相机的安装与调试无误，设置的 ROI 覆盖放置区 1 的位置，以确保准确检测和分拣。

2）体积测量方法需准确，确保能够通过测量获取放置区 1 的物料总高度。

3）核对订单数据和检测结果，对提取所需的数据进行判断和操作。

4）根据订单要求，判断当前拍照位的物料是否符合要求，并进行相应的抓取和放置操作。

5）在添加循环模块时，要确保循环次数和拍照位数量匹配，以保证每个拍照位都能够被正确处理和分拣。

6）在使用工具组时，确认参数的正确引用和转换，特别是坐标列表、角度列表、匹配个数列表和引脚间距平均值列表，确保每次循环都能获取正确的参数。

7）在任务结束后，要确保计数器被重置和初始化，以便下次运行时能够从正确的起点开始执行。

考核评价

对本任务的考核评价如表 8.3.4 所示。

表 8.3.4　考核评价

考核内容		考核评分		
项目	内容	配分	得分	批注
工作准备（10%）	能够正确理解工作任务内容、范围及工作指令	2		
	能够查阅和理解参数表，确认要求	2		
	个人防护用品使用得当，衣着适宜	2		
	确认设备及工量具，检查是否安全及正常工作	2		
	准备工作场地与器材，能够识别安全隐患	2		

续表

考核内容		考核评分		
项目	内容	配分	得分	批注
任务实施（80%）	能够正确对视觉系统进行选型与安装	10		
	能够正确进行拍照位设置与相机标定任务	15		
	能够顺利完成印刷品拆垛	15		
	能够准确完成印刷质量检测任务	15		
	能够准确完成良品、劣品分拣工作	15		
	安全、无事故并在规定时间内完成任务	10		
完工清理（10%）	收集和储存未使用的原材料	2		
	整理和清洁工作区域	2		
	对工具、设备进行清洁	2		
	按照工作程序完成选型报告	4		
考核成绩		考评员签字：________________ 日期：__________年_____月_____日		

综合评价：

大国精技

工匠精神与技术创新

在当今世界，技术不仅是国家实力的象征，也是国际竞争的核心。作为一个大国，我们不仅在技术领域崭露头角，更在精益求精、锐意进取的道路上展现出卓越的成就。

大国的崛起离不开卓越的工匠精神，这种精神在各行各业都有所体现。从制造业到科技创新，从农业到医疗保健，我们的工匠们都以自己的独特方式贡献着技术的力量。

在工业制造领域，我们拥有世界一流的生产线和制造工艺。无论是汽车、航空器还是电子设备，我们的产品因其精湛的制造工艺和高质量而备受推崇。

我们投资巨额资金支持创新，培养了一批杰出的科学家和工程师。他们在人工智能、生物技术、空间探索和可再生能源等领域不断取得突破性成就。

在医疗领域，我们积极推动医疗创新，包括基因编辑、精准医学和疫苗研发。我们的科研人员不断努力，以改善全球健康。

大国精技，是我们对卓越的追求和创新的承诺。我们的技术创新和工匠精神不仅服务于国家的繁荣，也造福全球社会。我们将继续投入更多的时间和资源，不断前进，实现技术的辉煌未来。作为一个技术强国，我们致力于推动技术创新，并期望为全球的发展做出积极贡献。

参 考 文 献

丁少华，李雄军，周天强，2022．机器视觉技术与应用实战[M]．北京：人民邮电出版社．
王志明，何琼，王发鸿，等，2023．工业机器视觉系统编程与应用[M]．北京：高等教育出版社．
张静亚，涂水林，2023．机器视觉技术及应用[M]．北京：高等教育出版社．
张明文，王璐欢，2020．工业机器人视觉技术及应用[M]．北京：人民邮电出版社．

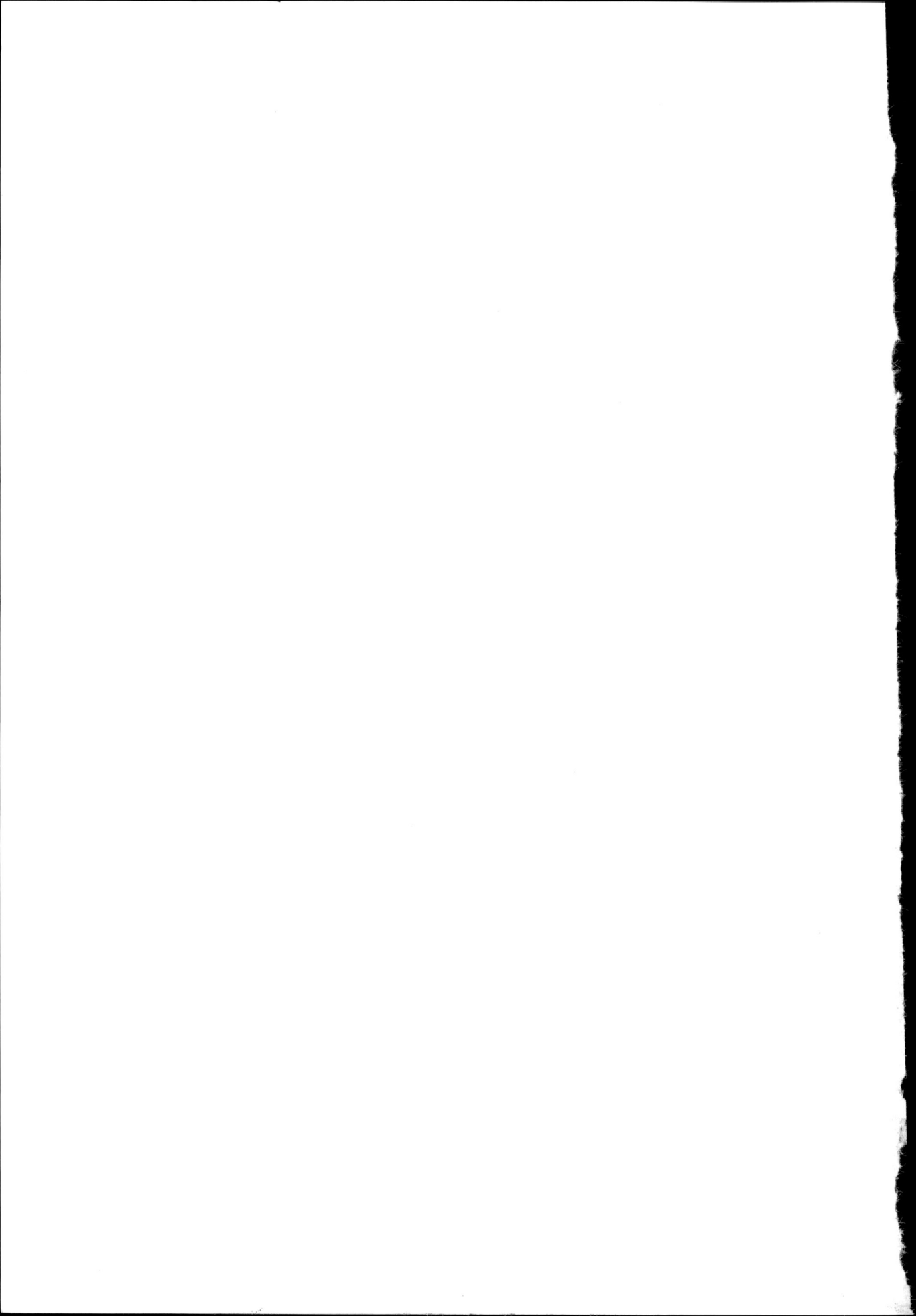